工业和信息化
精品系列教材

Web 前端开发系列丛书

PHP+MySQL

动态网站开发

黑马程序员 ◉ 编著

U0259059

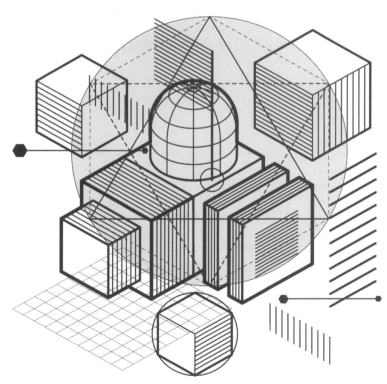

人民邮电出版社
北　京

图书在版编目（CIP）数据

PHP+MySQL 动态网站开发 / 黑马程序员编著.
2 版. -- 北京 : 人民邮电出版社, 2025. --（工业和
信息化精品系列教材）. -- ISBN 978-7-115-64765-8

Ⅰ. TP312.8；TP311.132.3

中国国家版本馆 CIP 数据核字第 20240TW478 号

内 容 提 要

本书是面向 PHP 语言和 MySQL 数据库初学者的入门教材，使用通俗易懂的语言、丰富的图解和实用的案例，详细讲解 PHP 语言和 MySQL 数据库的相关知识，并通过项目实战帮助读者掌握使用 PHP 语言结合 MySQL 开发动态网站的全过程。

本书共 11 章，第 1～4 章讲解 PHP 技术，内容包括初识 PHP、PHP 语法基础、PHP 函数与数组、错误处理、HTTP、表单的提交与接收、会话技术、图像处理、目录和文件操作等；第 5～8 章讲解 MySQL 技术，内容包括数据库基础知识、MySQL 环境搭建、数据库操作、字符集和校对集、数据类型、数据表的约束、MySQL 多表操作、事务、视图、数据备份和数据还原、用户与权限、索引、分区技术、存储过程、触发器等；第 9 章讲解使用 PHP 操作 MySQL；第 10 章讲解 PHP 面向对象程序设计；第 11 章讲解 PHP 项目开发技术。

本书可作为高等教育本、专科院校计算机相关专业的教材，也可作为计算机编程爱好者的自学参考书。

◆ 编　　著　黑马程序员
　　责任编辑　范博涛
　　责任印制　王　郁　焦志炜
◆ 人民邮电出版社出版发行　　北京市丰台区成寿寺路 11 号
　　邮编　100164　电子邮件　315@ptpress.com.cn
　　网址　https://www.ptpress.com.cn
　　大厂回族自治县聚鑫印刷有限责任公司印刷
◆ 开本：787×1092　1/16
　　印张：16　　　　　　　　2025 年 2 月第 2 版
　　字数：393 千字　　　　　2025 年 2 月河北第 1 次印刷

定价：59.80 元

读者服务热线：(010)81055256　印装质量热线：(010)81055316
反盗版热线：(010)81055315

前 言

　　本书在编写的过程中，结合党的二十大精神"进教材、进课堂、进头脑"的要求，将知识教育与素质教育相结合，通过案例讲解帮助学生加深对知识的认识与理解，注重培养学生的创新精神、实践能力和社会责任感。本书的案例设计从现实需求出发，激发学生的学习兴趣并提高学生的动手与思考能力，充分发挥学生的主动性和积极性，增强学生的学习信心和学习欲望。本书在知识和案例中融入素质教育的相关内容，引导学生树立正确的世界观、人生观和价值观，进一步提升学生的职业素养，落实德才兼备的高素质卓越工程师和高技能人才的培养要求。此外，编者依据书中的内容提供线上学习资源，体现现代信息技术与教育教学的深度融合，进一步推动教育数字化发展。

◆　为什么要学习本书

　　本书是《PHP+MySQL 动态网站开发》的第 2 版，对开发环境、技术、知识点、案例等方面进行了升级与优化，具体如下。

　　① 将 PHP 版本从 7.3 升级至 8.2.3，将 MySQL 版本从 5.7 升级至 8.0.27。

　　② 目录结构更清晰，各章学习目标更明确，知识点讲解的顺序更合理。

　　③ 语言更通俗易懂，语法格式更规范，案例设计更切合实际开发场景，在部分知识点的讲解中增加思政元素。

◆　如何使用本书

　　本书共 11 章，各章内容介绍如下。

　　• 第 1 章主要讲解 PHP 和网站的相关概念、搭建开发环境，以及配置 Web 服务器。通过学习本章的内容，读者能够了解 PHP 语言的基础知识，掌握 Apache HTTP Server 和 PHP 的安装方法，以及如何配置虚拟主机。

　　• 第 2 章讲解 PHP 语法基础，内容包括基本语法，变量、常量和表达式，数据类型，运算符，流程控制，以及文件包含语句等。本章有许多案例，能够帮助读者加深对知识点的理解。

　　• 第 3 章讲解 PHP 函数与数组，内容包括如何定义和调用函数，如何使用字符串函数、数学函数、时间和日期函数，数组的基本使用，如何使用常用数组函数等。

　　• 第 4 章讲解 PHP 的一些进阶知识，内容包括错误处理、HTTP、表单的提交与接收、会话技术、图像处理、目录和文件操作及正则表达式等。通过本章的学习，读者可运用所学知识完成"用户登录和退出""制作验证码""递归遍历目录""文件上传"等案例。

　　• 第 5 章和第 6 章讲解 MySQL 基础知识，内容包括数据库基础知识、MySQL 环境搭建、数据库操作、数据表操作、数据操作、字符集和校对集、数据类型、数据表的约束等。

- 第 7 章讲解 MySQL 多表操作的相关知识，内容包括数据表的联系、数据库设计范式、数据进阶操作、联合查询、连接查询、子查询和外键约束等。

- 第 8 章讲解 MySQL 进阶知识，内容包括事务、视图、数据备份和数据还原、用户与权限、索引、分区技术、存储过程和触发器等。

- 第 9 章讲解如何使用 PHP 操作 MySQL，内容包括 PHP 中常用的数据库扩展、初识 MySQLi 扩展、使用 MySQLi 扩展操作数据库，以及项目实战——新闻管理系统。

- 第 10 章讲解 PHP 面向对象程序设计的相关知识，内容包括初识面向对象、类与对象的使用、类常量和静态成员、继承、抽象类和抽象方法、接口、Trait 代码复用、Iterator 迭代器、Generator 生成器、命名空间和异常处理等。

- 第 11 章讲解 PHP 项目开发技术，内容包括 PDO 扩展、MVC 设计模式、Smarty 模板引擎、创建基于 MVC 设计模式的框架，以及项目实战——文章管理系统。

在学习过程中，读者一定要亲自动手实践本书中的案例。学习完一个知识点后，读者要及时测试与练习，巩固所学内容。如果在学习的过程中遇到问题，建议读者多思考，厘清思路，认真分析问题发生的原因，并在解决问题后总结经验。

◆　致谢

本书的编写和整理工作由江苏传智播客教育科技股份有限公司完成，编写人员在编写过程中付出了辛勤的劳动，此外，还有很多试读人员参与了本书的试读工作并提出了宝贵的建议，在此向大家表示由衷的感谢。

◆　意见反馈

尽管编者付出了很大的努力，但本书中难免会有不足之处，欢迎读者提出宝贵意见。在阅读本书时，读者如果发现任何问题或不认同之处，可以通过电子邮件（itcast_book@vip.sina.com）与编者联系。

黑马程序员
2025 年 1 月于北京

目　录

第1章

初识PHP

学习目标

◆ 熟悉 PHP 的概念，能够描述 PHP 的作用。

◆ 熟悉 PHP 的特点，能够描述 PHP 的 5 个特点。

◆ 熟悉网站的概念，能够说出网站发展经历的 3 个时代。

◆ 熟悉网站的访问，能够说出网站的访问流程。

◆ 掌握 Visual Studio Code 的安装，能够独立安装和配置 Visual Studio Code。

◆ 掌握 Apache HTTP Server 的安装，能够独立安装和配置 Apache HTTP Server。

◆ 掌握 PHP 的安装，能够独立安装和配置 PHP。

◆ 掌握虚拟主机的配置，能够根据需求配置虚拟主机。

◆ 掌握目录的配置，能够根据需求配置虚拟主机的目录。

拓展阅读

PHP 自发布以来，因为其能够快速开发 Web 应用、具有丰富的函数并且开放源代码，在 Web 应用开发中迅速占据了重要位置。为了使读者对 PHP 有初步的认识，本章将对 PHP 和网站的概念、开发环境的搭建和 Web 服务器的配置进行详细讲解。

1.1 PHP 简介

1.1.1 PHP 概述

PHP（Page Hypertext Preprocessor，页面超文本预处理器）是一种跨平台、开源、免费的脚本语言，其语法融合了 C、Java 和 Perl 语法的特点。PHP 语法简单、易学，对初学者而言，可以快速入门。

PHP 最初是 Personal Home Page（个人主页）的缩写，它是其作者为了展示个人履历和统计网页流量而编写的一个简单的"表单解释器"（Forms Interpreter，FI）。后来，其作者使用 C 语言重新编写了这个表单解释器，用以实现对数据库的访问，将相应程序和表单解释器整合起来称为 PHP/FI。从最初的 PHP/FI 到现在的 PHP 7、PHP 8，PHP 经过了多次重新编写和改进，发展十分迅速。

PHP 运行在服务器端，通常用于开发动态网站，将数据库中的数据读取出来展示到页面上，实现网站内容的动态变化，增强用户和网站之间的交互。

常用的 PHP 运行环境有 WAMP 环境、LAMP 环境和 LNMP 环境。WAMP 环境由 Windows、Apache HTTP Server、MySQL 以及 PHP 组成；LAMP 环境将 Windows 换成 Linux，其他软件与 WAMP 环境的相同；LNMP 环境将 Apache HTTP Server 换成 Nginx，其他软件与 LAMP 环境的相同。在开发过程中，通常使用 Windows 操作系统，本书也是基于 Windows 操作系统搭建开发环境的。

1.1.2　PHP 的特点

PHP 应用广泛，深受开发者的欢迎，以下是 PHP 的特点。

1.　开源免费

PHP 是开源的，并且拥有庞大的开源社区支持，开发者可以免费使用。

2.　跨平台性好

PHP 的跨平台性好，方便移植，在 Linux 平台和 Windows 平台上都可以运行。

3.　面向对象

PHP 提供了类与对象的语法，支持面向对象程序设计。随着 PHP 版本的更新，PHP 面向对象程序设计有了显著的改进，能够更好地支持大型项目的开发。

4.　支持多种数据库

PHP 支持 ODBC（Open Data Database Connectivity，开放式数据库互连），使用 PHP 可以连接任何支持 ODBC 的数据库，如 MySQL、Oracle、SQL Server 和 Db2 等。PHP 经常和 MySQL 一起使用。

5.　快捷

PHP 中可以嵌入 HTML（HyperText Markup Language，超文本标记语言），编辑简单、实用性强、程序开发快。而且，目前有很多流行的基于 MVC（Model-View-Controller，模型-视图-控制器）设计模式的 PHP 框架，使用它们可以加快开发速度。例如，国外流行的 PHP 框架有 Zend Framework、Laravel、Yii、Symfony、CodeIgniter 等；国内也有比较流行的 PHP 框架，如 ThinkPHP。

1.2　网站简介

PHP 在网站开发中发挥着重要的作用，它可以实现网站内容的动态变化，使网站内容更加丰富。使用 PHP 可以实现不同类型的网站，以满足不同用户的需求。本节将对网站的相关内容进行讲解。

1.2.1　网站概述

网站（Website）是指在互联网上根据一定的规则，使用 HTML 制作的用于展示特定内容的相关网页集合。常见的网站类型有新闻、视频、购物等，这些不同类型的网站可以满足不同用户的需求。

随着互联网技术的不断发展，网站发展主要经历了以下 3 个时代。

1.　Web 1.0 时代

Web 1.0 时代也称为数据展示时代，这个时代以数据为核心。在这个时代，网站的主要功能是展示数据，供用户浏览，用户和网站之间没有交互，这样的网站被称为静态网站。静态网站的网页主要通过 HTML、CSS（Cascading Style Sheets，串联样式表）和 JavaScript 搭建。

2. Web 2.0 时代

Web 2.0 时代也称为用户交互时代，这个时代以用户为核心。在这个时代，网站根据用户的选择和需求进行数据筛选和处理，并将其动态地展示给用户，这样的网站被称为动态网站。为了实现交互和动态性，后端语言成为必不可少的工具，用于对后台逻辑和数据进行处理。

3. Web 3.0 时代

Web 3.0 时代强调以用户为主导，用户在浏览网站时有更大的自由空间。系统更加智能，可以自动匹配用户所需要的数据，最直观的体现就是大数据、人工智能等技术的应用。

从网站发展经历的 3 个时代可以看出，网站的发展由以数据为主变成了以用户为主，让用户从信息获取者转变成数据主导者，最终目标是让网站变得智能化，能够更好地服务用户。

1.2.2　网站的访问

通常情况下，用户通过在个人终端（如计算机、手机）浏览器的地址栏中输入访问地址来访问相应网站。访问网站其实访问的是目标主机（服务器）中的某些资源，这些资源通过 HTTP（HyperText Transfer Protocol，超文本传送协议）或 HTTPS（HyperText Transfer Protocol Secure，超文本传输安全协议）传输给用户，最终显示到个人终端的屏幕中。

用户在浏览器的地址栏中输入的访问地址称为 URL（Uniform Resource Locator，统一资源定位符）。在服务器中，每一个资源都有一个 URL，用于标识该资源的位置，通过 URL 可以快速访问到某个资源。URL 的组成如下。

网络协议://主机地址:端口/资源路径?参数

URL 中各个组成部分的具体解释如下。

① 网络协议：在网络中传输数据使用的协议，常见的协议有 HTTP 或 HTTPS。一般情况下，用户在浏览器的地址栏中输入访问地址时可以省略协议，浏览器会自动补充。

② 主机地址：网站服务器的访问地址，可以通过 IP（Internet Protocol，互联网协议）地址或域名访问。由于 IP 地址不利于用户记忆和使用，所以通常通过域名访问。

③ 端口：指定访问服务器中的哪一个端口。一台服务器中可能会有多个端口，用于提供不同的服务。例如，HTTP 的默认端口为 80，HTTPS 的默认端口为 443。当使用默认端口时，在 URL 中可以省略端口。

④ 资源路径：服务器中的资源对应的路径。

⑤ 参数：浏览器为服务器提供的参数信息，通常是"名字=值"的形式。如果有多个参数，则使用"&"字符进行分隔。如果不需要参数，则可以省略。

值得一提的是，HTTP 是一种明文协议，数据在传输过程中容易被第三方截获，导致信息泄露。随着互联网对安全性的要求越来越高，目前很多大型网站都使用 HTTPS 作为传输协议。HTTPS 在 HTTP 的基础上对数据进行了加密，提高了安全性。

1.3　搭建开发环境

无论是在学习中还是在项目开发中，开发环境的不同可能会导致很多问题。因此，在讲解如何使用 PHP 开发项目前，需讲解如何在 Windows 操作系统中搭建开发环境，确保读者的开发环境和本书使用的开发环境一致。本节将对 Visual Studio Code、Apache HTTP Server 和 PHP 的安装进行详细讲解。

1.3.1　安装 Visual Studio Code

Visual Studio Code（简称 VS Code）是由微软公司开发的一款代码编辑器，具有免费、开源、轻量级、高性能、跨平台等特点。下面讲解如何下载、安装和使用 VS Code 编辑器。

① 打开浏览器，访问 VS Code 编辑器的官方网站，如图 1-1 所示。在图 1-1 所示的页面中，单击 "Download for Windows" 按钮，会跳转到一个新页面。该页面会自动识别当前的操作系统并下载相应的安装包。

如果需要下载其他操作系统的安装包，可以单击按钮右侧的 "⌄" 按钮，打开下拉菜单，就会看到其他系统安装包的下载选项，如图 1-2 所示。

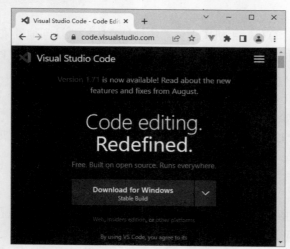
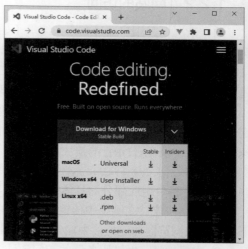

图1-1　VS Code编辑器的官方网站　　　　图1-2　其他系统安装包的下载选项

② 下载 VS Code 编辑器的安装包后，在下载目录中找到该安装包，如图 1-3 所示。双击安装包，启动安装程序，然后按照程序的提示一步一步进行操作，直到 VS Code 编辑器安装完成。

图1-3　VS Code编辑器的安装包

③ VS Code 编辑器安装成功后，启动该编辑器，即可进入其初始界面，如图 1-4 所示。

④ VS Code 编辑器的默认语言是英文，如果想要切换为中文，则单击图 1-4 所示界面左侧边栏的第 5 个按钮 "▦"，在搜索框中输入关键词 "Chinese"，在下方列表中找到中文语言扩展，在界面右侧单击 "Install" 按钮进行安装，如图 1-5 所示。

图1-4　VS Code编辑器的初始界面

图1-5　安装中文语言扩展

⑤ 中文语言扩展安装成功后，需要重新启动 VS Code 编辑器才会生效。重新启动 VS Code 编辑器后，VS Code 编辑器的中文界面如图 1-6 所示。

图1-6　VS Code编辑器的中文界面

从图 1-6 可以看出，当前 VS Code 编辑器的语言已经成功切换为中文。

⑥ 创建 D:\www 文件夹作为项目的根目录，单击图 1-6 所示界面中的"打开文件夹..."命令，打开 D:\www 文件夹，在该文件夹中创建 index.html 以查看编辑器的显示效果，index.html 的示例代码如下。

```html
<!DOCTYPE html>
<html>
<head>
  <meta charset="UTF-8">
  <title>Document</title>
</head>
<body>
  Hello
</body>
</html>
```

VS Code 编辑器代码编辑环境如图 1-7 所示。

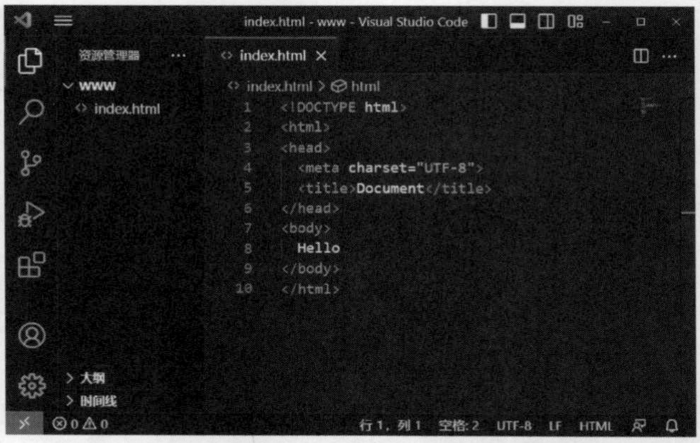

图1-7   VS Code编辑器代码编辑环境

图 1-7 所示界面左侧是资源管理器。在资源管理器中，可以查看项目的目录结构。在资源管理器中选择一个文件后，即可在右侧的代码编辑环境中对该文件进行编辑。

1.3.2   安装 Apache HTTP Server

Apache HTTP Server（简称 Apache）是 Apache 软件基金会发布的一款 Web 服务器软件，因其具有开源、跨平台和安全的特点而被广泛使用。下面讲解如何安装 Apache。

1. 获取 Apache

我们可以从 Apache 的官方网站获取源代码。但是 Apache 的官方网站只提供源代码，源代码不能直接用于安装，需要先手动编译才能安装。由于手动编译 Apache 比较麻烦，这里我们选择从第三方网站获取已经编译好的 Apache 软件包。

在 Apache 的官方网站中，找到适用于 Windows 系统的第三方编译版本的超链接，具体如图 1-8 所示。

在图 1-8 中，Bitnami WAMP Stack、WampServer、XAMPP 网站提供的是包含 Apache、MySQL、PHP 等软件的集成包，为了单独安装 Apache，应使用 ApacheHaus 或 Apache Lounge 网站提供的软件包。

图1-8   适用于Windows系统的第三方编译版本的超链接

本书以 Apache Lounge 网站提供的软件包为例进行讲解，从 Apache Lounge 网站获取软件包，如图 1-9 所示。

图1-9   从Apache Lounge网站获取软件包

在图 1-9 中，找到"httpd-2.4.55-win64-VS17.zip"软件包并下载即可。

值得一提的是，Apache 软件包使用 Microsoft Visual C++ 2017 进行编译，在安装 Apache 前需要安装 Microsoft Visual C++ 2017 运行库。

2. 准备工作

在 C 盘根目录下创建一个名为 web 的文件夹，将该文件夹作为开发环境的安装目录，并在 web 文件夹中创建 apache2.4 子文件夹。它用于存放 Apache 的文件。

3. 解压与配置

将下载的软件包解压到 Apache 的安装目录中，并配置服务器的根目录和域名，具体步骤如下。

① 将软件包 httpd-2.4.55-win64-VS17.zip 中 Apache24 目录下的文件解压到 C:\web\apache2.4 目录下。解压后，apache 2.4 目录结构如图 1-10 所示。

图 1-10 中，bin 是 Apache 的应用程序所在的目录，conf 是配置文件目录，htdocs 是默认的网站根目录，modules 是 Apache 的动态加载模块所在的目录。

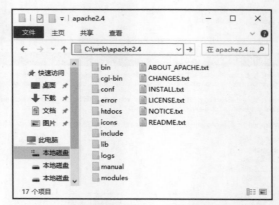

图1-10　apache 2.4目录结构

② 配置服务器根目录。使用 VS Code 编辑器打开 Apache 的配置文件 httpd.conf，找到第 37 行配置，具体内容如下。

```
Define SRVROOT "c:/Apache24"
```

将上述配置中的路径修改为 C:/web/apache2.4，修改后的配置如下。

```
Define SRVROOT "C:/web/apache2.4"
```

需要说明的是，配置文件通常使用"/"作为路径分隔符，而 Windows 系统通常使用"\"作为路径分隔符。因此，本书在描述配置文件中的路径时，统一使用"/"作为路径分隔符，在描述 Windows 系统中的路径时，统一使用"\"作为路径分隔符。

③ 配置服务器域名。在 VS Code 编辑器中按"Ctrl+F"组合键搜索"ServerName"，找到如下配置。

```
#ServerName www.example.com:80
```

上述配置开头的"#"表示该行是注释文本，删除"#"使这行配置生效，修改后的配置如下。

```
ServerName www.example.com:80
```

在上述配置中，可以根据需要将"www.example.com:80"修改成其他域名和端口号。

▌多学一招：Apache 的常用配置项

为了使读者熟悉 Apache 的配置文件 httpd.conf 的使用，下面对 Apache 的常用配置项进行说明，具体如表 1-1 所示。

表 1-1　Apache 的常用配置项

配置项	说明
ServerRoot "${SRVROOT}"	服务器的根目录
Listen 80	服务器监听的端口号，如 80、8080 等
LoadModule	需要加载的模块
ServerAdmin admin@example.com	服务器管理员的电子邮箱地址
ServerName www.example.com:80	服务器域名
DocumentRoot "${SRVROOT}/htdocs"	网站根目录
ErrorLog "logs/error.log"	用于记录错误日志

值得一提的是，读者可以根据实际需要对 Apache 的常用配置项进行修改，如果修改时出现错误，会导致 Apache 无法安装或无法启动。建议读者在修改前先备份配置文件。

4. 安装 Apache 服务

Apache 服务是指一个在操作系统后台持续运行的名称为 Apache 的服务程序。Apache 本身可以提供基础的 Web 服务器功能，但它也可以通过加载和配置不同的模块来提供额外的功能和服务。下面讲解如何安装 Apache 服务，具体步骤如下。

① 在开始菜单右侧的搜索框中输入 "cmd" 找到 "命令提示符" 工具，右击它并在弹出的快捷菜单中选择 "以管理员身份运行"。

② 打开命令提示符窗口后，切换到 Apache 的 bin 目录，具体命令如下。

```
cd C:\web\apache2.4\bin
```

③ 执行安装 Apache 服务的命令，具体命令如下。

```
httpd -k install -n Apache2.4
```

在上述命令中，httpd 表示 Apache 的服务程序 httpd.exe，-k install 表示将 Apache 安装为 Windows 系统的服务，-n Apache2.4 表示将 Apache 服务的名称设置为 Apache2.4。

安装 Apache 服务的结果如图 1-11 所示。

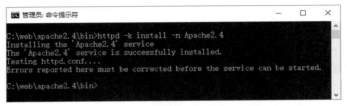

图1-11　安装Apache服务的结果

如果需要卸载 Apache 服务，可以使用如下命令。

```
httpd -k uninstall -n Apache2.4
```

5. 启动 Apache 服务

Apache 提供了服务监视工具 Apache Service Monitor，它用于管理 Apache 服务的启动、停止和重新启动。该工具即 bin 目录下的 ApacheMonitor.exe，双击它，Windows 系统的任务栏中会出现 Apache 服务器图标，单击 Apache 服务器图标并选择 "Apache2.4" 会弹出控制列表，具体如图 1-12 所示。

从图 1-12 可以看出，通过服务监视工具可以方便地控制 Apache 服务的启动、停止和重新启动。当单击 "Start" 时，图标由 变为 ，表示 Apache 服务启动成功。

启动 Apache 服务后，通过浏览器访问 http://localhost，如果看到图 1-13 所示的画面，说明 Apache 正常运行。

图1-12　任务栏中的Apache服务器图标及控制列表

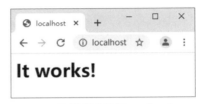

图1-13　通过浏览器访问http://localhost

图 1-13 所示的 "It works!" 是 htdocs\index.html 这个网页的运行结果。htdocs 目录是 Apache 默认站点，安装 Apache 服务器时会自动创建一个默认站点作为项目的根目录。读者也可以在 htdocs 目录下创建其他网页，通过 "http://localhost/网页文件名" 访问这些网页。

1.3.3　安装 PHP

若要解析和执行 PHP 脚本，需要先安装 PHP。PHP 既可以独立运行，也可以作为 Apache 的模块运行。下面讲解如何将 PHP 安装为 Apache 的模块。

1. 获取 PHP

PHP 官方网站提供的最新版本 PHP 的软件包如图 1-14 所示。

在图 1-14 中，PHP 正在发布的版本是 8.2.3、8.1.16 和 8.0.28，本书使用 8.2.3 版本进行讲解。

PHP 提供了 Thread Safe（线程安全）与 Non Thread Safe（非线程安全）两种软件包，在与 Apache 搭配使用时，应选择 Thread Safe 软件包。在下载页面中找到 php-8.2.3-Win32-vs16-x64.zip 软件包并下载即可。

图1-14　PHP官方网站

2. 准备工作

在 C 盘的 web 目录中创建 php8.2 文件夹，以便将 PHP 安装到此文件夹中进行管理。

3. 解压与配置

① 解压下载的 PHP 软件包，解压后的文件保存到 C:\web\php8.2 目录中，php8.2 目录结构如图 1-15 所示。

在图 1-15 中，ext 是 PHP 扩展文件所在的目录，php.exe 是 PHP 的命令行应用程序，php8apache2_4.dll 是 Apache 的 DLL（Dynamic Linked Library，动态连接库）模块。

PHP 安装目录中默认没有 PHP 的配置文件，需要我们手动创建。在 PHP 安装目录中，有两个示例配置文件，其中，php.ini-

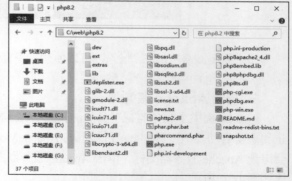

图1-15　php8.2目录结构

development 是适合开发环境的示例配置文件，php.ini-production 是适合生产环境的示例配置文件。对初学者来说，本书推荐使用适合开发环境的示例配置文件。

② 复制 php.ini-development 文件，将复制得到的文件重命名为 php.ini，作为 PHP 的配置文件。

③ 配置 PHP 扩展的目录，在配置文件中搜索文本"extension_dir"，找到如下配置。

```
;extension_dir = "ext"
```

上述配置开头的";"表示该行是注释文本，删除";"使这行配置生效，将 PHP 扩展的目录修改为 C:/web/php8.2/ext，修改后的配置如下。

```
extension_dir = "C:/web/php8.2/ext"
```

④ 配置 PHP 时区，在配置文件中搜索文本"date.timezone"，找到如下配置。

```
;date.timezone =
```

PHP 时区可以配置为 UTC（Universal Time Coordinated，协调世界时）或 PRC（中国时区），修改后的配置如下。

```
date.timezone = PRC
```

4. 在 Apache 配置文件中引入 PHP 模块

打开 Apache 配置文件 httpd.conf，在第 186 行（前面有一些 LoadModule 配置项）的位置引入 PHP 模块，具体配置如下。

```
1  LoadModule php_module "C:/web/php8.2/php8apache2_4.dll"
2  <FilesMatch "\.php$">
3     setHandler application/x-httpd-php
4  </FilesMatch>
5  PHPIniDir "C:/web/php8.2"
6  LoadFile "C:/web/php8.2/libssh2.dll"
```

在上述配置中，第 1 行配置表示将 PHP 作为 Apache 的模块来加载。第 2～4 行配置用于匹配以.php 为扩展名的文件，将其交给 PHP 处理。第 5 行配置指定 PHP 配置文件 php.ini 所在的目录。第 6 行配置加载 PHP 安装目录中的 libssh2.dll 文件。

5. 配置索引页

索引页是指访问一个目录时自动打开的文件，例如，index.html 是默认索引页，在访问 http://localhost 时实际上访问的是 http://localhost/index.html。

在 Apache 配置文件 httpd.conf 中搜索 "DirectoryIndex"，找到如下配置。

```
1  <IfModule dir_module>
2     DirectoryIndex index.html
3  </IfModule>
```

在上述配置中，第 2 行的 index.html 是默认索引页。

将 index.php 也设置为默认索引页，具体配置如下。

```
1  <IfModule dir_module>
2     DirectoryIndex index.html index.php
3  </IfModule>
```

上述配置表示在访问某个目录时，首先检测是否存在 index.html，如果存在，则显示；否则就继续检查是否存在 index.php。

值得一提的是，如果一个目录中不存在索引页文件，在默认情况下，Apache 会显示该目录下的文件列表。

6. 重新启动 Apache 服务器

修改 Apache 配置文件后，需要重新启动 Apache 服务器才能使配置生效。单击 Windows 系统任务栏中的 Apache 服务器图标，选择 "Apache2.4"，单击 "Restart" 就可以重新启动 Apache 服务器。

重新启动 Apache 服务器后，PHP 若被成功安装为 Apache 的模块，则会随 Apache 服务器一起启动。

7. 测试 PHP 模块是否安装成功

使用 VS Code 编辑器在 C:\web\apache2.4\htdocs 目录中创建 test.php 文件，该文件的代码如下。

```
1  <?php
2     phpinfo();
3  ?>
```

上述代码使用 phpinfo()函数将 PHP 的状态信息输出到网页中。

通过浏览器访问 http://localhost/test.php，具体如图 1-16 所示。

如果读者看到图 1-16 所示的 PHP 配置信息，说明安装成功。否则，需要检查配置是否有误。可通过查看 Apache 的 logs\error.log 文件中的错误日志分析错误原因。

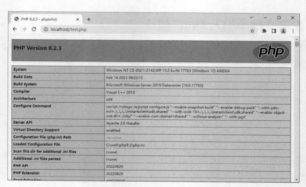

图1-16　PHP配置信息

1.4　配置 Web 服务器

安装 Web 服务器即 Apache 后，为了更好地使用服务器，还需要对其进行配置。本节将对 Web 服务器的配置进行讲解，并通过案例帮助读者练习配置虚拟主机。

1.4.1　配置虚拟主机

在实际开发中，可能会同时开发多个项目，这就需要管理多个项目。为了能够同时管理多个项目，需要配置虚拟主机。

虚拟主机能够实现在一台服务器中管理多个项目，每一个项目都有独立的域名和目录。在 Apache 服务器中配置多个虚拟主机，可以通过域名访问指定项目。下面讲解如何配置虚拟主机。

1.　解析域名

在项目的开发阶段，有时需要使用域名访问本机的 Web 服务器，通过更改 hosts 文件可以将任意域名解析到本地。

在 Windows 系统中以管理员身份打开命令提示符窗口，在命令提示符窗口中使用记事本打开 hosts 文件，具体命令如下。

```
notepad C:\Windows\System32\drivers\etc\hosts
```

在 hosts 文件中配置 IP 地址和域名的映射关系，具体内容如下。

```
127.0.0.1 www.php.test
```

在上述配置中，当访问 www.php.test 这个域名时，会自动解析到 127.0.0.1，实现通过域名访问本机的 Web 服务器。需要注意的是，这种域名解析方式只对本机有效。

2.　修改配置文件

配置虚拟主机可以实现在一台服务器上部署多个网站的目标，虽然服务器的 IP 地址相同，但是当用户使用不同域名访问时，访问到的是不同的网站。配置虚拟主机的步骤如下。

① 启用虚拟主机配置文件，在 httpd.conf 中搜索 "httpd-vhosts"，找到如下配置并删除开头的 "#"。

```
#Include conf/extra/httpd-vhosts.conf
```

上述配置中，开头的 "#" 表示该行是注释文本，删除 "#" 使这行配置生效；Include 表示从另一个文件中加载配置，conf/extra/httpd-vhosts.conf 表示虚拟主机文件路径。

② 在 httpd-vhosts.conf 中配置虚拟主机，将文件中原有的配置删除或全部使用 "#" 进行注

释，然后添加两个虚拟主机——localhost 和 www.php.test，这两个虚拟主机的站点目录不同，具体配置如下。

```
1  <VirtualHost *:80>
2      DocumentRoot "C:/web/apache2.4/htdocs"
3      ServerName localhost
4  </VirtualHost>
5  <VirtualHost *:80>
6      DocumentRoot "C:/web/apache2.4/htdocs/www.php.test"
7      ServerName www.php.test
8  </VirtualHost>
```

在上述配置中，添加了 localhost 和 www.php.test 虚拟主机，其中，"*:80" 表示任意 IP 地址的 80 端口，DocumentRoot 表示文档根目录，ServerName 表示服务器名。

③ 修改 Apache 配置文件后，重新启动 Apache 服务器，使配置文件生效。

④ 在 Apache 的 htdocs 目录中创建 www.php.test 目录，并在该目录中创建 index.html 文件，文件内容为 "Welcome www.php.test"。

通过浏览器访问这两个虚拟主机的运行结果如图 1-17 所示。

图1-17　通过浏览器访问这两个虚拟主机的运行结果

1.4.2　配置目录

通过配置目录可以限制用户对服务器目录的访问权限，防止恶意访问，提高服务器的安全性。

在 Apache 中，可以使用目录指令来配置目录，Apache 中常用的目录指令如表 1-2 所示。

表 1-2　Apache 中常用的目录指令

目录指令	作用	常用可选值
AllowOverride	指定是否允许读取分布式配置文件	None：不允许读取分布式配置文件 All：允许读取分布式配置文件
Require	指定访问目录的权限	all granted：允许所有访问 all denied：阻止所有访问 local：允许本地访问
Options	指定目录的选项和功能	Indexes：目录浏览功能 FollowSymLinks：使用符号链接

表 1-2 中，在 Indexes、FollowSymLinks 前面添加 "–" 表示禁用相应功能，添加 "+" 或省略 "+" 表示启用相应功能。

在 Apache 中配置目录有两种方式，具体介绍如下。

1. 通过 httpd.conf 配置文件进行配置

httpd.conf 中默认已经添加了根目录和 htdocs 目录的配置，下面对这两个目录的默认配置分别进行讲解。

根目录的默认配置如下。

```
<Directory />
    AllowOverride None
    Require all denied
</Directory>
```

在上述配置中，<Directory>用于开始对目录进行配置，上述配置表示根目录 "/" 不允许读取分布式配置文件，并且阻止所有访问。

htdocs 目录的默认配置如下。

```
<Directory "${SRVROOT}/htdocs">
    Options Indexes FollowSymLinks
    AllowOverride None
    Require all granted
</Directory>
```

上述配置表示 Apache 安装目录下的 htdocs 目录启用目录浏览功能、允许使用符号链接、不允许读取分布式配置文件、允许所有访问。

如需添加其他目录的配置，读者可以参考上述配置在 httpd.conf 中添加配置，将<Directory>中的路径设置为需要配置的路径。值得一提的是，当启用目录浏览功能时，如果用户访问的目录中没有默认索引页（如 index.html、index.php）时，就会显示文件列表。启用目录浏览功能可以方便查看服务器上的文件；但是服务器上的重要文件也可以被随意访问，这样会降低服务器的安全性。

默认情况下，httpd.conf 配置文件中对根目录和 htdocs 目录的配置不需要修改，读者了解即可。

2. 通过分布式配置文件进行配置

分布式配置文件是指分布在每个目录下的配置文件，扩展名为 ".htaccess"。当父目录和子目录都允许读取分布式配置文件、且当前访问的目录是子目录时，子目录会继承父目录的配置，子目录的配置优先级更高。分布式配置文件的优点是不需要重新启动 Apache 服务器配置就能生效；缺点是读取这些文件会增加服务器的负担，降低服务器的性能。

1.4.3 【案例】根据需求配置虚拟主机

1. 需求分析

本案例要求配置域名为 www.admin.test 的虚拟主机，站点目录为 C:\web\www\www.admin.test，禁用目录浏览功能，允许读取分布式配置文件，允许本地访问。

2. 实现思路

① 在 hosts 文件中配置 IP 地址和域名的映射关系，虚拟主机 www.admin.test 映射的 IP 地址是 127.0.0.1。

② 在 httpd-vhost.conf 文件中配置虚拟主机 www.admin.test，使用 Options -Indexes 配置项禁用目录浏览功能，使用 AllowOverride All 配置项允许读取分布式配置文件，使用 Require local 配置项允许本地访问。

③ 创建站点目录 C:\web\www\www.admin.test，在该目录下创建 index.html 文件，通过浏览器访问该文件，查看虚拟主机是否配置正确。

3. 代码实现

本书在配套源码包中提供了本案例的开发文档和完整代码，读者可以参考并进行学习。

本章小结

本章首先讲解了 PHP 和网站的相关知识；然后讲解了开发环境的搭建，主要包括 VS Code 编辑器、Apache 和 PHP 的安装；最后讲解了如何配置 Web 服务器，主要包括配置虚拟主机和配置目录，并通过案例展示了如何根据需求配置虚拟主机。通过对本章的学习，读者应该能够对 PHP 有初步的认识，并能够掌握如何搭建开发环境和配置 Web 服务器。

课后练习

一、填空题

1. Apache 的目录结构中，配置文件的目录是_____。
2. Apache 服务器的配置文件是_____。
3. Apache 服务器配置虚拟主机的文件是_____。
4. PHP 的配置文件是_____。
5. 在命令提示符窗口中，执行_____命令可卸载 Apache 服务。

二、判断题

1. PHP 的配置文件是 my.ini。（   ）
2. 在安装 Apache 前需要确保系统已经安装了 Microsoft Visual C++ 2017 运行库。（   ）
3. 在 httpd.conf 文件中可以实现虚拟主机的创建。（   ）
4. PHP 既可以独立运行，也可以作为 Apache 的模块运行。（   ）
5. PHP 是一种跨平台、开源、收费的语言。（   ）

三、选择题

1. 下列选项中，能够在 Apache 中加载 PHP 模块的是（   ）。
   A. FilesMatch   B. PHPIniDir
   C. LoadModule   D. 以上选项都不正确
2. 下列选项中，Apache 使用的端口号是（   ）。
   A. 80   B. 90   C. 8000   D. 9000
3. 下列选项中，PHP 开发环境中需要用到的 Web 服务是（   ）。
   A. Apache   B. PHP
   C. MySQL   D. VS Code
4. 搭建开发环境时安装的 Apache 属于（   ）服务器。
   A. SMTP   B. FTP   C. Web   D. 以上都不是
5. 下列选项中，不属于 PHP 特点的是（   ）。
   A. 收费   B. 跨平台性好   C. 面向对象   D. 支持多种数据库

四、简答题

1. 请简述网站的发展历程。
2. 请简要描述配置虚拟主机的方式。

五、程序题

配置一个域名为 www.example.test 的虚拟主机，将网站根目录指向 C:\web\test。

第 **2** 章

PHP语法基础

学习目标

◆ 掌握 PHP 标记、注释和输出语句的使用方法，能够在程序中正确使用 PHP 标记、注释和输出语句。

◆ 熟悉标识符和关键字的使用方法，能够在程序中正确使用标识符和关键字。

◆ 掌握变量、常量和表达式的使用方法，能够在程序中正确使用变量、常量和表达式。

◆ 掌握数据类型的使用方法，能够使用不同的数据类型操作数据。

◆ 掌握运算符的使用方法，能够在程序中使用运算符完成数据运算。

◆ 掌握 PHP 的流程控制方法，能够使用分支结构、循环结构和跳转语句控制程序的执行流程。

◆ 掌握文件包含语句的使用方法，能够根据需求使用不同的文件包含语句。

拓展阅读

学习一门语言就像盖一幢大楼一样，要想盖一幢安全、稳固的大楼，必须有一个坚实的地基。同样地，要想熟练使用 PHP 语言编程，必须充分了解 PHP 语言的基础知识。本章将对 PHP 语法基础进行详细讲解。

2.1 基本语法

2.1.1 PHP 标记

为了让解析器解析 PHP 代码，需要使用 PHP 标记对代码进行标识。PHP 标记有两种使用场景：一种是在 HTML 代码中嵌入 PHP 代码时使用；另一种是在全部是 PHP 代码的文件中使用。PHP 支持的标记包括标准标记和短标记，如表 2-1 所示。

表 2-1　PHP 支持的标记

标记类型	开始标记	结束标记
标准标记	<?php	?>
短标记	<?	?>

为了让读者更好地理解 PHP 标记，下面对表 2-1 中两种标记的使用方法进行详细讲解。

1．标准标记

标准标记以 "<?php" 开始，以 "?>" 结束，下面演示如何在 HTML 代码中使用标准标记，示例代码如下。

```
<body>
  <p>Hello HTML</p>
  <p>
    <?php 此处编写 PHP 代码 ?>
  </p>
</body>
```

在上述示例代码中，"<?php" 是 PHP 开始标记，"?>" 是 PHP 结束标记，"此处编写 PHP 代码" 处是 PHP 代码。

如果在全部是 PHP 代码的文件中使用标准标记，PHP 开始标记要顶格书写，PHP 结束标记可以省略。下面演示如何在全部是 PHP 代码的文件中使用标准标记，示例代码如下。

```
<?php
此处编写 PHP 代码
```

在上述示例代码中，"<?php" 位于文件的第 1 行，省略了 "?>"。

2．短标记

短标记以 "<?" 开始，以 "?>" 结束。在 HTML 代码中使用短标记时，结束标记不可以省略；在全部是 PHP 代码的文件中使用短标记时，结束标记可以省略。下面演示如何在 HTML 代码中使用短标记，示例代码如下。

```
<?
此处编写 PHP 代码
?>
```

需要说明的是，在 php.ini 配置文件中，通过 short_open_tag 配置项可以设置短标记的开启或关闭。如果 short_open_tag 配置项的值为 On，则可以使用短标记；如果 short_open_tag 配置项的值为 Off，则不可以使用短标记。

✒️注意	如果脚本中包含 XML（eXtensible Markup Language，可扩展标记语言）内容，应避免使用短标记。这是因为 "<?" 是 XML 解析器的一个处理指令，如果脚本中包含 XML 内容并使用了短标记，PHP 解析器可能会混淆 XML 处理指令和 PHP 短标记。

▍▍▍脚下留心：正确使用语句结束符

在全部是 PHP 代码的文件中，如果省略 PHP 结束标记，那么每条语句的结尾都需要写上语句结束符 "；"。如果没有写语句结束符，运行程序时会报错。在有 PHP 结束标记的情况下，最后一条语句的语句结束符可以省略。

下面演示不添加语句结束符时程序的运行结果。在 htdocs 目录下创建 test.php，示例代码如下。

```
<?php
echo '生命在于运动！'
```

在上述示例代码中，最后一行代码的结尾没有添加语句结束符，通过浏览器访问 test.php，运行结果如图 2-1 所示。

在图 2-1 中，Parse error 表示解析错误，syntax error 表示语法错误。

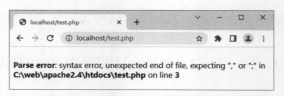

图2-1　访问test.php的运行结果

2.1.2　注释

为了方便开发者阅读和维护代码，可以为代码添加注释，通过注释对代码进行解释说明。解析器在解析程序时，会自动忽略注释内容。

PHP 中常用的注释为单行注释和多行注释。单行注释有两种，分别以"//""#"开头。使用单行注释的示例代码如下。

```
echo '生命在于运动！';    // 单行注释
echo 'Hello, PHP';      # 单行注释
```

在上述示例代码中，以"//"或"#"开始，到该行结束或 PHP 标记结束之前的内容都是单行注释内容。在 PHP 开发中，通常以"//"开头表示单行注释，"#"了解即可。

多行注释以"/*"开始，以"*/"结束。使用多行注释的示例代码如下。

```
/*
  多行注释
*/
echo '生命在于运动！';
```

在上述示例代码中，"/*""*/"之间的内容为多行注释内容。

2.1.3　输出语句

输出语句用于输出不同类型的数据。PHP 提供了很多输出语句，常用的有 echo、print、print_r()和 var_dump()。下面对这 4 种常用的输出语句进行讲解。

1. echo

echo 用于将数据以字符串形式输出，输出多个数据时使用逗号","分隔，示例代码如下。

```
echo 'true';                    // 输出结果：true
echo 'result=', '4';            // 输出结果：result=4
```

在上述示例代码中，"true""result=""4"都是字符串。

2. print

print 的用法与 echo 的用法类似，二者的区别在于 print 一次只能输出一个数据，示例代码如下。

```
print '生命在于运动！';          // 输出结果：生命在于运动！
```

3. print_r()

print_r()一次可以输出一个或多个数据，示例代码如下。

```
print_r('hello');               // 输出结果：hello
print_r(array(1, 1.6));         // 输出结果：Array([0]=>1[1]=>1.6)
```

在上述示例代码中，"hello"是字符串，"array(1, 1.6)"是数组。

4. var_dump()

var_dump()一次可以输出一个或多个数据，输出结果中包含数据的类型和长度，示例代码如下。

```
var_dump('hello');              // 输出结果: string(5) "hello"
var_dump(array(1, 1.6));        // 输出结果: array(2) { [0]=> int(1) [1]=> float(1.6) }
```

在上述示例代码的输出结果中,"string(5) "hello""表示"hello"是字符串,字符串的长度是 5;"int(1)"表示整型数据 1,"float(1.6)"表示浮点型数据 1.6。

print_r()和 var_dump()的区别:print_r()输出的内容简洁,易于阅读;var_dump()输出的内容详细,包含数据的类型和长度,便于全面了解数据的信息。

上述内容中提到的整型和浮点型属于数据类型。数据类型相关内容会在 2.3 节中讲解,此处读者只需了解这些输出语句的使用方式。

▌▌▌ **多学一招:echo 语句的简写语法**

在 PHP 中,在"<?="后面直接输出内容的写法称为 echo 语句的简写语法,具体语法格式如下。

```
<?=要输出的内容?>
```

在上述语法格式中,"<?="是 PHP 的开始标记"<?php"和 echo 语句的简写,其完整形式是"<?php echo ","?>"是结束标记。

下面演示使用 echo 语句的简写语法输出字符串,示例代码如下。

```
<?='apple'?>
```

在上述示例代码中,在"<?="后面直接输入字符串"apple",代码的输出结果为"apple"。

2.1.4　标识符

在编写程序时,经常需要使用一些符号来标记某些信息,如变量名、函数名、类名、方法名等,这些符号被称为标识符。标识符的命名要遵循一定的规则,具体规则如下。

① 标识符由字母、数字和下划线组成。

② 标识符必须以字母或下划线开头。

③ 标识符用作变量名时,区分大小写。

下面列举一些合法的标识符,具体示例如下。

```
test
_test
test88
```

下面列举一些非法的标识符,具体示例如下。

```
66test
123
te st
*test
```

2.1.5　关键字

关键字是 PHP 预先定义好并赋予了特殊含义的单词,也称作保留字。在使用关键字时,需要注意以下两点。

① 关键字不能作为常量、函数名或类名。

② 关键字不推荐作为变量名使用,容易混淆。

为了便于读者学习,下面列举一些 PHP 中常见的关键字,如表 2-2 所示。

表 2-2   PHP 中常见的关键字

__halt_compiler()	abstract	and	array()	as
break	callable	case	catch	class
clone	const	continue	declare	default
die()	do	echo	else	elseif
empty()	enddeclare	endfor	endforeach	endif
endswitch	endwhile	eval()	exit()	extends
final	finally	fn	for	foreach
function	global	goto	if	implements
include	include_once	instanceof	insteadof	interface
isset()	list()	match	namespace	new
or	print	private	protected	public
readonly	require	require_once	return	static
switch	throw	trait	try	unset()
use	var	while	xor	yield
yield from	__CLASS__	__DIR__	__FILE__	__FUNCTION__
__LINE__	__METHOD__	__NAMESPACE__	__TRAIT__	

上述每一个关键字都有特殊的作用。例如，class 关键字用于定义类，const 关键字用于定义常量，function 关键字用于定义函数。这些关键字将在本书后面的章节中陆续进行讲解，这里只需要了解。

随着 PHP 版本的更新，关键字也在不断发生变化，推荐读者查阅 PHP 官方手册来获取最新的关键字列表。

2.1.6 【案例】在网页中嵌入 PHP 代码

1. 需求分析

通常情况下，网页文件以.html 为扩展名，如果想让网页中的内容能够动态变化，可以将网页文件的扩展名修改为.php，并在网页文件中嵌入 PHP 代码。本案例实现在网页文件中嵌入 PHP 代码，并输出"生命在于运动！"。

2. 实现思路

① 使用 VS Code 编辑器创建 demo01.php 文件，在该文件中编写一个简单的网页。

② 在 demo01.php 中嵌入 PHP 代码，使用 PHP 标记和输出语句输出"生命在于运动！"。

3. 代码实现

本书在配套源码包中提供了本案例的开发文档和完整代码，读者可以参考并进行学习。

2.2 变量、常量和表达式

在 PHP 中，变量和常量都用于保存数据。变量用于保存可变的数据，常量用于保存不变的数据，表达式用于完成对变量或常量的赋值和运算。本节将对变量、可变变量、常量、预定义常量和表达式进行详细讲解。

2.2.1 变量

在程序运行期间会产生一些临时数据，这些数据可以通过变量保存。变量是保存可变数据的容器。变量的表示方式为"$变量名"，变量名遵循标识符的命名规则，例如"$num"就是一个变量。

在 PHP 中，不需要事先声明就可以对变量进行赋值和使用。变量赋值的方式分为两种：一种是传值赋值，另一种是引用赋值。下面对这两种变量赋值的方式进行讲解。

1. 传值赋值

传值赋值是将 "=" 右边的数据赋值给左边的变量。传值赋值的示例代码如下。

```
$a = 10;            // 定义变量$a，赋值为10
$b = $a;            // 将$a的值传值赋值给$b
$a = 100;           // 将$a的值修改为100
echo $b;            // 输出$b的值，结果为10
```

在上述示例代码中，"$a = 10;""$b = $a;""$a = 100;"都是对变量的传值赋值，当变量$a 的值被修改为 100 时，变量$b 的值依然为 10。

2. 引用赋值

引用赋值是在要赋值的变量前添加 "&" 符号以进行赋值。在进行引用赋值后，如果其中一个变量的值发生改变，另一个变量的值也会发生改变。引用赋值的示例代码如下。

```
$a = 10;            // 定义变量$a，赋值为10
$b = &$a;           // 将$a的值引用赋值给$b
$a = 100;           // 将$a的值修改为100
echo $b;            // 输出$b的值，结果为100
```

在上述示例代码中，$b 相当于$a 的别名，当变量$a 的值被修改为 100 时，变量$b 的值也变成了 100。

2.2.2　可变变量

在开发过程中，为了方便动态地改变变量的名称，PHP 提供了一种特殊的变量用法——可变变量。可变变量将一个变量的值作为变量的名称，以实现动态改变变量名称的目的。

可变变量的实现非常简单，只需在一个变量前多加一个 "$" 符号。例如，可变变量$$a 相当于使用变量$a 对应的值作为$$a 变量的名称，示例代码如下。

```
$a = 'say';
$say = 'Hello';
$Hello = 'Lucy';
echo $a;                // 输出结果：say
echo $$a;               // 输出结果：Hello
echo $$$a;              // 输出结果：Lucy
```

需要注意的是，如果上述示例中变量$a 的值是数字，那么可变变量$$a 就是非法标识符。因此，开发时应根据实际情况使用可变变量。

2.2.3　常量

常量是保存不变数据的容器，常量一旦被定义就不能被修改或重新定义。例如，数学中的圆周率 π 就是常量，其值是固定且不能被修改的。

定义常量的方式有两种，分别是使用 define()函数和 const 关键字。下面对这两种定义常量的方式进行讲解。

1. define()函数

在使用 define()函数前，先简单介绍函数的作用。函数是对一段可重复使用的代码块封装后的程序模块，可通过 "函数名()" 的形式调用，用来完成指定的操作。通常在调用函数时需要

传入参数，并在函数执行成功后接收函数返回的处理结果。另外，也有一些函数没有参数或不返回处理结果。

define()函数的语法格式如下。

```
define($name, $value, $case_insensitive);
```

在上述语法格式中，define()函数有 3 个参数：$name 表示常量名称，通常使用大写字母；$value 表示常量值；$case_insensitive 用于指定常量名称是否区分大小写，默认值为 false，表示常量名称区分大小写。

下面演示如何使用 define()函数定义常量，示例代码如下。

```
define('PAI', '3.14');
```

在上述示例代码中，定义的常量名称是 PAI，常量值是 3.14。

define()函数的第 3 个参数如果设置为 true，则表示常量名称不区分大小写。值得一提的是，自 PHP 8.0 开始，定义的常量要严格区分大小写，如果将 define()函数的第 3 个参数设置为 true 会产生警告。

若要获取常量值，可以使用 echo 输出语句或 constant()函数。注意，使用 constant()函数获取常量值时不会直接输出，需要搭配输出语句输出常量值，示例代码如下。

```
echo '圆周率=', PAI;                    // 输出结果：圆周率=3.14
echo '圆周率=', constant('PAI');        // 输出结果：圆周率=3.14
```

2. const 关键字

使用 const 关键字定义常量时，需要在 const 关键字后面添加常量名称，再使用 "=" 给常量赋值。给常量赋值时，除了使用具体的值外，还可以使用表达式，示例代码如下。

```
const R = 5;
echo '半径=', R;                        // 输出结果：半径=5
const D = 2 * R;
echo '直径=', D;                        // 输出结果：直径=10
```

在上述示例代码中，给常量 R 赋值时，使用了具体的值 5；给常量 D 赋值时，使用了表达式 "2 * R"。

2.2.4　预定义常量

PHP 预定义了一些常量，以方便开发者直接使用。常用的预定义常量如表 2-3 所示。

表 2-3　常用的预定义常量

预定义常量	功能描述
PHP_VERSION	获取 PHP 的版本信息
PHP_OS	获取运行 PHP 的操作系统信息
PHP_INT_MAX	获取当前 PHP 版本支持的最大整型数字
PHP_INT_SIZE	获取当前 PHP 版本的整数大小，以字节为单位
E_ERROR	表示运行时出现致命性错误
E_WARNING	表示运行时出现警告错误（非致命）
E_PARSE	表示编译时出现解析错误
E_NOTICE	表示运行时出现提醒信息

预定义常量的使用非常简单，使用 "echo 常量名称;" 语句即可查看预定义常量的值，下面演示如何使用预定义常量，示例代码如下。

```
echo PHP_VERSION;       // 输出结果：8.2.3
echo PHP_OS;            // 输出结果：WINNT
```

2.2.5　表达式

表达式是 PHP 的基石，任何有值的内容都可以理解为表达式。例如，"1"是一个值为 1 的表达式；"$a = 1"表示将表达式"1"的值赋值给$a，此时"$a = 1"也构成了一个表达式，称为赋值表达式，该表达式的值为 1；"1 + 4"也是一个表达式，表示将 1 和 4 相加，表达式的值为 5。下面通过代码演示表达式的使用。

```
echo $a = 1;              // 输出表达式 "$a = 1" 的值
echo $a + 4;              // 输出表达式 "$a + 4" 的值
$a = $a + 4;             // 将表达式 "$a + 4" 的值赋值给$a
$b = $a = 1;             // 将表达式 "$a = 1" 的值赋值给$b
echo 5, 6;                // 输出表达式 "5" 和表达式 "6" 的值
var_dump($b);            // 输出表达式 "$b" 的值
var_dump($a + $b);       // 输出表达式 "$a + $b" 的值
```

从上述代码可以看出，利用表达式可以非常灵活地编写代码。

2.2.6　【案例】显示服务器信息

1. 需求分析

在后台项目的开发中，为了让系统管理员更好地了解服务器的相关信息，通常会在后台首页显示一些系统信息和统计数据。在学习了变量与常量的知识后，下面通过"显示服务器信息"的案例对本节所学的知识进行练习。本案例要求在表格中显示 PHP 的版本信息和运行 PHP 的操作系统信息。

2. 实现思路

① 使用 VS Code 编辑器创建 demo02.php 文件，在文件中编写表格，显示服务器信息。
② 在表格中使用预定义常量 PHP_VERSION 获取 PHP 的版本信息，使用预定义常量 PHP_OS 获取运行 PHP 的操作系统信息。

3. 代码实现

本书在配套源码包中提供了本案例的开发文档和完整代码，读者可以参考并进行学习。

2.3　数据类型

任何一门编程语言都离不开对数据的处理。每个数据都有其对应的数据类型，本节将对数据类型进行详细讲解。

2.3.1　数据类型分类

PHP 的数据类型分为 3 类，分别是标量类型、复合类型和特殊类型，具体如图 2-2 所示。

图 2-2 中的复合类型和特殊类型会在后面的章节中讲解，下面对标量类型中的布尔型、整型、浮点型和字符串型进行讲解。

1. 布尔型

布尔型有 true 和 false 两个值，表示逻辑上的"真"

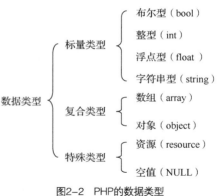

图2-2　PHP的数据类型

"假"，true 和 false 不区分大小写。通常使用布尔型的值进行逻辑判断。下面定义两个布尔型变量，示例代码如下。

```
$flag1 = true;
$flag2 = false;
```

在上述示例代码中，将 true 赋值给变量$flag1，将 false 赋值给变量$flag2。

2. 整型

整型用于表示整数，可以是二进制数、八进制数、十进制数和十六进制数，且前面可以加上 "+" 或 "-" 符号，表示正数或负数。

在计算机中，二进制数、八进制数和十六进制数是常用的表示数字的方式。二进制数、八进制数和十六进制数的表示方式如下。

① 二进制数由 0 和 1 组成，需要加前缀 0b 或 0B。

② 八进制数由 0~7 组成，需要加前缀 0。

③ 十六进制数由 0~9 和 A~F（或 a~f）组成，需要加前缀 0x 或 0X。

下面使用二进制数、八进制数、十进制数和十六进制数定义整型变量，示例代码如下。

```
$bin = 0b111011;              // 二进制数
$oct = 073;                   // 八进制数
$dec = 59;                    // 十进制数
$hex = 0x3b;                  // 十六进制数
```

在上述示例代码中，二进制数 0b111011、八进制数 073 和十六进制数 0x3b 转换成十进制数都是 59。

整数在 32 位操作系统中的取值范围是-2147483648 ~ 2147483647，在 64 位操作系统中的取值范围是-9223372036854775808 ~ 9223372036854775807。当定义的整数超出操作系统的取值范围时，定义的整数会被转换为浮点数。

下面以 64 位操作系统为例，演示整型数据超出取值范围的情况，示例代码如下。

```
$number1 = 9223372036854775807;       // 正常取值范围的整型数据
var_dump($number1);                   // 输出结果: int(9223372036854775807)
$number2 = 9223372036854775808;       // 超出取值范围的整型数据
var_dump($number2);                   // 输出结果: float(9.223372036854776E+18)
```

从上述示例代码的输出结果可以看出，变量$number2 的值超出操作系统的取值范围，被转换为浮点数。

3. 浮点型

浮点型用于表示浮点数，程序中的浮点数类似数学中的小数。浮点数的有效位数是 14 位，有效位数是指从最左边第一个不为 0 的数开始，直到末尾数的个数，并且不包括小数点。

在 PHP 中，通常使用两种格式表示浮点数，分别是标准格式和科学记数法格式。下面使用标准格式定义浮点型变量，示例代码如下。

```
$fnum1 = 1.759;
$fnum2 = -4.382;
```

当浮点数的位数较多时，使用科学记数法格式可以简化浮点数的书写形式。科学记数法是一种记数的方法，用于表示一个数与 10 的 n 次幂相乘的形式。在代码中一般使用 E 或 e 表示 10 的幂。例如，5×10^3 可以写成 5E3 或 5e3。下面使用科学记数法格式定义浮点型变量，示例代码如下。

```
$fnum3 = 1.234E-2;            // 1.234E-2 等同于 1.234×10⁻²
$fnum4 = 7.469E-4;            // 7.469E-4 等同于 7.469×10⁻⁴
```

4．字符串型

字符串型用于表示字符串。字符串是由连续的字符组成的字符序列，需要使用单引号或双引号标注字符串。下面定义字符串型变量，示例代码如下。

```
$str1 = 'Hello';          // 单引号字符串
$str2 = "PHP";            // 双引号字符串
```

单引号字符串和双引号字符串的区别是：如果字符串中包含变量，单引号字符串中的变量不会被解析，只会将变量作为普通字符处理；而双引号字符串中的变量会被解析成具体的值。下面演示在单引号字符串和双引号字符串中使用变量，示例代码如下。

```
$country = '中国';
echo '张三来自$country';       // 输出结果：张三来自$country
echo "张三来自$country";       // 输出结果：张三来自中国
```

在上述示例代码中，单引号字符串中的变量$country 被原样输出，双引号字符串中的变量 $country 被解析为"中国"。

当双引号字符串中出现变量时，可能会出现变量名和字符串混淆的情况。为了能够让 PHP 识别双引号字符串中的变量名，可以使用"{}"对变量名进行界定，示例代码如下。

```
$ap = 'ma';
$apple = 'test';
echo "$apple";            // 输出结果：test
echo "{$ap}ple";          // 输出结果：maple
```

在上述示例代码中，当变量$ap 与字符串 ple 连接在一起时，会被当成$apple 变量，此时使用"{}"将变量$ap 标注起来，即可正确解析$ap 变量。

在双引号字符串中使用双引号时，使用"\""表示双引号；在单引号字符串中使用单引号时，使用"\'"表示单引号，示例代码如下。

```
echo "在双引号字符串中使用\"双引号\"";     // 输出结果：在双引号字符串中使用"双引号"
echo '在单引号字符串中使用\'单引号\'';     // 输出结果：在单引号字符串中使用'单引号'
```

从上述示例代码可以看出，在单引号和双引号前面添加反斜线"\"，可以实现单引号和双引号的原样输出，这种前面添加反斜线的字符（如"\""\'"）又被称为转义字符。

转义字符是用于改变字符的解释或含义的特殊字符序列，通常使用转义字符表示一些特殊字符或执行指定的操作。反斜线与特定的字母或字符组合在一起会产生特定的效果。双引号字符串还支持其他常用转义字符，具体如表 2-4 所示。

表 2-4　双引号字符串支持的其他常用转义字符

转义字符	含义
\n	换行（ASCII 字符集中的 LF）
\r	回车（ASCII 字符集中的 CR）
\t	水平制表符（ASCII 字符集中的 HT）
\v	垂直制表符（ASCII 字符集中的 VT）
\e	Escape（ASCII 字符集中的 ESC）
\f	换页（ASCII 字符集中的 FF）
\\	反斜线
\$	美元符号

需要说明的是，在单引号字符串中"\'""\\"是可用的转义字符，使用其他转义字符时，转义字符会被原样输出。

2.3.2　数据类型检测

当对数据进行运算时，数据类型不符合预期可能会导致程序出错。例如，两个数字相加，这两个数字的数据类型应该均为整型或浮点型，如果为其他数据类型，运算可能会出错。

为了检测数据的数据类型是否符合预期，PHP 提供了一组形式为"is_*()"的内置函数，这组函数的参数是要检测的数据，函数的返回值是检测结果，返回值为 true 表示数据类型符合预期，返回值为 false 表示数据类型不符合预期。数据类型检测函数如表 2-5 所示。

表 2-5　数据类型检测函数

函数	功能描述
is_bool(mixed $value)	检测是否为布尔型
is_string(mixed $value)	检测是否为字符串型
is_float(mixed $value)	检测是否为浮点型
is_int(mixed $value)	检测是否为整型
is_null(mixed $value)	检测是否为空值
is_array(mixed $value)	检测是否为数组
is_resource(mixed $value)	检测是否为资源
is_object(mixed $value)	检测是否为对象
is_numeric(mixed $value)	检测是否为数字或由数字组成的字符串

表 2-5 中，函数的参数$value 前面的 mixed 表示参数$value 允许的数据类型。mixed 是一种伪类型，表示允许多种不同的数据类型。另外，在称呼 PHP 中的函数时，通常省略函数的参数，如 is_bool()函数、is_string()函数。

为了便于读者理解数据类型检测函数的使用，下面使用 var_dump()输出数据类型检测函数的结果，示例代码如下。

```
var_dump(is_bool('1'));              // 输出结果：bool(false)
var_dump(is_string('php'));          // 输出结果：bool(true)
var_dump(is_float(23));              // 输出结果：bool(false)
var_dump(is_int(23.0));              // 输出结果：bool(false)
var_dump(is_numeric(45.6));          // 输出结果：bool(true)
```

在上述示例代码中，使用 is_bool()函数检测字符串"1"是否为布尔型数据，输出结果为 bool(false)；使用 is_string()函数检测字符串"php"是否为字符串型数据，输出结果为 bool(true)；使用 is_float()函数检测数字 23 是否为浮点型数据，输出结果为 bool(false)；使用 is_int()函数检测数字 23.0 是否为整型数据，输出结果为 bool(false)；使用 is_numeric()函数检测数字 45.6 是否为数字或数字组成的字符串，输出结果为 bool(true)。

2.3.3　数据类型转换

当参与运算的两个数据的数据类型不同时，需要将这两个数据的数据类型转换成相同的数据类型。通常情况下，数据类型转换分为自动类型转换和强制类型转换，下面对这两种转换方式进行详细介绍。

1. 自动类型转换

自动类型转换由 PHP 自动完成，开发者无法干预。在标量类型中，如果参与运算的两个数据的数据类型不同，PHP 会自动将这两个数据的数据类型转换成相同的数据类型再运算。常见的自动类型转换有 3 种，具体介绍如下。

（1）自动转换成布尔型

运算时，整型 0、浮点型 0.0、空字符串和字符串 0 会被转换为 false，其他值被转换为 true。下面将整型 0、浮点型 0.0、空字符串、字符串 0 和布尔值 false 进行比较，示例代码如下。

```
var_dump(0 == false);          // 输出结果: bool(true)
var_dump(0.0 == false);        // 输出结果: bool(true)
var_dump('' == false);         // 输出结果: bool(true)
var_dump('0' == false);        // 输出结果: bool(true)
```

在上述示例代码中，"=="是比较运算符，用于比较两个值是否相等，将整型 0、浮点型 0.0、空字符串、字符串 0 和布尔值 false 进行比较时，只有"=="左边的值被转换成 false，最终的输出结果才为 true。上述示例代码的输出结果都为 bool(true)，说明整型 0、浮点型 0.0、空字符串和字符串 0 被转换成了 false。

关于比较运算符的相关内容会在 2.4.5 节中进行详细讲解，此处主要演示自动类型转换。

下面将整型 1、3、-5，浮点型 4.0，布尔值 true 进行比较，示例代码如下。

```
var_dump(1 == true);           // 输出结果: bool(true)
var_dump(3 == true);           // 输出结果: bool(true)
var_dump(-5 == true);          // 输出结果: bool(true)
var_dump(4.0 == true);         // 输出结果: bool(true)
```

上述示例代码的输出结果都为 bool(true)，说明整型 1、3、-5，浮点型 4.0 被转换成了 true。

（2）自动转换成整型

当布尔型数据自动转换成整型数据时，true 会被转换成整型 1，false 会被转换成整型 0，示例代码如下。

```
var_dump(true + 1);            // 输出结果: int(2)
var_dump(false + 1);           // 输出结果: int(1)
```

在上述示例代码中，表达式"true + 1"的输出结果是 int(2)，说明 true 被自动转换成了整型 1；表达式"false + 1"的输出结果是 int(1)，说明 false 被自动转换成了整型 0。

当字符串型数据自动转换成整型数据时，如果字符串是数字，则直接转换为该数字，示例代码如下。

```
var_dump('1' + 1);             // 输出结果: int(2)
```

在上述示例代码中，字符串"1"被自动转换成了整型 1。

（3）自动转换成字符串型

当布尔型数据自动转换成字符串型数据时，true 会被转换成字符串"1"，false 会被转换成空字符串，示例代码如下。

```
echo 'true 被转换成字符串:' . true;      // 输出结果: true 被转换成字符串: 1
echo 'false 被转换成字符串:' . false;     // 输出结果: false 被转换成字符串:
```

在上述示例代码中，"."是字符串连接符，用于对两个数据进行字符串连接；true 被自动转换成了字符串"1"，false 被自动转换成了空字符串。

当整型或浮点型数据自动转换成字符串型数据时，数值会被直接转换成字符串，示例代码如下。

```
var_dump(1 . 'PHP');           // 输出结果: string(4) "1PHP"
var_dump(3.14 . 'PHP');        // 输出结果: string(7) "3.14PHP"
```

在上述示例代码中，整型 1 被自动转换成了字符串"1"，浮点型 3.14 被自动转换成了字符串"3.14"。

2. 强制类型转换

强制类型转换是指将某个变量或数据的类型转换成指定的数据类型。强制类型转换的语法格式如下。

```
(目标类型) 变量或数据
```

在上述语法格式中，在变量或数据前添加小括号"( )"指定目标类型，即可将变量或数据的类型强制转换成想要使用的数据类型。强制类型转换中的目标类型具体如表 2-6 所示。

表 2-6　强制类型转换中的目标类型

目标类型	功能描述	目标类型	功能描述
bool	强制转换为布尔型	float	强制转换为浮点型
string	强制转换为字符串型	array	强制转换为数组
int	强制转换为整型	object	强制转换为对象

下面演示如何对数据进行强制类型转换，示例代码如下。

```
var_dump((bool)-5.9);           // 输出结果: bool(true)
var_dump((int)'hello');         // 输出结果: int(0)
var_dump((float)false);         // 输出结果: float(0)
var_dump((string)12);           // 输出结果: string(2) "12"
```

在上述示例代码中，−5.9 被转换为布尔值 true，'hello' 被转换为整型 0，false 被转换为浮点型 0，12 被转换为字符串"12"。

2.4　运算符

运算符是用来对数据进行计算的符号，通过一系列值或表达式的变化产生另外一个值。本节将对 PHP 中常用的运算符进行详细讲解。

2.4.1　算术运算符

算术运算符是用来对整型或浮点型的数据进行数学运算的符号。常用的算术运算符如表 2-7 所示。

表 2-7　常用的算术运算符

运算符	作用	示例	结果
+	加	echo 5 + 5;	10
−	减	echo 6 − 4;	2
*	乘	echo 3 * 4;	12
/	除	echo 5 / 5;	1
%	取模（即算术运算中的求余数）	echo 7 % 5;	2
**	幂运算	echo 3 ** 4;	81

在使用算术运算符的过程中，应注意以下两点。

① 进行数学运算时，要遵循数学中的"先乘除、后加减"的原则。

② 进行取模运算时，运算结果的正负取决于被模数（% 左边的数）的正负，与模数（% 右边的数）的正负无关。例如，(−8) % 7 = −1，而 8 % (−7) = 1。

2.4.2　赋值运算符

赋值运算符用于对两个操作数进行相应的运算，这两个操作数可以是变量、常量或表达式。常用的赋值运算符如表 2-8 所示。

表 2-8　常用的赋值运算符

运算符	作用	示例	结果
=	赋值	$a = 3; $b = 2;	$a = 3; $b = 2;
+=	加并赋值	$a = 3; $b = 2; $a += $b;	$a = 5; $b = 2;
-=	减并赋值	$a = 3; $b = 2; $a -= $b;	$a = 1; $b = 2;
*=	乘并赋值	$a = 3; $b = 2; $a *= $b;	$a = 6; $b = 2;
/=	除并赋值	$a = 3; $b = 2; $a /= $b;	$a = 1.5; $b = 2;
%=	取模并赋值	$a = 3; $b = 2; $a %= $b;	$a = 1; $b = 2;
.=	连接并赋值	$a = 'abc'; $a .= 'def';	$a = 'abcdef';
**=	幂运算并赋值	$a = 2; $a **= 5;	$a = 32;

在表 2-8 中，"="表示的是赋值，而非数学意义上的相等关系。

在 PHP 中，一条赋值语句可以对多个变量进行赋值，示例代码如下。

```
$first = $second = $third = 3;
```

上述示例代码同时对 3 个变量进行赋值，赋值语句的执行顺序是从右到左，即先将 3 赋值给变量$third，然后把变量$third 的值赋值给变量$second，最后把变量$second 的值赋值给变量$first。

"+="".-=""*="/="%="".="**="表示先将运算符左边的变量与右边的值进行运算，再把运算结果赋值给左边的变量。以"+="为例，示例代码如下。

```
$a = 5;
$a += 4;          // 等同于$a = $a + 4;
```

在上述示例代码中，变量$a 先与 4 相加，即 5 + 4，结果为 9，再将 9 赋值给变量$a，变量$a 最终的值为 9。

2.4.3　【案例】商品价格计算

1. 需求分析

若用户在一个全场 8 折的网站中购买了 1 kg 香蕉、0.5 kg 苹果和 1.5 kg 橘子，它们的价格分别为 7.99 元/kg、6.89 元/kg、3.99 元/kg，那么如何使用 PHP 程序来计算此用户实际需要支付的费用呢？下面通过变量、常量、算术运算符和赋值运算符等相关知识来进行商品价格计算。

2. 实现思路

① 使用常量保存商品折扣，使用变量保存用户购买的商品名称、价格和购买数量。

② 计算用户购买的每件商品的价格和所有商品的价格。

③ 以表格的形式显示用户所购买的商品的信息和该用户实际需要支付的费用。

3. 代码实现

本书在配套源码包中提供了本案例的开发文档和完整代码，读者可以参考并进行学习。

2.4.4　错误控制运算符

PHP 中有一个特殊的运算符——错误控制运算符"@"，它适合在可能出现错误的代码前使用。使用了错误控制运算符后，当代码出现错误时，不会直接将错误显示给用户，示例代码如下。

```
$num1 = $a + 1;              // 运行此行代码会出现警告
$num2 = @$a + 1;             // 运行此行代码不会出现警告
```

在上述示例代码中，未使用错误控制运算符的表达式 "$a+1" 执行后会出现警告，警告信息为变量$a 未定义；使用错误控制运算符的表达式 "@$a+1" 对运算结果进行错误控制，不会显示警告信息。

需要注意的是，错误控制运算符只针对就近的表达式，如果想要对整个表达式的结果进行错误控制，需要将整个表达式使用小括号 "()" 标注。

2.4.5　比较运算符

比较运算符用于对两个数据进行比较，其结果是布尔型的 true 或 false。常用的比较运算符如表 2-9 所示。

表 2-9　常用的比较运算符

运算符	作用	示例	结果
==	等于	5 == 4	false
!=	不等于	5 != 4	true
<>	不等于	5 <> 4	true
===	全等于	5 === 5	true
!==	不全等于	5 !== '5'	true
>	大于	5 > 5	false
>=	大于或等于	5 >= 5	true
<	小于	5 < 5	false
<=	小于或等于	5 <= 5	true

在使用比较运算符时需要注意以下两点。

① 比较两个数据类型不同的数据时，PHP 会自动将其转换成相同数据类型的数据再比较，例如，将 3 与 3.14 比较时，会先将 3 转换成浮点型数据 3.0，再用 3.0 与 3.14 比较。

② "==="、"!==" 运算符在进行比较时，不仅要比较数值是否相等，还要比较其数据类型是否相同。而 "=="、"!=" 运算符在进行比较时，只比较数值是否相等。

2.4.6　合并运算符

合并运算符 "??" 用于简单的数据存在性判定。使用合并运算符的表达式的语法格式如下。

```
<条件表达式> ?? <表达式>
```

在上述语法格式中，先判断条件表达式的值是否存在，如果存在，则返回条件表达式的值；如果不存在或值为 NULL，则返回表达式的值。

下面演示合并运算符的使用，示例代码如下。

```
$age = NULL;
echo $age ?? 18;             // 输出结果：18
$age = 20;
echo $age ?? 18;             // 输出结果：20
```

在上述代码中，当$age 的值为 NULL 时，输出结果为 18；当$age 的值为 20 时，输出结果为 20。

2.4.7　三元运算符

三元运算符又称为三目运算符，它是一种特殊的运算符。使用三元运算符的表达式的语法格式如下。

```
<条件表达式> ？ <表达式1> ： <表达式2>
```

在上述语法格式中，先求条件表达式的值，如果为 true，则返回表达式 1 的执行结果；如果为 false，则返回表达式 2 的执行结果。

下面演示三元运算符的使用，示例代码如下。

```
$age = 18;
echo $age >= 18 ? '已成年' : '未成年';
```

在上述示例代码中，如果变量$age 的值大于或等于 18，输出结果为"已成年"；如果小于 18，输出结果为"未成年"。

2.4.8　逻辑运算符

逻辑运算符是用于逻辑判断的符号，使用逻辑运算符的表达式的返回值类型是布尔型。逻辑运算符如表 2-10 所示。

表 2-10　逻辑运算符

运算符	作用	示例	结果
&&	与	$a && $b	$a 和$b 都为 true，则结果为 true，否则为 false
||	或	$a || $b	$a 和$b 中至少有一个为 true，则结果为 true，否则为 false
!	非	!$a	若$a 为 false，则结果为 true，否则为 false
xor	异或	$a xor $b	$a 和$b 一个为 true，另一个为 false，则结果为 true，否则为 false
and	与	$a and $b	与"&&"运算符的作用相同，但优先级较低
or	或	$a or $b	与"||"运算符的作用相同，但优先级较低

对于"与"操作和"或"操作，在实际开发中需要注意以下两点。

① 当使用"&&""and"连接两个表达式时，如果运算符左边表达式的值为 false，则整个表达式的结果为 false，运算符右边的表达式不会执行。

② 当使用"||""or"连接两个表达式时，如果运算符左边表达式的值为 true，则整个表达式的结果为 true，运算符右边的表达式不会执行。

2.4.9　递增与递减运算符

递增与递减运算符也称为自增与自减运算符，它们可以被看作一种特定形式的复合赋值运算符。递增与递减运算符如表 2-11 所示。

表 2-11　递增与递减运算符

运算符	作用	示例	结果
++	递增（前）	$a = 2; $b = ++$a;	$a = 3; $b = 3;
	递增（后）	$a = 2; $b = $a++;	$a = 3; $b = 2;
--	递减（前）	$a = 2; $b = --$a;	$a = 1; $b = 1;
	递减（后）	$a = 2; $b = $a--;	$a = 1; $b = 2;

从表 2-11 可知，在进行递增或递减运算时，如果运算符（++或--）放在操作数的前面，

则先进行递增或递减运算，再进行其他运算。反之，如果运算符放在操作数的后面，则先进行其他运算，再进行递增或递减运算。

2.4.10　位运算符

位运算符是针对二进制位进行运算的符号。位运算符如表 2-12 所示。

表 2-12　位运算符

运算符	作用	示例	结果
&	按位与	$a & $b	$a 和$b 各二进制位进行"与"操作后的结果
|	按位或	$a | $b	$a 和$b 各二进制位进行"或"操作后的结果
~	按位非	~$a	$a 的各二进制位进行"非"操作后的结果
^	按位异或	$a ^ $b	$a 和$b 各二进制位进行"异或"操作后的结果
<<	左移	$a << $b	将$a 各二进制位左移 b 位（左移一位相当于该数乘 2）
>>	右移	$a >> $b	将$a 各二进制位右移 b 位（右移一位相当于该数除以 2）

在实际开发中，一般只对整数和字符进行位运算。在对整数进行位运算之前，程序会先将所有的操作数转换成二进制数，再逐位运算。在对字符进行位运算时，先将字符转换成对应的ASCII 值（数字）再进行位运算，然后把运算结果（数字）转换成对应的字符。

为了让读者更好地理解位运算符，下面使用 "&" 运算符对整数和字符进行位运算，具体示例如下。

（1）使用 "&" 运算符对整数进行运算

对整数 3 和 9 进行按位与运算，示例代码如下。

```
echo 3 & 9;        // 输出结果: 1
```

在上述示例代码中，3 对应的二进制数为 00000011，9 对应的二进制数为 00001001，上述示例代码的演算过程如下。

```
      00000011
&     00001001
    ─────────────
      00000001
```

在上述演算过程中，如果两个二进制位都为 1，则相应位的运算结果为 1，否则为 0。上述运算结果为 00000001，对应数值为 1。

（2）使用 "&" 运算符对字符进行运算

对字符 "A" "B" 进行按位与运算，示例代码如下。

```
echo "A" & "B";    // 输出结果: @
```

在上述示例代码中，字符 "A" 的 ASCII 值是 65，65 对应的二进制数是 1000001；字符 "B" 的 ASCII 值是 66，66 对应的二进制数是 1000010。上述示例代码的演算过程如下。

```
      1000001
&     1000010
    ─────────────
      1000000
```

上述运算结果为 1000000，对应数值为 64，转换成字符是 "@"。

需要注意的是，对字符串进行位运算时，如果字符串的长度不一样，则从两个字符串的开始位置处开始计算，多余的字符自动转换为空。例如，字符 "A" 和字符串 "AB" 进行位运算，只对字符"A"和字符串"AB"中的"A"进行运算。

2.4.11　运算符优先级

当在一个表达式中使用多个运算符时，这些运算符会遵循一定的先后顺序，这个先后顺序就是运算符的优先级。运算符的优先级如表 2-13 所示。

表 2-13　运算符的优先级

结合方向	运算符
右关联	**
不适用	+、−、++、−−、~、@
不适用	!
左关联	*、/、%
左关联	+、−
左关联	<<、>>
左关联	.
无关联	<、<=、>、>=
无关联	==、!=、===、!==、<>、<=>
左关联	&
左关联	^
左关联	|
左关联	&&
左关联	||
右关联	??
无关联	?:
右关联	=、+=、−=、*=、**=、/=、.=、%=、&=、|=、^=、<<=、>>=、??=
左关联	and
左关联	xor
左关联	or

在表 2-13 中，运算符 instanceof 是类型运算符，会在面向对象编程中用到。运算符的优先级由上至下递减，同一行的运算符具有相同的优先级。结合方向中的左关联表示同级运算符的执行顺序为从左到右；右关联表示执行顺序为从右到左；不适用表示运算符只有一个操作数，没有执行顺序；无关联表示这些运算符不能连在一起使用，例如"1 < 2 > 1"的使用方法是错误的。

在表达式中，使用小括号"()"可以提升其内运算符的优先级，示例代码如下。

```
$num1 = 4 + 3 * 2;        // 运算结果为10
$num2 = (4 + 3) * 2;      // 运算结果为14
```

在上述示例代码中，表达式"4 + 3 * 2"的执行顺序为先进行乘法运算，再进行加法运算；表达式"(4 + 3) * 2"的执行顺序为先进行小括号内的加法运算，再进行乘法运算。

2.5　流程控制

在 PHP 中，流程控制是指控制代码的执行流程。流程控制有三大结构，分别是顺序结构、分支结构和循环结构。前面编写的代码都是按照自上而下的顺序逐条执行的，这种代码使用的就是顺序结构。除了顺序结构，在开发中还会用到分支结构和循环结构；如果不想继续执行循环语句，可以使用跳转语句控制代码的执行流程。本节将对分支结构、循环结构和跳转语句进行详细讲解。

2.5.1 分支结构

在生活中，我们经常会根据不同的情况做出不同的选择。例如，在出行时，会根据目的地的远近选择交通方式：如果目的地比较近，会选择骑自行车；如果目的地距离适中，会选择坐公交车或地铁；如果目的地比较远，会选择坐火车或飞机。

分支结构就是对某个条件进行判断，通过不同的判断结果执行不同的语句。分支结构常用的语句有 if 语句、if…else 语句、if…else if…else 语句和 switch 语句，下面对这 4 种语句进行详细讲解。

1. if 语句

if 语句也称为单分支语句，用于实现当满足某种条件时就进行某种处理，具体语法格式如下。

```
if (条件表达式) {
    代码段
}
```

在上述语法格式中，条件表达式的值是一个布尔值，当该值为 true 时，执行"{}"中的代码段，否则不进行任何处理。当代码段只有一条语句时，"{}"可以省略。

if 语句的执行流程如图 2-3 所示。

下面演示如何使用 if 语句判断$a 是否大于$b，示例代码如下。

```
$a = 10;
$b = 5;
if ($a > $b) {
    echo '$a 大于$b';
}
```

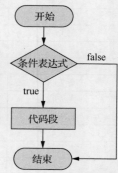

图2-3　if 语句的执行流程

在上述示例代码中，变量$a 的值是 10，变量$b 的值是 5，if 语句的条件表达式"$a > $b"的值为 true，执行"{}"中的代码段，输出"$a 大于$b"。

2. if…else 语句

if…else 语句也称为双分支语句，用于实现当满足某种条件时进行某种处理，否则进行另一种处理，具体语法格式如下。

```
if (条件表达式) {
    代码段 1
} else {
    代码段 2
}
```

在上述语法格式中，当条件表达式的值为 true 时，执行代码段 1；当条件表达式的值为 false 时，执行代码段 2。if…else 语句的执行流程如图 2-4 所示。

下面演示如何使用 if…else 语句判断$a 是否大于$b，示例代码如下。

```
$a = 10;
$b = 5;
if ($a > $b) {
```

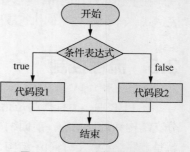

图2-4　if…else 语句的执行流程

```
        echo '$a 大于$b';
    } else {
        echo '$a 小于或等于$b';
    }
```

在上述示例代码中，变量$a 的值是 10，变量$b 的值是 5，if…else 语句的条件表达式 "$a >
$b" 的值为 true，输出 "$a 大于$b"。如果将$b 的值修改为 15，则输出 "$a 小于或等于$b"。

3. if…else if…else 语句

if…else if…else 语句也称为多分支语句，用于对多种条件进行判断并进行相应的处理，具
体语法格式如下。

```
if (条件表达式1) {
    代码段1
} else if (条件表达式2) {
    代码段2
}
……
else if (条件表达式n) {
    代码段n
} else {
    代码段n+1
}
```

在上述语法格式中，当条件表达式 1 的值为 true 时，执行代码段 1，否则继续判断条件表
达式 2；若条件表达式 2 的值为 true，则执行代码段 2，以此类推；若所有条件表达式的值都为
false，则执行代码段 n+1。

值得一提的是，在 if…else if…else 语句中，"else if" 中的空格可以省略，即 "else if" 可以
写成 "elseif"。

if…else if…else 语句的执行流程如图 2-5 所示。

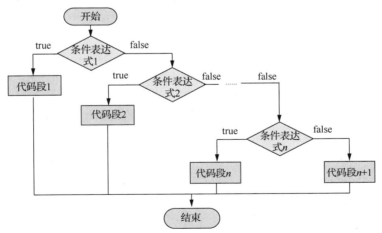

图2-5　if…else if…else语句的执行流程

下面演示如何使用 if…else if…else 语句判断考试分数的等级，示例代码如下。

```
1   $score = 75;
2   if ($score >= 90) {
3       echo '优秀';
```

```
4    } else if ($score >= 80) {
5        echo '良好';
6    } else if ($score >= 70) {
7        echo '一般';
8    } else if ($score >= 60) {
9        echo '及格';
10   } else {
11       echo '不及格';
12   }
```

在上述示例代码中，变量$score 的值是 75，第 2～4 行"}"范围内代码的 if 语句用于判断$score 大于或等于 90 分的情况，判断结果为 false；执行第 4 行 else if 起至第 6 行"}"范围内代码的 else if 语句，判断结果为 false；继续执行第 6 行 else if 起至第 8 行"}"范围内代码的 else if 语句，此时判断结果为 true，执行该语句中的代码段，输出"一般"。

4. switch 语句

switch 语句也是多分支语句，用于将表达式与多个不同的值比较，最终执行不同的代码段，具体语法格式如下。

```
switch (表达式) {
    case 值 1:
        代码段 1;
        break;
    case 值 2:
        代码段 2;
        break;
    ……
    case 值 n:
        代码段 n;
        break;
    default:
        代码段 n+1;
}
```

在上述语法格式中，switch 语句首先计算表达式的值，然后将计算出的值与 case 语句中的值依次进行比较，case 语句中的值的数据类型可以是标量类型、数组和空值。如果有匹配的值，则执行 case 语句后对应的代码段；如果没有匹配的值，则执行 default 语句后对应的代码段。

值得一提的是，case 语句中的 break 语句用于跳出 switch 语句。如果 case 语句中没有 break 语句，程序会执行到最后一个 case 语句和 default 语句。

下面使用 switch 语句根据给定的数值输出中文格式的星期值，若给定的数值为 1 则输出星期一，若给定的数值为 2 则输出星期二，依次类推，示例代码如下。

```
1    $week = 5;
2    switch ($week) {
3        case 1:
4            echo '星期一';
5            break;
6        case 2:
7            echo '星期二';
8            break;
9        case 3:
```

```
10          echo '星期三';
11          break;
12     case 4:
13          echo '星期四';
14          break;
15     case 5:
16          echo '星期五';
17          break;
18     case 6:
19          echo '星期六';
20          break;
21     case 7:
22          echo '星期日';
23          break;
24     default:
25          echo '输入的数字不正确……';
26 }
```

在上述示例代码中，第 1 行代码定义了变量$week 的值为 5，第 2～26 行代码使用 switch 语句判断$week 的值并输出对应的星期值。程序的输出结果为星期五。如果上述示例代码中所有的 case 语句中没有 break 语句，则执行到最后一个 case 语句和 default 语句，程序的输出结果为"星期五星期六星期日输入的数字不正确……"。

2.5.2　【案例】判断学生成绩等级

1. 需求分析

假设学生的成绩大于或等于 90 且小于或等于 100 分，等级为 A 级；成绩大于或等于 80 且小于 90 分，等级为 B 级；成绩大于或等于 70 且小于 80 分，等级为 C 级；成绩大于或等于 60 且小于 70 分，等级为 D 级；成绩大于或等于 0 且小于 60 分，等级为 E 级。下面通过比较运算符、逻辑运算符和分支结构实现学生成绩等级的判断。

2. 实现思路

① 创建 score.php 文件，定义变量保存学生的姓名和成绩。

② 使用 if…else 语句判断成绩是否为有效数值，整型或浮点型数据都是有效数值。

③ 使用 if…else if…else 语句判断学生成绩等级。

④ 输出学生的姓名、成绩和等级。

3. 代码实现

本书在配套源码包中提供了本案例的开发文档和完整代码，读者可以参考并进行学习。

2.5.3　循环结构

在实际生活中，经常会有重复做同一件事情的情况。例如，学生在操场跑步，操场的跑道一圈为 400m，学生如果跑 800m 则需要沿着跑道跑 2 圈，学生如果跑 1200m 则需要沿着跑道跑 3 圈。将跑 1 圈看作重复的行为，跑 800m 需要重复做 2 次，跑 1200m 需要重复做 3 次。

PHP 中的循环结构可以实现重复做某一件事。循环结构常用的语句有 while 语句、do…while 语句、for 语句和 foreach 语句，其中，foreach 语句用于遍历数组，使用 foreach 语句遍历数组的相关内容会在第 3 章讲解，本小节对循环结构的其他 3 种语句进行讲解。

1. while 语句

while 语句用于根据循环条件判断是否重复执行某一段代码，具体语法格式如下。

```
while (循环条件) {
    循环体
}
```

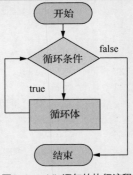

在上述语法格式中，当循环条件为 true 时，执行循环体（循环体是一段可以重复执行的代码）；当循环条件为 false 时，结束整个循环。需要注意的是，如果循环条件永远为 true，会出现死循环。while 语句的执行流程如图 2-6 所示。

下面演示如何使用 while 语句输出 5 个"☆"字符，示例代码如下。

```
1   $i = 5;
2   while ($i > 0) {
3       echo '☆';
4       $i = $i - 1;
5   }
```

图2-6 while语句的执行流程

在上述代码中，变量$i 的初始值为 5，第 2 行代码判断$i 是否大于 0，如果判断结果为 true，则执行第 3 行和第 4 行代码。第 3 行代码输出"☆"字符，第 4 行代码将$i 的值减 1。$i 的值减 1 后，继续执行第 2 行代码，直到$i 的值为 0 时，不满足循环条件，退出循环。

2. do…while 语句

do…while 语句的功能与 while 语句的功能类似，二者的区别在于，while 语句先判断循环条件再执行循环体，do…while 语句先无条件执行一次循环体再判断循环条件。do…while 语句的语法格式如下。

```
do {
    循环体
} while (循环条件);
```

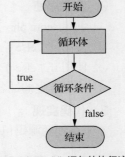

在上述语法格式中，先执行循环体再判断循环条件，当循环条件为 true 时，继续执行循环体，否则结束循环。do…while 语句的执行流程如图 2-7 所示。

下面演示如何使用 do…while 语句输出 5 个"☆"字符，示例代码如下。

```
1   $i = 5;
2   do {
3       echo '☆';
4       $i = $i - 1;
5   } while ($i > 0);
```

图2-7 do…while语句的执行流程

在上述代码中，变量$i 的初始值为 5，执行第 3 行和第 4 行代码后，再判断$i 是否大于 0，如果大于 0 则继续循环。当$i 的值为 0 时，不满足循环条件，退出循环。

3. for 语句

for 语句适合在循环次数已知的情况下使用。for 语句的语法格式如下。

```
for (初始化表达式; 循环条件; 操作表达式) {
    循环体
}
```

在上述语法格式中，for 关键字后面的小括号 "()" 中包括 3 部分内容，分别为初始化表达式、循环条件和操作表达式，它们之间用 ";" 分隔。其中，初始化表达式用于给循环变量设置初始值；接着判断循环条件，当循环条件为 true 时执行循环体；操作表达式用于设置每次循环结束后执行的操作，如对循环变量进行递增或递减。for 语句的执行流程如图 2-8 所示。

下面演示如何使用 for 语句输出 5 个 "☆" 字符，示例代码如下。

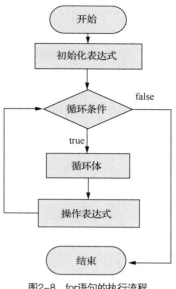

图2-8   for语句的执行流程

```
1  for ($i = 5; $i > 0; $i--) {
2      echo '☆';
3  }
```

在上述代码中，变量$i 的初始值为 5，判断$i 是否大于 0，如果判断结果为 true，则执行第 2 行代码，输出 "☆" 字符，通过操作表达式 "$i − −" 将$i 减 1。$i 减 1 后继续判断$i 是否大于 0，如果大于 0 则继续循环，直到$i 的值为 0 时，不满足条件，退出循环。

▍▍**多学一招：流程控制语句的替代语法**

替代语法是在 HTML 模板中嵌入 PHP 代码时的一种可读性更好的语法，其基本形式就是把 if 语句、switch 语句、while 语句、for 语句、foreach 语句的左大括号 "{" 换成冒号 ":"，把右大括号 "}" 分别换成 "endif;" "endswitch;" "endwhile;" "endfor;" "endforeach;"。

下面演示如何使用 for 语句的替代语法输出 5 个 "☆" 字符到表格中，具体代码如下。

```
1  <table>
2    <?php for ($i = 5; $i > 0; $i--) : ?>
3    <tr>
4      <td><?='☆'?></td>
5    </tr>
6    <?php endfor; ?>
7  </table>
```

在上述代码中，第 2 行代码使用 for 语句的替代语法循环 5 次，第 4 行代码使用 PHP 标记和 echo 语句的简写语法输出 "☆" 字符。

从上述代码可以看出，表格中 for 语句的开始位置和结束位置很明确，可以避免分不清 for 语句的开始位置和结束位置的情况发生，增强了代码的可读性。

2.5.4   循环嵌套

循环嵌套是指在一个循环语句的循环体中再定义一个循环语句。while 语句、do…while 语句、for 语句都可以进行嵌套，并且它们之间也可以互相嵌套，其中最常见的是 for 语句嵌套 for 语句，具体语法格式如下。

```
for (初始化表达式; 循环条件; 操作表达式) {          // 外层循环
    for (初始化表达式; 循环条件; 操作表达式) {       // 内层循环
        循环体
    }
}
```

下面使用循环嵌套输出由五角星字符组成的直角三角形，直角三角
形的效果如图 2-9 所示。

从图 2-9 可以看出，直角三角形由五角星"☆"字符构成，一共 5
行，第 1 行有 1 个五角星，第 2 行有 2 个五角星，依次类推。

☆
☆ ☆
☆ ☆ ☆
☆ ☆ ☆ ☆
☆ ☆ ☆ ☆ ☆

图2-9　直角三角形的效果

通过上述规律，实现输出直角三角形需要使用两个 for 语句，一个 for
语句用于控制三角形的行数，另一个 for 语句用于控制每行"☆"字符的个数，并且"☆"字
符的个数和三角形的行数相等。

下面演示如何使用循环嵌套输出由五角星字符组成的直角三角形，示例代码如下。

```php
1  <?php
2  for ($i = 1; $i <= 5; $i++) {          // 控制三角形的行数
3      for ($j = 1; $j <= $i; $j++) {      // 控制每行"☆"字符的个数
4          echo '☆';
5      }
6      echo '<br>';
7  }
```

在上述代码中，第 2 行代码用于控制三角形的行数，第 3 行代码用于控制每行"☆"字符
的个数。上述代码中循环嵌套的执行流程如下。

第 1 步：第 2 行代码中$i 的初始值为 1，循环条件$i <= 5 的结果为 true，首次进入外层循环。

第 2 步：第 3 行代码中$j 的初始值为 1，循环条件$j <= $i 的结果为 true，首次进入内层循
环，输出一个"☆"字符。

第 3 步：执行第 3 行代码中内层循环的操作表达式$j++，将$j 的值变为 2。

第 4 步：执行第 3 行代码中的循环条件$j <= $i，结果为 false，内层循环结束，执行第 6 行
代码，输出换行符。

第 5 步：执行第 2 行代码中外层循环的操作表达式$i++，将$i 的值变为 2。

第 6 步：执行第 2 行代码中的循环条件$i <= 5，结果为 true，继续执行内层循环。

第 7 步：此时$i 的值为 2，内层循环会执行 2 次，即在第 2 行输出 2 个"☆"字符，内层
循环结束并输出换行符。

第 8 步：以此类推，$i 的值为 3，内层循环会执行 3 次，输出 3 个"☆"字符，直到$i 的
值为 6 时，外层循环结束。

2.5.5 【案例】九九乘法表

1. 需求分析

九九乘法表体现了数字之间乘法的规律，是
数学中必学的内容。请使用循环语句实现九九乘
法表，效果如图 2-10 所示。

2. 实现思路

在图 2-10 中，九九乘法表共 9 层，假设最
顶层是第 1 层，第 1 层由 1 个单元格组成，第 2
层由 2 个单元格组成，依次往下递增，第 9 层由

1×1=1								
1×2=2	2×2=4							
1×3=3	2×3=6	3×3=9						
1×4=4	2×4=8	3×4=12	4×4=16					
1×5=5	2×5=10	3×5=15	4×5=20	5×5=25				
1×6=6	2×6=12	3×6=18	4×6=24	5×6=30	6×6=36			
1×7=7	2×7=14	3×7=21	4×7=28	5×7=35	6×7=42	7×7=49		
1×8=8	2×8=16	3×8=24	4×8=32	5×8=40	6×8=48	7×8=56	8×8=64	
1×9=9	2×9=18	3×9=27	4×9=36	5×9=45	6×9=54	7×9=63	8×9=72	9×9=81

图2-10　九九乘法表的效果

9 个单元格组成。单元格中包括乘数和积，以 2×3=6 为例，2 和 3 是乘数，6 是积。

通过分析图 2-10 所示的九九乘法表，可以得出以下规律。

① 每层单元格中乘号左边的乘数从 1 开始，从左向右依次递增，直到等于层数为止。

② 每层单元格中乘号右边的乘数和这一层的层数相等，例如，第 2 层乘号右边的乘数都是 2，第 3 层乘号右边的乘数都是 3。

通过以上规律可以得出，实现九九乘法表需要使用两个 for 语句得到每层的两个乘数。九九乘法表的具体实现步骤如下。

① 在第一个 for 语句中循环每层的乘号右边的乘数，将循环变量作为第二个 for 语句的循环条件。

② 在第二个 for 语句中循环每层的乘号左边的乘数。

③ 输出每层中的两个乘数和积。

3. 代码实现

本书在配套源码包中提供了本案例的开发文档和完整代码，读者可以参考并进行学习。

2.5.6　跳转语句

在循环结构中，如果想要控制程序的执行流程，例如满足特定条件时跳出循环或结束循环，可以使用跳转语句来实现。PHP 常用的跳转语句有 break 语句和 continue 语句，它们的区别在于，break 语句用于终止当前循环，跳出循环体；continue 语句用于结束本次循环的执行，开始下一轮循环。

下面统计 1～100 中的奇数的和。使用 for 语句循环变量$i 的值，在循环体中，使用 if 语句判断变量$i 的值，若为奇数，则对$i 的值进行累加；若为偶数，则使用 continue 语句结束本次循环，不对$i 的值进行累加，示例代码如下。

```
1  $sum = 0;
2  for ($i = 1; $i<= 100; $i++) {
3      if ($i % 2 == 0) {
4          continue;
5      }
6      $sum += $i;
7  }
8  echo '$sum = ' . $sum;
```

在上述示例代码中，$sum 变量用于保存 1～100 中的奇数的和。第 2～7 行代码使用 for 语句循环 1～100 的数；第 3～5 行代码用于判断当前的数是不是偶数，如果是则结束本次循环，进入下一次循环；第 6 行代码表示如果当前的数是奇数，则将当前的数累加到变量$sum 中。第 8 行代码输出$sum 的值，输出结果为"$sum = 2500"。

如果将示例代码中的第 4 行代码修改为 break;，当$i 递增到 2 时，该循环终止执行，最终输出的结果为"$sum = 1"。

2.6　文件包含语句

在程序开发中，通常会将页面的公共代码提取出来，放到单独的文件中，然后使用 PHP 提供的文件包含语句，将公共文件包含到程序中，从而实现代码的复用。例如，项目中的初始化文件、配置文件、HTML 模板文件等都是公共文件。文件包含语句包括 include 语句、require

语句、include_once 语句和 require_once 语句，本节将对文件包含语句的使用进行详细讲解。

2.6.1 include 语句和 require 语句

使用 include 语句和 require 语句都可以引入外部文件，这两个语句的区别是，当引入的外部文件出现错误时，include 语句的处理方式和 require 语句的处理方式不同：include 语句会产生警告，程序继续运行；require 语句会产生警告和致命错误，程序停止运行。

include 语句的语法和 require 语句的语法类似，下面以 include 语句为例进行讲解。include 语句的语法格式如下。

```
// 第1种写法
include '完整路径文件名';
// 第2种写法
include('完整路径文件名');
```

在上述语法格式中，include 语句的两种写法不同，但实现的功能相同。完整路径文件名是指被包含文件所在的绝对路径或相对路径。

绝对路径是指从盘符开始表示的路径，如"C:/web/test.php"；相对路径是指从当前目录开始表示的路径，如引入当前目录下的 test.php 文件，相对路径就是"./test.php"。相对路径中的"./"表示当前目录，"../"表示当前目录的上级目录。

下面演示如何使用 include 语句引入外部文件，具体步骤如下。

① 创建 test.php，具体代码如下。

```
<?php
echo 'ok';
```

② 创建 index.php，使用 include 语句引入 test.php，具体代码如下。

```
<?php
include './test.php';
```

通过浏览器访问 index.php，运行结果如图 2-11 所示。

从图 2-11 中可以看出，index.php 文件的输出内容为"ok"，说明使用文件包含语句引入了 test.php 文件。

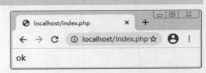

图2-11　访问index.php的运行结果

下面演示使用 include 语句和 require 语句引入不存在的文件时的区别，具体步骤如下。

① 创建 import.php，具体代码如下。

```
1  <?php
2  include './wrongFile.php';              // 此行代码会产生警告
3  echo 'Hello,PHP';                       // 此行代码会执行
```

在上述代码中，第 2 行代码使用 include 语句引入 wrongFile.php 文件，该文件是一个不存在的文件；第 3 行代码输出"Hello,PHP"字符串，通过浏览器访问 import.php，运行结果如图 2-12 所示。

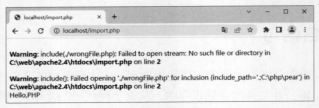

图2-12　访问import.php的运行结果（1）

从图 2-12 所示的运行结果可以看出，虽然运行程序后产生了警告，但是依然输出了"Hello,PHP"，说明使用 include 语句引入的外部文件不存在时，运行程序会产生警告，但程序会继续运行。

② 修改 import.php，具体代码如下。

```php
1  <?php
2  require './wrongFile.php';          // 此行代码会产生警告和致命错误
3  echo 'Hello,PHP';                   // 此行代码不会执行
```

在上述代码中，第 2 行代码使用 require 语句引入 wrongFile.php 文件，通过浏览器访问 import.php，运行结果如图 2-13 所示。

图2-13　访问import.php的运行结果（2）

从图 2-13 所示的运行结果可以看出，程序运行后产生了警告和致命错误，没有输出任何内容，说明使用 require 语句引入的外部文件不存在时，运行程序会产生警告和致命错误，程序会停止运行。

2.6.2　include_once 语句和 require_once 语句

使用 include_once 和 require_once 语句引入外部文件时会检查该文件是否在程序中已经被引入过。外部文件如果已经被引入过，则不会被再次引入，避免重复引入。

include_once 和 require_once 语句的语法和 include 语句的语法相同，下面以 include_once 语句为例，演示使用 include_once 语句和 include 语句引入外部文件的区别。使用这两种语句在 for 语句中引入外部文件，统计引入外部文件的次数，具体实现步骤如下。

① 创建 once.php 外部文件，具体代码如下。

```php
<?php
$sum = $i++;
```

在上述代码中，定义$sum 变量，统计文件被引入的次数。

② 创建 include_once.php 文件，具体代码如下。

```php
1  <?php
2  for ($i = 1; $i <= 5; $i++) {
3      include_once './once.php';
4  }
5  echo '使用 include_once 语句引入外部文件的次数：' . $sum;
6  echo '<br>';
7  for ($i = 1; $i <= 5; $i++) {
8      include './once.php';
9  }
10 echo '使用 include 语句引入外部文件的次数：' . $sum;
```

在上述代码中，第 2～4 行代码在 for 语句中使用 include_once 语句引入 once.php 文件，第 5 行代码输出 once.php 中$sum 的值，第 7～9 行代码在 for 语句中使用 include 语句引入 once.php 文件，第 10 行代码输出 once.php 中$sum 的值。通过浏览器访问 include_once.php，运行结果如图 2-14 所示。

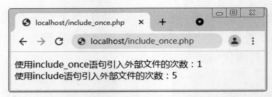

图2-14　访问include_once.php的运行结果

从图 2-14 所示的运行结果可以看出，include_once 语句的输出结果为 1，表示只引入了 1 次 once.php 文件；include 语句的输出结果为 5，表示引入了 5 次 once.php 文件。

本章小结

本章首先讲解了 PHP 的基本语法，接着讲解了变量、常量和表达式，然后讲解了数据类型和运算符，最后讲解了流程控制和文件包含语句。通过学习本章的内容，读者应掌握 PHP 的基本语法，学会编写 PHP 脚本，掌握常用的数据类型和运算符的使用方法，能够使用流程控制语句控制程序的执行流程。

课后练习

一、填空题

1. PHP 的标准标记以"_____"开始，以"?>"结束。
2. PHP 的预定义常量_____用于获取运行 PHP 的操作系统信息。
3. PHP 中用于定义常量的函数是_____。
4. 用于终止当前循环、跳出循环体的语句是_____。
5. 用于结束本次循环的执行、开始下一轮循环的语句是_____。

二、判断题

1. "&&""and"实现的功能相同，但是前者的优先级比后者的高。（　　）
2. 关键字可以作为常量、函数名或类名使用，方便记忆。（　　）
3. 运算符中"or"的优先级最高。（　　）
4. 递增运算符放在操作数的前面是指先进行递增运算，再进行其他运算。（　　）
5. 比较运算符中的"<>"用于判断变量是否大于或小于某个值。（　　）

三、选择题

1. 下列选项中，关于标识符的说法错误的是（　　）。
   A. 在项目中，类名、方法名、函数名、变量名等都被称为标识符
   B. 标识符由字母、数字和下划线组成
   C. 当标识符由多个单词组成时，可直接进行拼接，没有格式要求
   D. 标识符用作变量名时，区分大小写
2. 下列运算符中，优先级最高的是（　　）。
   A. &   B. !
   C. | D. 以上答案全部正确

3. 下列选项中，递增递减语句正确的是（　　）。

    A. +$a+   B. +$a-   C. +-$a   D. $a++

4. 下列选项中，不属于 PHP 关键字的是（　　）。

    A. static   B. class   C. add   D. use

5. 下列选项中，对比较运算符的描述错误的是（　　）。

    A. ===表示等于   B. <>表示不等于

    C. !=表示不等于   D. >=表示大于或等于

四、简答题

1. 请列举 PHP 中常用的预定义常量。

2. 请列举 PHP 所支持的数据类型。

五、程序题

1. 使用 PHP 程序实现交换两个变量的值。

2. 通过 PHP 程序实现输出菱形的功能，如图 2-15 所示。

图2-15　输出菱形

第**3**章

PHP函数与数组

拓展阅读

在 PHP 中，函数用于封装重复使用的代码。将代码封装成函数后，在实现相同的功能时，直接调用函数即可。使用函数可以避免编写重复的代码，不仅可减少工作量，而且有利于代码的维护。数组用于存储一组数据，从而方便开发者对一组数据进行批量处理。利用数组函数可以实现对数组的遍历、排序和检索等操作。本章将对函数与数组进行详细讲解。

3.1 函数

在程序开发中，经常需要编写一些用于实现相同功能（如求平均数、计算总分等）的代码。这样的重复工作既增加了工作量，又不利于后期的代码维护。为此，PHP 提供了函数，函数可以将代码封装起来，实现一次编写多次使用，方便后期的代码维护。本节将对函数进行详细讲解。

3.1.1　函数的定义和调用

在 PHP 中，开发者可以根据功能需求定义函数。定义函数的语法格式如下。

```
function 函数名([参数 1, 参数 2, …])
{
    函数体
}
```

在上述语法格式中，涉及关键字 function、函数名、参数和函数体 4 部分内容。语法格式中的"[ ]"用于标注可选内容，编写代码时不需要书写。下面对定义函数的 4 部分内容分别进行介绍。

① function 是定义函数使用的关键字，不能省略。

② 函数名的命名规则与标识符的相同，且函数名是唯一的，不能重复。

③ 参数是外部传递给函数的值，它是可选的，当有多个参数时，各参数之间使用逗号","分隔。

④ 函数体是用于实现指定功能的代码。要让函数在执行后返回执行结果，需要在函数体中使用 return 关键字，这个执行结果被称为函数的返回值。

当函数定义好后，若要使用函数，需要对函数进行调用。调用函数的语法格式如下。

```
函数名([参数 1, 参数 2, …])
```

在上述语法格式中，"函数名"表示要调用的函数，"参数 1, 参数 2, …"表示要传递给函数的参数，参数的顺序要与定义函数时参数的顺序相同。

下面演示函数的定义和调用。定义 sum()函数实现求两个数的和，函数体中使用 return 关键字返回计算的结果，示例代码如下。

```
1  function sum($a, $b)
2  {
3      $result = $a + $b;
4      return $result;          // 返回计算的结果
5  }
6  echo sum(23, 45);            // 调用函数，输出结果：68
```

在上述示例代码中，第 1~5 行代码定义了函数 sum()，该函数用于求两个数的和，函数中有两个参数$a 和$b。其中，第 4 行代码使用 return 关键字将函数计算的结果返回；第 6 行代码调用了函数 sum()，传入的$a 和$b 的值分别是 23 和 45，故输出结果为 68。

3.1.2　设置函数参数的默认值

在定义函数时可以为函数参数设置默认值。如果在调用函数时未传递参数，则未传递的参数会使用为它设置的默认值。设置函数参数的默认值的示例代码如下。

```
1  function say($p, $con = 'says "Hello"')
2  {
3      return "$p $con";
4  }
5  echo say('Tom');        // 输出结果：Tom says "Hello"
```

在上述示例代码中，定义了函数 say()，函数中有两个参数$p 和$con，$con 的默认值为"says "Hello""；第 5 行代码调用函数 say()时只传递了参数$p，故程序的输出结果是"Tom says "Hello""。

注意	对函数的某参数设置默认值后，该参数就是可选参数，可选参数必须放在非可选参数的右侧。

多学一招：引用传参

如果需要在函数中修改参数值，可以通过函数参数的引用传递（即引用传参）来实现。引用传参的实现方式很简单，在参数前添加"&"符号即可，示例代码如下。

```
1   function extra(&$var)
2   {
3       $var = 'fruit';
4   }
5   $var = 'food';
6   extra($var);
7   echo $var;                    // 输出结果：fruit
```

在上述示例代码中，将函数的参数设置为引用传参后，在函数中修改参数$var 的值，函数外的变量$var 的值会随之改变。

3.1.3　变量的作用域

变量只有在定义后才能够被使用，但这并不意味着定义变量后就可以随时使用变量。变量只可以在其作用范围内被使用，这个作用范围称为变量的作用域。在函数中定义的变量称为局部变量，在函数外定义的变量称为全局变量。函数执行完毕，局部变量会被释放。

下面演示局部变量和全局变量的使用，示例代码如下。

```
1   function test()
2   {
3       $sum = 36;                 // 局部变量
4       return $sum;
5   }
6   $sum = 0;                      // 全局变量
7   echo test();                   // 输出结果：36
8   echo $sum;                     // 输出结果：0
```

上述示例代码定义了函数 test()，并且在函数中定义了局部变量$sum 的值为 36；第 6 行代码定义了全局变量$sum 的值为 0；第 7 行代码调用 test()函数，输出的是局部变量$sum 的值；第 8 行代码输出变量$sum 的值是 0，说明输出了全局变量$sum 的值。

多学一招：静态变量

通过前面的学习可知，函数中的变量在函数执行完毕后会被释放。如果想在函数执行完毕后保留局部变量的值，可以利用 static 关键字在函数中将局部变量声明为静态变量。下面定义一个实现计数功能的函数 num()，具体代码如下。

```
1   function num()
2   {
3       static $i = 1;
4       echo $i;
5       ++$i;
6   }
```

在上述示例代码中，在变量$i 前面添加 static 关键字，将局部变量$i 声明为静态变量。

调用 num()函数，具体代码如下。

```
num();
```

第 1 次调用 num()函数输出 1，第 2 次调用 num()函数输出 2，依次类推。

3.1.4　可变函数

在程序中，当需要根据运行时的条件或参数来动态选择要调用的函数时，可以使用可变函数。例如，在处理用户上传的图片时，需要根据图片的类型选择相应的函数进行处理。

可变函数是在变量名的后面添加小括号 "()"，让其变成函数的形式，PHP 会自动寻找与变量值同名的函数，并且尝试执行它。应用可变函数的示例代码如下。

```
1  function shout()
2  {
3     echo 'come on';
4  }
5  $funcname = 'shout';  // 定义变量，其值是函数的名称
6  echo $funcname();       // 调用可变函数
```

在上述示例代码中，变量$funcname 的值为函数的名称。第 6 行代码在变量$funcname 后面添加小括号 "()"，程序会调用 shout()函数，输出结果为 "come on"。

需要说明的是，变量的值可以是用户自定义的函数名称，也可以是 PHP 内置的函数名称，但是变量的值必须是实际存在的函数名称。如果变量的值并不是实际存在的函数名称，运行时程序会报错。

▌▌▌**脚下留心：区分语言构造器和函数**

PHP 中的语言构造器是 PHP 提供的功能性语法，部分语言构造器的用法和函数类似，但是语言构造器不能通过可变函数的方式调用。常用的语言构造器有 echo、print、exit、die、isset、unset、include、require、include_once、require_once、array、list、empty 等。

3.1.5　匿名函数

匿名函数就是没有函数名称的函数，使用匿名函数无须考虑函数命名冲突的问题。匿名函数的示例代码如下。

```
$sum = function($a, $b) { // 定义匿名函数
   return $a + $b;
};
echo $sum(100, 200);        // 输出结果：300
```

在上述示例代码中，定义了一个匿名函数，并赋值给变量$sum，通过 "$sum()" 的方式可以调用匿名函数。

若要在匿名函数中使用外部变量，需要通过 use 关键字来实现，示例代码如下。

```
$c = 100;
$sum = function($a, $b) use($c) {
   return $a + $b + $c;
};
echo $sum(100, 200);        // 输出结果：400
```

在上述示例代码中，定义了外部变量$c，在匿名函数中使用关键字 use 引入外部变量，其后的小括号 "()" 中的内容即要使用的外部变量。当使用多个外部变量时，变量名之间使用逗

号 "," 分隔。

匿名函数还可以作为回调函数使用。回调函数是一种特殊的函数，它可以作为参数传递给其他函数，并在特定事件发生或特定条件满足时被调用执行。将匿名函数作为回调函数使用，可以增强函数的灵活性和可扩展性，示例代码如下。

```
function calculate($a, $b, $func)
{
    return $func($a, $b);
}
echo calculate(100, 200, function($a, $b) {        // 输出结果: 300
    return $a + $b;
});
echo calculate(100, 200, function($a, $b) {        // 输出结果: 20000
    return $a * $b;
});
```

在上述代码中，calculate()函数的第 3 个参数$func 就是一个回调函数，在函数体中使用匿名函数计算$a 和$b 的运算结果。

3.1.6　函数的递归调用

在 PHP 中，递归调用是指函数在函数体中调用自身的过程，实现这个过程的函数称为递归函数。当一个函数需要调用函数自身来解决相同的问题时，可以通过递归调用来实现。

下面通过求 4 的阶乘来演示函数的递归调用，示例代码如下。

```
function factorial($n)
{
    if ($n == 1) {
        return 1;
    }
    return $n * factorial($n - 1);
}
echo factorial(4);          // 输出结果: 24
```

在上述代码中，定义了一个递归函数 factorial()，该函数用于实现$n 的阶乘计算。当$n 不等于 1 时，递归调用当前变量$n 乘 factorial($n－1)，直到$n 等于 1 时，返回 1。factorial()函数的计算过程为 4×3×2×1，最终的输出结果为 24。

3.1.7　字符串函数

在开发程序时，经常会涉及对字符串的处理，例如，获取用户名称的首字母、判断用户输入数据的长度等。为此，PHP 提供了字符串函数，以满足不同的开发需求。常用的字符串函数如表 3-1 所示。

表 3-1　常用的字符串函数

函数	功能描述
strlen(string $string)	获取字符串的长度
strpos(string $haystack, string $needle, int $offset = 0)	获取指定字符串在目标字符串中首次出现的位置
strrpos(string $haystack, string $needle, int $offset = 0)	获取指定字符串在目标字符串中最后一次出现的位置
str_replace(string $search, string $replace, string $subject, int $count)	对字符串中的某些字符进行替换

函数	功能描述
substr(string $string, int $start, int $length = null)	获取字符串的子串
explode(string $separator, string $string, int $limit = PHP_INT_MAX)	使用指定的分割符将目标字符串分割，分割得到的结果是数组
implode(string $separator, array $array)	使用指定的连接符将数组中的元素拼接成字符串
trim(string $string, string $characters)	去除字符串首尾处的空白字符（或指定的字符串）
str_repeat(string $string, int $times)	重复字符串
strcmp(string $string1, string $string2)	比较两个字符串的大小

下面对 strlen()、substr()、str_replace()和 strcmp()函数进行详细讲解，其他字符串函数读者可以参考 PHP 官方手册进行学习。

1. strlen()函数

strlen()函数用于获取字符串的长度，该函数的返回值类型是整型。在计算字符串的长度时，一个英文字符、一个空格的长度都是 1；中文字符的长度取决于字符集，UTF-8 字符集中一个中文字符的长度为 3，GBK 字符集中一个中文字符的长度为 2。

下面演示针对 UTF-8 字符集 strlen()函数的使用方法，示例如下。

```
echo strlen('abc');               // 输出结果：3
echo strlen('中国');              // 输出结果：6
echo strlen('P H P');             // 输出结果：5
```

从上述示例代码的输出结果可以看出，字符串"abc"的长度为 3，字符串"中国"的长度为 6，字符串"P H P"的长度为 5。

2. str_replace()函数

str_replace()函数用于对字符串中的某些字符进行替换，第 1 个参数表示目标字符；第 2 个参数表示替换字符；第 3 个参数表示执行替换的字符串；第 4 个参数是一个可选的参数，用于保存字符串被替换的次数。str_replace()函数的使用示例如下。

```
echo str_replace('e', 'E', 'welcome', $count); // 输出结果：wElcomE
echo $count;                      // 输出结果：2
```

在上述示例代码中，输出变量$count 的值为 2，说明字符串被替换了 2 次。

3. substr()函数

substr()函数用于获取字符串的子串，该函数的第 1 个参数表示待处理字符串，第 2 个参数表示开始截取字符串的位置，第 3 个参数表示截取字符串的长度。substr()函数的第 2 个参数和第 3 个参数的使用说明如下。

① 当第 2 个参数为负数 n 时，表示从待处理字符串的结尾处向左数第$|n|$个字符开始截取。

② 当省略第 3 个参数时，表示截取到字符串的结尾。

③ 当第 3 个参数为负数 n 时，表示从截取后的字符串的末尾处去掉$|n|$个字符。

substr()函数的使用示例如下。

```
echo substr('welcome', 3);        // 输出结果：come
echo substr('welcome', 0, 2);     // 输出结果：we
echo substr('welcome', 3, -1);    // 输出结果：com
echo substr('welcome', -4, -1);   // 输出结果：com
```

从上述代码可以看出，substr()函数的返回值类型是字符串型。

4. strcmp()函数

strcmp()函数用于比较两个字符串的大小，根据字符的 ASCII 值进行比较。该函数的两个参数分别表示待比较的字符串。该函数的返回值有-1、0、1，具体介绍如下。

① 当第一个字符串小于第二个字符串时，返回结果为-1。

② 当第一个字符串等于第二个字符串时，返回结果为 0。

③ 当第一个字符串大于第二个字符串时，返回结果为 1。

strcmp()函数的使用示例如下。

```
print_r(strcmp('A', 'a'));        // 输出结果：-1
print_r(strcmp('A', 'A'));        // 输出结果：0
print_r(strcmp('a', 'A'));        // 输出结果：1
```

在上述示例代码中，字符"A"的 ASCII 值为 65，字符"a"的 ASCII 值为 97，因此字符"A"和字符"a"的比较结果为-1。字符"A"和字符"A"的比较结果为 0，字符"a"和字符"A"的比较结果为 1。

3.1.8 数学函数

在开发程序时，经常会涉及对数据的运算，例如，对一个数进行四舍五入、求绝对值等。为此，PHP 提供了数学函数，以满足不同的开发需求。常用的数学函数如表 3-2 所示。

表 3-2 常用的数学函数

函数	功能描述	函数	功能描述
abs(int|float $num)	返回绝对值	min(mixed $value, …)	返回最小值
ceil(int|float $num)	向上取最接近的整数	pi()	返回圆周率的值
floor(int|float $num)	向下取最接近的整数	pow(mixed $num, mixed $exponent)	返回数的幂
fmod(float $num1, float $num2)	返回除法运算的浮点数余数	sqrt(float $num)	返回数的平方根
is_nan(float $num)	判断是否为合法数值	round(int|float $num, int $precision = 0, int $mode)	对浮点数进行四舍五入
max(mixed $value, …)	返回最大值	rand(int $min, int $max)	返回随机整数

下面演示数学函数的使用方法，示例代码如下。

```
echo ceil(5.2);         // 输出结果：6
echo floor(7.8);        // 输出结果：7
echo rand(1, 20);       // 输出 1～20 之间的随机整数
```

在上述示例代码中，ceil()函数对浮点数 5.2 进行向上取最接近的整数；floor()函数对浮点数 7.8 进行向下取最接近的整数；rand()函数的参数是随机整数的范围，第 1 个参数是最小值，第 2 个参数是最大值。

3.1.9 时间和日期函数

在开发程序时，经常会涉及对时间和日期的处理，例如，倒计时、用户登录时间、订单创建时间等。为此，PHP 提供了时间和日期函数，以满足不同的开发需求。常用的时间和日期函数如表 3-3 所示。

表 3-3　常用的时间和日期函数

函数	功能描述
time()	获取当前的 UNIX 时间戳
date(string $format, int $timestamp)	格式化 UNIX 时间戳
mktime(int $hour, int $minute = null, int $second = null, int $month = null, int $day = null, int $year = null)	获取指定日期的 UNIX 时间戳
strtotime(string $datetime, int $baseTimestamp)	将字符串转化成 UNIX 时间戳
microtime(bool $float)	获取当前 UNIX 时间戳和微秒数

UNIX 时间戳（UNIX timestamp）定义了从格林尼治时间 1970 年 01 月 01 日 00 时 00 分 00 秒起至现在的总秒数，以 32 位二进制数表示。

下面演示时间和日期函数的使用方法，示例代码如下。

```
echo time();              // 输出结果: 1687311094
echo date('Y-m-d');       // 输出结果: 2023-06-21
echo microtime();         // 输出结果: 0.39146300 1687311094
echo microtime(true);     // 输出结果: 1687311094.3915
```

在上述示例代码中，date()函数的第 1 个参数表示日期的格式，第 2 个参数表示待格式化的时间戳，省略第 2 个参数时表示格式化当前时间戳。当 microtime()函数不设置参数时，其返回值前面一段数字是微秒数，后面一段数字是秒数；设置参数时，返回值的小数点前是秒数，小数点后是微秒数。

PHP 包含大量的内置函数，我们可以根据实际需求选择和使用，这些内置函数开放源代码，感兴趣的读者可以通过分析内置函数的源代码，理解其背后的实现原理和算法，进一步提升自己的编程能力。开放源代码使任何人都可以查看和学习这些内置函数，在生活中，我们也要具有乐于分享、甘于奉献的精神。

3.1.10　【案例】获取文件扩展名

1. 需求分析

在实现文件上传功能时，经常需要判断用户上传的文件的类型，以确保其符合要求。例如，某网站只允许上传 JPG 格式的商品图片，因此需要获取上传文件的扩展名并对其进行判断。下面通过自定义函数和字符串函数来实现获取文件扩展名的功能。

2. 实现思路

① 创建自定义函数，用于获取文件的扩展名。该函数接收一个参数，用于传递文件的名称。

② 在函数体内使用字符串函数来获取文件的扩展名。首先使用 strpos()函数获取文件名中的"."最后一次出现的位置，然后使用 substr()函数截取从该位置到字符串末尾的内容，最后使用 return 关键字返回函数的处理结果。

③ 定义变量保存需要处理的文件名，在调用自定义函数时传入该变量，将自定义函数的处理结果保存到另一个变量中。

④ 将处理结果输出到页面，并运行程序查看获取的文件扩展名。

3. 代码实现

本书在配套源码包中提供了本案例的开发文档和完整代码，读者可以参考并进行学习。

3.2 数组

当需要处理大批量的数据，如一个班级的所有学生数据、一个公司的所有员工数据等时，为了方便存储和操作这些数据，我们需要使用数组。本节将对数组的相关内容进行讲解。

3.2.1 初识数组

数组是用于存储一组数据的集合。数组中的数据称为数组元素，每个数组元素由键（Key）和值（Value）构成。其中，键用于唯一标识数组元素；值为数组元素的内容。

在 PHP 中，根据数组中键的数据类型，数组分为索引数组和关联数组，具体如下。

1. 索引数组

索引数组中的元素的键的数据类型为整型。默认情况下，索引数组的键从 0 开始，并依次递增。我们也可以自己指定索引数组的键。索引数组示例如图 3-1 所示。

2. 关联数组

关联数组中的元素的键的数据类型为字符串型。通常情况下，关联数组的键和值之间有一定的业务逻辑关系，通常使用关联数组来存储具有逻辑关系的数据。关联数组示例如图 3-2 所示。

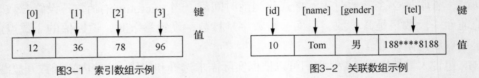

[0]
[1]
[2]
[3]
键
值
12
36
78
96

图3-1 索引数组示例

[id]
[name]
[gender]
[tel]
键
10
Tom
男
188****8188
值

图3-2 关联数组示例

在图 3-2 中，定义了一个用于保存个人信息的关联数组。从数组的结构可以看出，关联数组中键的数据类型都为字符串型，并且键与值之间是一一对应的关系。

数组除了可以根据数组中键的数据类型划分外，还可以根据数组的维数划分，即将数组分为一维数组、二维数组、三维数组等。一维数组的元素的值是非数组的数据，图 3-1 和图 3-2 所示的数组都是一维数组；二维数组的元素的值是一个一维数组；三维数组的元素的值是一个二维数组，这样的数组也被称为多维数组。

二维数组示例如图 3-3 所示。

图 3-3 所示的二维数组由两个一维数组组成。第一行是二维数组的第一个元素，它的键为 0，值为第一个一维数组；第二行是二维数组的第二个元素，它的键为 1，值为第二个一维数组。

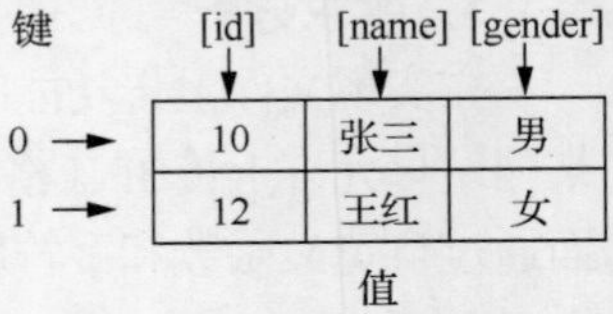

键
[id]
[name]
[gender]
0
10
张三
男
1
12
王红
女
值

图3-3 二维数组示例

3.2.2 数组的基本使用

在 PHP 开发中，经常需要使用数组来存储和操作数据，如何定义和使用数组是初学者首先需要掌握的内容。下面对定义数组，新增、访问、删除数组元素等操作进行详细讲解。

1. 定义数组

在使用数组前需要定义数组，通常使用 array()语言构造器和短数组定义法这两种方式定义数组。下面分别讲解这两种定义数组的方式。

（1）array()语言构造器

使用 array()语言构造器定义数组，需要将数组元素放在小括号“()”中，键和值之间使用

"=>"连接，每个数组元素之间使用逗号","分隔。定义索引数组时可以省略键和"=>"，PHP
会自动为索引数组添加从 0 开始的键，示例代码如下。

```php
$info = array('id' => 1, 'name' => 'Tom');
$fruit = array(1 => 'apple', 3 => 'pear');
$num = array(1, 4, 7, 9);
$mix = array('tel' => 110, 'help', 3 => 'msg');
```

（2）短数组定义法

短数组定义法的使用方式和 array()语言构造器的使用方式相似，只需将 array()替换为"[ ]"
即可，示例代码如下。

```php
$info = ['id' => 1, 'name' => 'Tom'];
$num = [1, 4, 7, 9];
```

了解了这两种定义数组的方式后，在定义数组时还需要注意以下两点。

① 数组元素的键可以是整型和字符串型的，如果是其他类型的，则会进行数据类型转换。
浮点型和布尔型会被转换成整型，NULL 会被转换成空字符串。

② 若数组存在相同的键，后面的元素值会覆盖前面的元素值。

2.　新增数组元素

在 PHP 中，可以通过直接将值赋给数组变量来新增数组元素。当不指定数组元素的键时，
键默认从 0 开始，依次递增。当指定数组元素的键时，会使用指定的键。如果再次新增数组元
素时没有指定数组元素的键，PHP 会自动将数组元素的最大整数键加 1，并作为该元素的键。
新增数组元素的示例代码如下。

```php
$arr[] = 'PHP';          // 赋值结果: $arr[0] = 'PHP'
$arr[] = 'Java';         // 赋值结果: $arr[1] = 'Java'
$arr[3] = 'C 语言';      // 赋值结果: $arr[3] = 'C 语言'
$arr[5] = 'C++';         // 赋值结果: $arr[5] = 'C++'
$arr['sub'] = 'iOS';     // 赋值结果: $arr['sub'] = 'iOS'
$arr[] = '网页平面';      // 赋值结果: $arr[6] = '网页平面'
```

在上述示例代码中，由于数组$arr 中已经有了索引为 0、1、3、5 的元素，PHP 会自动找到
最大的键（即 5）并加 1，将新增的数组元素"网页平面"赋值给$arr 的第 6 个元素，即$arr[6] =
'网页平面'。

3.　访问数组元素

数组元素的键是数组元素的唯一标识，通过数组元素的键可以获取该元素的值，示例代码
如下。

```php
$info = ['id' => 1, 'name' => 'Tom'];
echo $info['id'];         // 输出结果: 1
echo $info['name'];       // 输出结果: Tom
```

当数组中的元素比较多时，使用上述方式查看数组所有元素会很烦琐。此时可以使用输出
语句 print_r()或 var_dump()输出数组中的所有元素，示例代码如下。

```php
$info = ['id' => 1, 'name' => 'Tom'];
print_r($info);  // 输出结果: Array ( [id] => 1 [name] => Tom )
var_dump($info); // 输出结果: array(2) { ["id"]=> int(1) ["name"]=> string(3) "Tom" }
```

4.　删除数组元素

使用 PHP 中提供的 unset()语言构造器既可以删除数组中的某个元素，又可以删除整个数组，

示例代码如下。

```
$fruit = ['apple', 'pear'];
unset($fruit[1]);
print_r($fruit);  // 输出结果: Array ( [0] => apple )
unset($fruit);
print_r($fruit);  // 输出结果: Warning: Undefined variable: $fruit…
```

在上述代码中，删除变量$fruit 后，再使用 print_r()函数输出该数组，会显示变量未定义的警告信息。

多学一招：判断数组元素是否存在

在使用数组中的某个元素时，如果元素不存在，运行程序会出现错误。为了避免使用的数组元素不存在导致程序出错，通常使用 isset()语言构造器来判断数组中的元素是否存在，该函数的返回值若为 true 表示数组中的元素存在，返回值若为 false 表示数组中的元素不存在，示例代码如下。

```
$fruit = ['apple', 'pear'];
unset($fruit[1]);
var_dump(isset($fruit[1]));              // 输出结果: bool(false)
```

3.2.3 遍历数组

遍历数组是指依次访问数组中的每个元素，通常使用 foreach 语句遍历数组，具体语法格式如下。

```
foreach (待遍历的数组 as $key => $value){
    循环体
}
```

在上述语法格式中，$key 是数组元素的键，$value 是数组元素的值。$key 和$value 是变量名称，可以随意指定，如$k 和$v。当不需要使用数组元素的键时，该语句可以写成如下形式。

```
foreach (待遍历的数组 as $value){
    循环体
}
```

使用 foreach 语句遍历数组，示例代码如下。

```
$fruit = ['apple', 'pear'];
foreach ($fruit as $key => $value) {
    echo $key . '-' . $value . ' ';      // 输出结果: 0-apple 1-pear
}
```

在上述代码中，使用 foreach 语句遍历数组$fruit，在每次循环过程中，将当前元素的键赋给$key，将当前元素的值赋给$value，并输出键和值。

3.2.4 数组和字符串的转换

在 PHP 开发中，灵活使用数组可以提高程序开发效率。数组和字符串的转换包括将字符串分割成数组和将数组合并成字符串这两个操作，通过 explode()函数和 implode()函数可以实现这两个操作，下面对这两个函数的使用方法进行详细讲解。

1. explode()函数

explode()函数使用指定的分割符将目标字符串分割。该函数的第 1 个参数是分割符，不能为空字符串；第 2 个参数是目标字符串；第 3 个参数是可选参数，表示返回的数组中最多包含的元素个数，该参数的值有 3 种情况，具体介绍如下。

① 当其为正数 m 时，返回数组中的 m 个元素。

② 当其为负数 n 时，返回除最后的|n|个元素外的所有元素。

③ 当其为 0 时，把它当作 1 处理。

下面通过给 explode()函数传入不同的参数，演示处理结果。

① 使用目标字符串中存在的字符作为分割符，示例代码如下。

```
var_dump(explode('n', 'banana'));
// 输出结果: array(3) { [0]=> string(2) "ba" [1]=> string(1) "a" [2]=> string(1) "a" }
```

在上述示例代码中，将 n 作为分割符对字符串 banana 进行分割，从结果可以看出，字符串被分割成了 3 个部分，这 3 个部分中不包含分割符。

② 使用目标字符串中不存在的字符作为分割符，示例代码如下。

```
var_dump(explode('c', 'banana'));
// 输出结果: array(1) { [0]=> string(6) "banana" }
```

在上述示例代码中，将 c 作为分割符对字符串 banana 进行分割，由于目标字符串中不存在字符 c，因此会将整个字符串返回。

③ explode()函数的第 3 个参数的值是正数的示例代码如下。

```
var_dump(explode('n', 'banana', 2));
// 输出结果: array(2) { [0]=> string(2) "ba" [1]=> string(3) "ana" }
```

在上述示例代码中，第 3 个参数的值是 2，会将目标字符串最多分割成两个数组元素。

④ explode()函数的第 3 个参数的值是负数的示例代码如下。

```
var_dump(explode('n', 'banana', -2));
// 输出结果: array(1) { [0]=> string(2) "ba" }
```

在上述示例代码中，第 3 个参数的值是-2，将 n 作为分割符对字符串 banana 进行分割后，分割后的数组中包含 3 个元素，即 ba、a、a，将数组中的最后两个元素去除，因此输出结果中只包含了一个数组元素 ba。

⑤ explode()函数的第 3 个参数的值为 0 的示例代码如下。

```
var_dump(explode('n', 'banana', 0));
// 输出结果: array(1) { [0]=> string(6) "banana" }
```

在上述示例代码中，会把第 3 个参数的值 0 当作 1 处理，返回结果为只包含一个元素的数组。

2. implode()函数

implode()函数使用指定的连接符将数组中的元素拼接成字符串，该函数的第 1 个参数是连接符，第 2 个参数是待处理的数组。implode()函数的使用示例如下。

```
$arr = [1, 2, 3];
var_dump(implode(',', $arr));        // 输出结果: string(5) "1,2,3"
```

在上述示例代码中，使用连接符 "," 将数组$arr 中的数组元素拼接成字符串，输出结果为 "1,2,3"。

3.2.5 【案例】订货单

1. 需求分析

某用户购买了产自广东省的 3 个主板、产自上海市的 2 个显卡、产自北京市的 5 个硬盘，它们的单价分别为 379 元、799 元、589 元。下面实现订货单功能，使用数组保存商品信息，计算出每类商品的总价和所有商品的总价，在页面输出商品信息、单价和总价。

2. 实现思路

① 创建 order.php，定义数组保存商品的名称、单价、产地和购买数量。

② 使用 foreach 语句遍历数组，并将数组显示在表格中。

③ 计算每类商品的总价和所有商品的总价，并将计算结果输出到页面中。

3. 代码实现

本书在配套源码包中提供了本案例的开发文档和完整代码，读者可以参考并进行学习。

3.3　常用数组函数

PHP 内置了许多数组函数，例如基本数组函数、数组排序函数和数组检索函数等。本节将对常用数组函数进行详细讲解。

3.3.1　基本数组函数

PHP 常用的基本数组函数有 count()、range()、array_merge()、array_chunk()等，下面对这些基本数组函数进行讲解。

1. count()函数

count()函数用于计算数组中元素的个数。该函数的第 1 个参数是要计算的数组。该函数的第 2 个参数是计算的数组的维度，默认值为 0，表示计算一维数组的元素个数；当设置为 1 时，表示计算二维数组的元素个数，依此类推。count()函数的使用示例如下。

```php
$stu = [
    ['Tom', 'male', 18],
    ['Alice', 'female', 15],
    ['Julia', 'female', 14]
];
echo count($stu);          // 输出结果: 3
echo count($stu, 1);       // 输出结果: 12
```

在上述示例代码中，当省略 count()函数的第 2 个参数时，$stu 数组的元素个数是 3；当第 2 个参数设置成 1 时，$stu 数组的元素个数是 12。

2. range()函数

range()函数用于根据范围创建数组，通常使用字母或数字指定范围，创建的数组包含范围的起始值。该函数的第 1 个参数是起始值；第 2 个参数是结束值；第 3 个参数是可选参数，用于定义起始值和结束值的增量，默认为 1。range()函数的使用示例如下。

```php
1  $arr = range('a', 'c');
2  print_r($arr);     // 输出结果: Array ( [0] => a [1] => b [2] => c )
3  $data = range(0, 10, 3);
4  print_r($data);    // 输出结果: Array ( [0] => 0 [1] => 3 [2] => 6 [3] => 9 )
```

在上述示例代码中，第 1 行代码指定创建数组的范围是 a～c，从输出结果可以看出，数组中包含 a、b、c；第 3 行代码指定创建数组的范围是 0～10，并设置第 3 个参数为 3，从输出结果可以看出，数组中包含 0、3、6、9。

3. array_merge()函数

array_merge()函数用于合并一个或多个数组，如果合并的数组中有相同的字符串键名，则用后面的值覆盖前面的值；如果合并的数组中有相同的数字键名，则会将相同的数字键名对应的值附加到合并的结果中。array_merge()函数的参数是要合并的数组，该函数的使用示例如下。

```
$arr1 = ['food' => 'tea', 2, 4];
$arr2 = ['a', 'food' => 'Cod', 'type' => 'jpg', 4];
$result = array_merge($arr1, $arr2);
// 输出结果: Array([food]=>Cod [0]=>2 [1]=>4 [2]=>a [type]=>jpg [3]=>4 )
print_r($result);
```

从上述示例代码可以看出，$arr1 和$arr2 都有键为 food 的数组元素，在合并时，$arr2 中的值会覆盖$arr1 中的值，最终键为 food、值为 Cod；$arr2 和$arr1 都有键为 1 的数组元素，在合并时，键会以连续方式重新索引，合并后$arr1 中的 4 的键为 1，$arr2 中的 4 的键为 3。

4. array_chunk()函数

array_chunk()函数可以将一个数组分割成多个数组。该函数的第 1 个参数是待分割数组。该函数的第 2 个参数是分割后每个数组中元素的个数，最后一个数组的元素个数可能会小于该参数指定的个数。该函数的第 3 个参数是一个布尔值，用于指定是否保留原数组的键名，默认值为 false，表示不保留原数组的键名，分割后数组的键从 0 开始；值为 true 表示保留待分割数组中原有的键名。array_chunk()函数的使用示例如下。

```
$arr = ['one' => 1, 'two' => 2, 'three' => 3];
// 输出结果: Array([0]=>Array([0]=>1 [1]=>2) [1]=>Array([0]=>3))
print_r(array_chunk($arr, 2));
// 输出结果: Array ([0]=>Array([one]=>1 [two]=>2) [1]=>Array([three]=>3))
print_r(array_chunk($arr, 2, true));
```

上述代码将$arr 数组分割。在不设置第 3 个参数的情况下，分割后的数组键从 0 开始；设置第 3 个参数的值为 true 时，分割后数组的键使用原有的键名。

3.3.2 数组排序函数

通常情况下，若要对数组进行排序，需要先遍历数组，再比较数组中的每个元素，最终完成数组的排序。为了便于开发数组排序功能，PHP 提供了很多内置的数组排序函数，使用这些函数不需要遍历数组即可完成排序。常用的数组排序函数如表 3-4 所示。

表 3-4 常用的数组排序函数

函数	功能描述
sort(array $array, int $flags)	对数组进行升序排列
rsort(array $array, int $flags)	对数组进行降序排列
ksort(array $array, int $flags)	根据数组键名对数组进行升序排列
krsort(array $array, int $flags)	根据数组键名对数组进行降序排列
asort(array $array, int $flags)	对数组进行升序排列并保持键与值的关联
arsort(array $array, int $flags)	对数组进行降序排列并保持键与值的关联
shuffle(array $array)	打乱数组元素的顺序
array_reverse(array $array, bool $preserve_keys)	返回元素顺序相反的数组

下面使用 sort()函数和 rsort()函数演示数组排序操作，示例代码如下。

```
$arr = ['dog', 'lion', 'cat'];
sort($arr);
print_r($arr);    // 输出结果: Array ( [0] => cat [1] => dog [2] => lion )
rsort($arr);
print_r($arr);    // 输出结果: Array ( [0] => lion [1] => dog [2] => cat )
```

从上述代码的输出结果可以看出，sort()函数按照数组元素首字母的 ASCII 值对数组进行升序排列，rsort()函数按照数组元素首字母的 ASCII 值对数组进行降序排列。

3.3.3　数组检索函数

在程序开发过程中，经常需要查询和获取数组的键和值。为此，PHP 提供了数组检索函数。常用的数组检索函数如表 3-5 所示。

表 3-5　常用的数组检索函数

函数	功能描述
array_search(mixed $needle, array $haystack, bool $strict = false)	在数组中搜索给定的值
array_unique(array $array, int $flags = SORT_STRING)	移除数组中重复的值
array_column(array $array, int|string|null $column_key, int|string|null $index_key = null)	返回数组中指定列的值
array_keys(array $array)	返回数组的键名
array_values(array $array)	返回数组中所有的值
array_rand(array $array, int $num = 1)	从数组随机取出一个或多个键
key(array|object $array)	从关联数组中取得键名
in_array(mixed $needle, array $haystack, bool $strict = false)	检查数组中是否存在某个值

下面对 in_array()函数和 array_unique()函数进行详细讲解，其他数组检索函数读者可以参考 PHP 官方手册进行学习。

1. in_array()函数

in_array()函数用于检查数组中是否存在某个值。该函数的第 1 个参数是要检测的值；第 2 个参数是要检测的数组；第 3 个参数用于设置是否检测值的数据类型，默认值为 false，表示不检测，为 true 表示检测。in_array()函数的使用示例如下。

```
1  $tel = ['110', '120', '119'];
2  var_dump(in_array(120, $tel));        // 输出结果: bool(true)
3  var_dump(in_array(120, $tel, true));  // 输出结果: bool(false)
```

在上述示例代码中，定义了数组$tel，数组中的值是字符串型；第 2 行代码使用 in_array()函数在$tel 数组中搜索整型值 120，返回结果是 true；第 3 行代码在使用 in_array()函数时将第 3 个参数设置为 true，不仅搜索值为 120 的元素，还会检查值的数据类型是否相同，返回结果是 false。

2. array_unique()函数

array_unique()函数用于移除数组中重复的值。该函数的第 1 个参数是待操作的数组；第 2 个参数用于指定比较方式，当省略第 2 个参数时，默认按照字符串的方式比较数组元素是否重复。array_unique()函数的使用示例如下。

```
$array = [1, 2, 2, 3, 4, 4];
$result = array_unique($array);
print_r($result); // 输出结果: Array ( [0] => 1 [1] => 2 [3] => 3 [4] => 4 )
```

从上述示例代码的输出结果可以看出，使用 array_unique()函数移除了$array 中重复的值，最终的结果为 1、2、3、4。

3.3.4 【案例】学生随机分组

1. 需求分析

高一（1）班要举办短跑运动会，班级共有 30 个学生，需要将班级中的学生随机分组（6人一组），下面通过 PHP 中的数组函数实现随机分组。

2. 实现思路

① 创建 run.php 文件，该文件用于实现学生随机分组。

② 使用 array_rand()函数从学生信息数组中随机取出 6 个键，并使用 shuffle()函数打乱数组元素的顺序，通过获取的键从学生信息数组中获取对应的学生姓名。

③ 输出随机分组的信息，查看结果。

3. 代码实现

本书在配套源码包中提供了本案例的开发文档和完整代码，读者可以参考并进行学习。

本章小结

本章首先介绍了函数，主要包括函数的定义和调用、可变函数、匿名函数、字符串函数、数学函数、时间和日期函数等内容；然后介绍了数组，主要包括数组的基本使用、遍历数组、数组和字符串的转换等内容；最后讲解了常用数组函数，主要包括基本数组函数、数组排序函数和数组检索函数。通过学习本章的内容，读者应掌握函数与数组的使用方法，以便在实际开发中熟练运用。

课后练习

一、填空题

1. 使用 array()和＿＿＿＿定义数组。

2. 定义函数的语法格式为＿＿＿＿。

3. 将字符串中的某些字符替换成指定字符串的函数是＿＿＿＿。

4. 将一个数组分割成多个数组的函数是＿＿＿＿。

5. 对浮点数进行四舍五入的函数是＿＿＿＿。

二、判断题

1. 使用 count()函数可以获取字符串的长度。（　　　）

2. 使用 shuffle()函数可以打乱数组元素的顺序。（　　　）

3. 为数组的可选参数设置默认值后，可选参数可以放在任意位置。（　　　）

4. 使用 PHP 提供的数学函数，可方便地处理程序中的数学运算。（　　　）

5. explode()函数使用指定的连接符将数组拼接成字符串。（　　　）

三、选择题

1. 下列定义数组的方法错误的是（　　　）。

  A. array(1, 2)   B. [1, 2]

  C. (1, 2)   D. ['name'=>'zhangsan', 'age'=>20]

2. 下列选项中，实现向下取最接近整数的函数是（　　　）。

  A. ceil()   B. floor()   C. min()   D. max()

3. 下列选项中，实现对数组进行降序排列并保持索引关系的函数是（　　　）。

  A. sort()   B. asort()   C. rsort()   D. arsort()

4. 下列选项中，不属于数组函数的是（　　　）。

  A. range()   B. implode()   C. shuffle()   D. rand()

5. 下列选项中，不属于字符串函数的是（　　　）。

  A. substr()   B. strlen()   C. strpos()   D. count()

四、简答题

1. 请至少列举 5 个常用的字符串函数。

2. 请至少列举 5 个常用的数组函数。

五、程序题

1. 自定义函数实现计算整数的 4 次方。

2. 创建一个长度为 10 的数组，数组中的元素应满足斐波那契数列的规律。

第**4**章

PHP进阶

◆ 了解错误类型，能够说出常见的错误类型。

◆ 掌握错误信息，能够在程序中控制错误信息。

◆ 掌握HTTP请求和HTTP响应的基本构成，能够查看请求数据和设置响应数据。

拓展阅读

◆ 掌握表单的提交与接收，能够使用表单实现前后端的数据交互。

◆ 掌握会话技术，能够使用会话技术记录用户在网站的活动。

◆ 了解图像处理，能够说出常用的图像处理函数。

◆ 掌握目录和文件操作，能够使用函数对目录或文件进行添加、删除、修改等操作。

◆ 了解正则表达式，能够说出常用的正则表达式函数。

通过对前面各章的学习，读者已经能够编写简单的 PHP 程序；但是在实际开发中，还需要用到 PHP 中的一些进阶知识，如错误处理、HTTP、表单的提交与接收、会话技术、图像处理、目录和文件操作、正则表达式等。本章将对这些内容进行详细讲解。

4.1　错误处理

在编写程序时，如果没有对程序中可能存在的问题进行处理，一旦程序的逻辑存在漏洞，程序上线后就会出现很多安全问题。错误处理是程序的一个重要组成部分，在程序中恰当地使用错误处理可以提高程序的安全性，同时也方便开发者检查代码。本节将对错误处理进行详细讲解。

4.1.1　错误类型

PHP 有多种错误类型，如 Notice、Warning 和 Fatal error 等，每种错误类型都有一个常量与之关联，还可以使用具体的值来表示。常见的错误类型常量如表 4-1 所示。

表 4-1　常见的错误类型常量

错误类型常量	值	描述
E_ERROR	1	致命的运行时错误，这类错误不可恢复，会导致脚本停止运行
E_WARNING	2	运行时警告，仅给出提示信息，脚本不会停止运行
E_PARSE	4	编译时语法解析错误，说明代码存在语法错误，脚本无法运行
E_NOTICE	8	运行时通知，表示脚本遇到可能会出错的情况
E_CORE_ERROR	16	类似 E_ERROR，是由 PHP 引擎核心产生的
E_CORE_WARNING	32	类似 E_WARNING，是由 PHP 引擎核心产生的
E_COMPILE_ERROR	64	类似 E_ERROR，是由 Zend 脚本引擎产生的
E_COMPILE_WARNING	128	类似 E_WARNING，是由 Zend 脚本引擎产生的
E_USER_ERROR	256	类似 E_ERROR，是由用户在代码中使用 trigger_error()产生的
E_USER_WARNING	512	类似 E_WARNING，是由用户在代码中使用 trigger_error()产生的
E_USER_NOTICE	1024	类似 E_NOTICE，是由用户在代码中使用 trigger_error()产生的
E_STRICT	2048	严格语法检查，确保代码具有互用性和向前兼容性
E_RECOVERABLE_ERROR	4096	可被捕捉的致命错误
E_DEPRECATED	8192	运行时通知，对未来版本中可能无法正常工作的代码给出警告
E_USER_DEPRECATED	16384	类似 E_DEPRECATED，是由用户在代码中使用 trigger_error()产生的
E_ALL	32767	所有的错误、警告和通知

为了使读者更好地理解这些错误类型，下面对开发过程中经常遇到的 Notice、Warning 和 Fatal error 类型的错误进行演示。

1. Notice

Notice 类型的错误通常是代码编写不严谨造成的，示例代码如下。

```
// 设置错误的时区
date_default_timezone_set("aaa");
// 提示信息: Notice: date_default_timezone_set(): Timezone …
```

在上述代码中，date_default_timezone_set()函数用于设置时区。若设置的时区有误，会出现 Notice 类型的错误。在实际开发中，不建议忽略 Notice 类型的错误，应尽量保持代码的严谨性和准确性。

2. Warning

Warning 类型的错误比 Notice 类型的错误严重一些，示例代码如下。

```
// 使用 include 引入不存在的文件
include '1234';  // 提示信息: Warning: include(1234): Failed to open stream…
```

使用 include 语句引入文件前，应先判断相应文件是否存在，以防止错误发生。

3. Fatal error

Fatal error 类型的错误是致命错误，一旦发生这种类型的错误，PHP 脚本会立即停止运行，示例代码如下。

```
display();        // Fatal error:Uncaught Error:Call to undefined function…
echo 'hello';     // 前一行代码发生错误，此行代码不会执行
```

在上述示例代码中，在调用未定义的函数 display()时发生了致命错误，输出语句没有执行。

4.1.2　错误信息

当程序出错时，PHP 会报错。报错的信息称为错误信息。在 PHP 可以对错误信息进行控制。一般通过两种方式进行控制：一种方式是错误报告，另一种方式是错误日志。下面对这两种控

制错误信息的方式进行讲解。

1. 错误报告

开启或关闭错误报告的方式有两种：一种是修改 PHP 的配置文件，另一种是调用 error_reporting() 函数和 ini_set() 函数。PHP 的配置文件 php.ini 中已经默认开启了错误报告，示例配置如下。

```
error_reporting = E_ALL
display_errors = On
```

在上述配置中，error_reporting 用于设置错误类型常量，默认值 E_ALL 表示报告所有的错误、警告和通知，如需关闭错误报告可设置为 0；display_errors 用于设置是否显示错误信息，默认值 On 表示显示，如不显示则设置为 Off。

error_reporting() 函数用于设置错误类型常量，ini_set() 函数用于设置 php.ini 中指定选项的值，通过 error_reporting() 函数和 ini_set() 函数开启错误报告的示例代码如下。

```
error_reporting(E_ALL);
ini_set('display_errors', 'On');
```

在上述示例代码中，error_reporting() 函数中可以设置的错误类型常量参考表 4-1。ini_set() 函数的第 1 个参数为 display_errors；第 2 个参数为 On（可以使用 1 代替）表示显示错误信息，如果想要隐藏错误信息则设置为 Off（可以使用 0 代替）。

2. 错误日志

在生产环境中，如果直接将程序的错误信息输出到网页中，会影响用户体验。此时，可以将这些错误信息记录到错误日志中，为后期解决这些错误提供帮助。记录错误日志的方式有两种，具体介绍如下。

（1）通过修改 php.ini 配置文件记录错误日志

在 PHP 的配置文件 php.ini 中添加错误日志的配置，具体配置如下。

```
error_reporting = E_ALL;
log_errors = On
error_log = C:\web\php_errors.log
```

在上述配置中，error_reporting 用于设置错误类型常量，log_errors 用于设置是否记录错误日志，error_log 用于指定错误日志文件的路径。

（2）通过 error_log() 函数记录错误日志

error_log() 函数能够将错误信息记录到指定的日志中。该函数的第 1 个参数是错误信息；第 2 个参数用于指定将错误信息记录到何处，默认记录到 php.ini 中 error_log 配置的日志文件中；第 3 个参数用于指定错误日志文件的路径。使用 error_log() 函数记录错误日志的示例代码如下。

```
// 将错误信息记录到php.ini中error_log配置的日志文件中
error_log('error message a');
// 将错误信息记录到指定的文件中
error_log('error message b', 3, 'C:/web/php.log');
```

在上述示例代码中，如果省略 error_log() 函数的第 2 个和第 3 个参数，则将错误信息记录到 php.ini 中 error_log 配置的日志文件中；如果将 error_log() 函数的第 2 个参数设置为 3，表示将错误信息记录到自定义的日志文件中。

在程序中进行错误处理时，我们需要观察现有的代码，根据现有代码的逻辑规则分析和判断程序可能存在的问题，并提出解决方案。这种分析和判断的能力使我们能够更加深入地思考和解决问题，从而提高程序的质量。

4.2 HTTP

在前面各章的学习中，通过浏览器访问 PHP 文件，就可以在浏览器中看到程序的运行结果。那么，为什么浏览器能够和 Apache、PHP 这些软件如此紧密地协同工作呢？这是因为它们都遵循 HTTP。对从事 Web 开发的人员来说，只有深入理解 HTTP，才能更好地开发、维护和管理 Web 应用程序。本节将对 HTTP 的相关知识进行讲解。

4.2.1 HTTP 概述

HTTP 由 W3C（World Wide Web Consortium，万维网联盟）推出，专门用于定义浏览器与 Web 服务器之间数据交换的格式。它不仅可以保证计算机正确快速地传输超文本文档，还可以确定传输文档中的哪部分内容或优先展示哪部分内容。

HTTP 是浏览器与 Web 服务器之间进行数据交互时遵循的一种规范，交互的过程如图 4-1 所示。

从图 4-1 可以看出，HTTP 是一种基于 HTTP 请求和 HTTP 响应的协议。当浏览器与 Web 服务器建立连接后，由浏览器向服务器发送一个请求，被称作 HTTP 请求；服务器接收到请求后会做出响应，被称作 HTTP 响应。

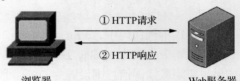

图4-1   浏览器与Web服务器之间进行数据交互的过程

HTTP 之所以在 Web 开发中占据重要的位置，其原因如下。

① 简单快速。浏览器向服务器发送请求时，只需发送请求方式和路径即可。同时，HTTP 服务器的程序规模小、通信速度较快。

② 灵活。HTTP 允许传输任意类型的数据，传输的数据类型用 Content-Type 进行标记。这种灵活性使得 HTTP 能够在 Web 开发中传输各种类型的数据，包括文本、图像、音频、视频等。

③ 无连接。无连接的含义是限制每次连接只处理一个请求。服务器处理完浏览器的请求并作出应答后就断开连接，使用这种方式可以节省传输时间。

④ 无状态。HTTP 是无状态协议，即服务器只根据请求处理，不保存浏览器的状态信息。这种无状态的特性简化了服务器的处理逻辑，可以减少服务器端的资源占用。

4.2.2 HTTP 请求

当用户通过浏览器访问某个 URL 时，浏览器会向服务器发送请求数据。请求数据包含请求行、请求头、空行和请求体，具体介绍如下。

① 请求行：位于请求数据的第一行，请求行包含请求方式、请求资源路径和 HTTP 版本。

② 请求头：主要用于向服务器传递附加消息，例如，浏览器可以接收的数据的类型、压缩方法、语言和系统环境等。

③ 空行：用于分隔请求头和请求体。

④ 请求体：通过 POST 方式提交表单时，浏览器会将用户填写的数据放在请求体中发送；数据格式是"name=value"，多个数据使用"&"连接。

HTTP 提供了多种请求方式，具体如表 4-2 所示。

表 4-2　HTTP 请求方式

请求方式	说明
HEAD	用于获取指定资源的响应头信息而不获取实际内容
GET	用于从服务器获取资源
POST	用于向服务器提交数据
PUT	用于向服务器更新或创建资源
DELETE	用于请求服务器删除指定的资源
OPTIONS	用于查询服务器支持的请求方式

在表 4-2 所列出的请求方式中，最常用的是 GET 方式和 POST 方式。GET 方式可以向服务器发送一些数据（请求参数），这些数据在 URL 中明文传输，且会受到 URL 的长度限制。POST 方式通常用于在 HTML 表单中提交数据，用户无法直接看到提交的具体内容，数据会在请求体中发送。

4.2.3　查看请求数据

在 HTTP 请求中，除了服务器的响应实体内容（如 HTML 网页、图片等），其他数据对用户而言都是不可见的，用户要想查看这些隐藏的数据，需要借助特定工具。例如，使用 Chrome 浏览器，按 "F12" 键打开开发者工具，切换到 "Network" 选项卡后刷新网页，就可以看到当前网页发送的所有请求，从第 1 个请求开始逐个显示。

为了让读者更好地理解，下面以百度网站为例，查看请求数据。在 Chrome 浏览器中访问百度首页，按 "F12" 键打开开发者工具，切换到 "Network" 选项卡后刷新网页，在 Name 列中，单击第一个请求，查看 "Headers" 标签下显示的信息。需要注意的是，Chrome 浏览器显示的请求数据是浏览器自动解析后的，若要查看源格式的请求数据，则单击 "Request Headers" 后面的 "View source" 按钮（单击后会变成 "View parsed"），将请求数据的格式转化成源格式，具体如图 4-2 所示。

图4-2　将请求数据的格式转化为源格式

在图 4-2 中，"Request Headers" 下方显示的第 1 行是请求行，请求行后面是请求头。请求头由头字段名和对应的值组成，中间用冒号 ":" 和空格分隔。当通过 POST 方式提交表单时，请求数据中还会包含请求体。

请求头中的字段大部分是 HTTP 规定的，每个字段都有特定的用途，应用程序也可以添加自定义的字段。常见的请求头字段如表 4-3 所示。

表 4-3　常见的请求头字段

请求头字段	说明
Accept	浏览器支持的数据类型
Accept-Charset	浏览器采用的字符集
Accept-Encoding	浏览器支持的内容编码方式，通常使用数据压缩算法

续表

请求头字段	说明
Accept-Language	浏览器所支持的语言，可以指定多个
Host	浏览器想要访问的服务器主机
If-Modified-Since	浏览器希望获取自指定时间以来被修改过的资源
Referer	当前请求是从哪个页面过来的，用于追踪请求来源
User-Agent	浏览器的系统信息，包括使用的操作系统、浏览器版本号等
Cookie	服务器使用 Set-Cookie 发送 Cookie 信息
Cache-Control	浏览器的缓存控制
Connection	请求完成，用于确定希望浏览器保持连接或关闭连接

4.2.4　HTTP 响应

服务器接收到请求数据后，将处理后的数据返回给浏览器，返回的数据被称为响应数据。响应数据包含响应行、响应头、空行和响应体，具体介绍如下。

① 响应行：位于响应数据的第一行，用于告知浏览器本次响应的状态。

② 响应头：用于告知浏览器本次响应的基本信息，包括服务程序名、内容的编码格式、缓存控制等。

③ 空行：用于分隔响应头和响应体。

④ 响应体：服务器返回给浏览器的实体内容。

下面以百度网站为例，查看响应数据，具体如图 4-3 所示。

在图 4-3 中，"Response Headers"下方显示的第 1 行是响应行，响应行中的"HTTP/1.1"是协议版本，"200"是响应状态码，"OK"是状态的描述信息。

响应状态码是服务器对浏览器请求处理结果和状态的表示，它由 3 位十进制数组成。响应状态码可根据其最左边的数字进行分类，共分为 5 个类别，每个类别的具体作用如下。

① 1××：表示成功接收请求，要求浏览器继续提交下一次请求才能完成整个处理流程。

② 2××：表示成功接收请求并已完成整个处理流程。

③ 3××：表示未完成请求处理流程，浏览器需要进一步细化请求。

图4-3　查看响应数据

④ 4××：表示浏览器的请求有错误。

⑤ 5××：表示服务器端出现错误。

响应状态码非常多，初学者无须深入研究每个响应状态码，只需要了解开发过程中经常遇到的响应状态码即可。常见的响应状态码如表 4-4 所示。

表 4-4　常见的响应状态码

响应状态码	说明
200	表示可以正常访问，浏览器请求成功，响应数据正常返回处理结果
403	表示禁止访问，服务器理解浏览器的请求，但是拒绝处理，通常由服务器文件或目录的权限设置导致
404	服务器中不存在浏览器请求的资源
500	服务器内部发生错误，无法处理浏览器的请求

响应头包含本次响应的基本信息，常见的响应头字段如表 4-5 所示。

表 4-5　常见的响应头字段

响应头字段	说明
Server	服务器的类型和版本信息
Date	服务器的响应时间
Expires	控制缓存的过期时间
Location	指示浏览器将请求重定向到另一个页面
Accept-Ranges	服务器是否支持分段请求，若支持则需给定请求范围
Cache-Control	服务器控制浏览器如何进行缓存
Content-Disposition	服务器控制浏览器以下载方式打开文件
Content-Encoding	响应实体内容的编码格式
Content-Length	响应实体内容的长度
Content-Language	响应实体内容的语言
Content-Type	响应实体内容类型
Last-Modified	请求文档的最后一次修改时间
Transfer-Encoding	文件传输编码
Set-Cookie	发送 Cookie 相关的信息
Connection	是否需要保持连接

4.2.5　设置响应数据

响应数据由服务器返回给浏览器，通常不需要人为干预。但有时开发者会根据开发需求手动更改响应数据，以实现某些特殊的功能。

在 PHP 中，通过 header()函数设置响应数据，示例代码如下。

```
// 设置响应实体内容类型
header('Content-Type: text/html;charset=UTF-8');
// 实现页面重定向
header('Location: login.php');
```

上述代码演示了通过 HTTP 响应头的 Content-Type 字段设置响应实体内容类型为 HTML；通过 Location 字段实现页面重定向，当浏览器接收到 Location 时，会自动重定向到目标页面 login.php。

服务器有多种响应实体内容类型。如果请求的是网页，响应实体内容类型就是 HTML；如果请求的是图片，响应实体内容类型就是图片；如果响应体是文本，可以直接使用 echo 语句输出。通过 Content-Type 字段可以设置响应实体内容类型，示例代码如下。

```
// 设定网页的响应实体内容类型
header('Content-Type: text/html;charset=UTF-8');
// 设定图片的响应实体内容类型
header('Content-Type: image/png');
// 设定文本的响应实体内容类型
```

```
header('Content-Type: text/plain');
echo 'Hello, World!';           // 输出响应体
```

在上述示例代码中，网页的响应实体内容类型是 "text/html;charset=UTF-8"，图片的响应实体内容类型是 "image/png"，其中 "text/html" "image/png" 是一种 MIME（Multipurpose Internet Mail Extensions，多用途互联网邮件扩展）类型表示方式，文本的响应实体内容类型是 "text/plain"。

在 PHP 中，使用 http_response_code() 函数可以设置响应状态码，示例代码如下。

```
http_response_code(200);  // 设置响应状态码为 200
http_response_code(404);  // 设置响应状态码为 404
```

在上述示例代码中，向 http_response_code() 函数传递想要设置的响应状态码，从而使服务器返回指定的响应状态码。

多学一招：MIME

MIME 是一个目前在大部分互联网应用程序中通用的内容类型表示方式，其写法为 "大类别/具体类型"。常见的 MIME 类型如表 4-6 所示。

表 4-6　常见的 MIME 类型

MIME 类型	含义	MIME 类型	含义
text/plain	普通文本（扩展名为.txt）	image/gif	GIF 图像（扩展名为.gif）
text/xml	XML 文档（扩展名为.xml）	image/png	PNG 图像（扩展名为.png）
text/html	HTML 文档（扩展名为.html）	image/jpeg	JPEG 图像（扩展名为.jpg）

浏览器对不同的 MIME 类型有不同的处理方式，如 text/plain 类型的内容会被直接显示，text/xml 类型的内容会显示为 XML 文档，text/html 类型的内容会被渲染成网页，image/gif、image/png、image/jpeg 类型的内容会被显示为图像。如果遇到无法识别的 MIME 类型，默认情况下浏览器会将内容下载为文件。

4.3　表单的提交与接收

通常情况下，网站分为前端和后端。前端是指用户能看到的页面部分；后端是指网站的服务器端部分，用于处理用户提交的数据和业务逻辑。当用户在前端页面的表单中填写数据并提交表单时，表单数据将会被发送给后端；在后端可以接收到用户提交的表单数据。本节将对表单的提交与接收进行详细讲解。

4.3.1　表单提交方式

表单是网页上能够输入信息的区域，用户可以在表单中填写数据。在 Web 开发中，经常使用表单完成信息搜索、用户登录、用户注册等功能。

表单提交方式有 GET 和 POST 两种，可以通过<form>标签的 method 属性来指定提交方式，示例代码如下。

```
<form action="表单提交地址" method="POST">
  <!-- 表单内容 -->
</form>
```

在上述示例代码中，method 属性的值为 POST，表示使用 POST 方式提交表单。如果 method 属性的值为 GET 或省略，则表示使用 GET 方式提交表单。

当使用 GET 方式提交表单时，会将表单数据附加到 URL 中。使用 GET 方式提交表单时的 URL 示例如下。

```
http://localhost/index.php?id=1&type=2
```

在上述 URL 示例中，"?" 后面是参数及其对应表单数据，格式为键值对。如果传递多个参数，则各个参数之间使用 "&" 符号进行分隔。上述 URL 包含两个参数 id 和 type，id 的值为 1，type 的值为 2。

4.3.2　接收表单数据

提交表单后，可以在服务器端接收表单数据。接收表单数据可以使用 PHP 提供的超全局变量。超全局变量是指在任何位置都可访问的全局变量，通常使用特定的名称表示。超全局变量如表 4-7 所示。

表 4-7　超全局变量

变量名	说明
$GLOBALS	用于访问全局作用域中的变量
$_SERVER	包含当前脚本的请求信息和服务器环境变量
$_SESSION	包含当前会话中存储的数据
$_COOKIE	包含通过 Cookie 传递给当前脚本的参数
$_FILES	包含通过 POST 方式传递给当前脚本的文件信息
$_GET	接收 GET 方式提交的数据
$_POST	接收 POST 方式提交的数据
$_REQUEST	接收 GET 和 POST 方式提交的数据

下面演示提交表单数据后，使用超全局变量$_POST 接收表单数据，示例代码如下。

```php
<?php
 var_dump($_POST);
?>
<form action="" method="POST">
 <input type="text" name="name" value="Tom">
 <input type="submit" value="提交">
</form>
```

上述示例代码中，表单的提交方式是 POST，使用$_POST 接收表单数据，提交表单后的输出结果如下。

```
array(1) {
   ["name"]=> string(3) "Tom"
}
```

从上述输出结果可以看出数组的键对应表单中的 name 值，数组的值对应表单中的 value 值。

4.3.3　表单提交数组值

当表单元素有多个值可以选择时，将相同元素的 name 设置成数组的形式后，表单将会以数组的形式提交。例如，表单有多个复选框时，对复选框的名称进行统一设置，示例代码如下。

```
<form action="表单提交地址" method="POST">
 <input type="checkbox" name="hobby[]" value="basketball">篮球
 <input type="checkbox" name="hobby[]" value="football">足球
```

```
<input type="checkbox" name="hobby[]" value="vollyball">排球
<input type="submit" value="提交">
</form>
```

在上述示例代码中，复选框的 name 属性值 "hobby" 后面添加了 "[]"，表示以数组方式提交。如果选择 "篮球" "足球" 两个选项，使用$_POST 接收并输出复选框的值，则输出结果如下。

```
array(1){
  ["hobby"]=>
   array(2){
     [0]=>string(10) "basketball"
     [1]=>string(8) "football"
  }
}
```

4.4 会话技术

通过学习 4.2 节的内容可知，HTTP 是无状态协议，当用户在请求网站的 A 页面后请求 B 页面时，HTTP 无法判断这两个请求来自同一个用户，这就意味着需要有一种机制能够跟踪记录用户在网站的活动。这种机制就是会话技术。Cookie 和 Session 是常用的两种会话技术，本节将对 Cookie 和 Session 进行详细讲解。

4.4.1 Cookie 简介

Cookie 是服务器为了辨别用户身份而存储在用户本地终端（浏览器）上的数据。当用户第一次通过浏览器访问服务器时，服务器会向浏览器响应一些信息，这些信息都被保存在 Cookie 中。当用户第二次通过浏览器访问服务器时，浏览器会将 Cookie 数据放在请求头中发送给服务器。服务器根据请求头中的 Cookie 数据判断该用户是否访问过，进而识别用户的身份。

为了更好地理解 Cookie，下面通过一张图来演示 Cookie 在浏览器和服务器之间的传输过程，如图 4-4 所示。

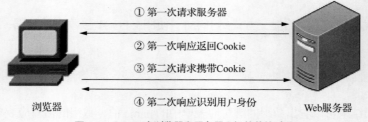

图4-4 Cookie在浏览器和服务器之间的传输过程

当浏览器第一次请求服务器时，服务器会在响应数据中增加 Set-Cookie 头字段，将 Cookie 返回给浏览器；用户接收到服务器返回的 Cookie 信息后，就会将它保存到浏览器中。当浏览器第二次访问该服务器时，会将 Cookie 发送给服务器，从而使服务器识别用户身份。

4.4.2 Cookie 的基本使用方法

Cookie 的基本使用方法包括创建 Cookie 和获取 Cookie，下面进行讲解。

1. 创建 Cookie

使用 setcookie()函数创建 Cookie 的基本语法格式如下。

```
bool setcookie(
    string $name,                // Cookie 的名称（必须）
    string $value = '',          // Cookie 的值（可选）
    int $expire = 0,             // Cookie 的有效期（可选）
    string $path = '',           // Cookie 的路径（可选）
    string $domain = '',         // Cookie 的有效域名（可选）
    bool $secure = false,        // 指定是否通过安全的 HTTPS 连接传输 Cookie（可选）
    bool $httponly = false       // 指定 Cookie 是否只能通过 HTTP 和 HTTPS 访问（可选）
)
```

下面在 cookie.php 文件中使用 setcookie()函数创建 Cookie，示例代码如下。

```
1  <?php
2  setcookie('name', 'value');
```

通过浏览器访问 cookie.php，可以查看设置 Cookie 后的响应头信息，具体如图 4-5 所示。

图4-5　查看设置Cookie后的响应头信息

从图 4-5 可以看出，设置 Cookie 后，浏览器会根据响应头信息中的"Set-Cookie: name=value"保存 Cookie。

在开发者工具中可切换到"Cookies"选项卡，查看保存的 Cookie 信息，如图 4-6 所示。

图4-6　查看保存的Cookie信息

在图 4-6 中，可以看到已经设置的 Cookie 的名称（Name）、值（Value）、有效域名（Domain）、路径（Path）和有效期（Expires）等详细信息。

2. 获取 Cookie

使用超全局变量$_COOKIE 可以获取 Cookie。在 cookie.php 中获取 Cookie 的示例代码如下。

```
var_dump($_COOKIE);  // 输出结果: array(1) { ["name"]=> string(5) "value" }
```

从上述代码可以看出，使用$_COOKIE 可以直接获取 Cookie 中存储的内容。

需要注意的是，当在 PHP 脚本中第一次使用 setcookie()函数创建 Cookie 时，$_COOKIE 中没有 Cookie 数据，只有在浏览器第二次请求并携带 Cookie 时，才能通过$_COOKIE 获取 Cookie 中存储的内容。

值得一提的是，超全局变量是系统预先设定好的变量，在脚本的全部作用域中都可以使用。

> **多学一招：使用 Cookie 存储多个值或数组**
>
> 在 Cookie 名称后添加"[]"可以存储多个值或数组，示例代码如下。

```
setcookie('user[name]', 'tom');
setcookie('user[age]', 30);
var_dump($_COOKIE);          // 输出结果: array(2) { ["user"]=> array(2) { ["name"]=>
string(3) "tom" ["age"]=> string(2) "30" } }
```

4.4.3　Session 简介

在浏览器中存储的 Cookie 对用户而言是可见的，容易被非法获取。另外，当 Cookie 中存储的数据量非常大时，浏览器每次请求服务器都会携带 Cookie，非常耗费资源。使用 Session 可以解决上述问题。

Session 存储在服务器端，能够实现数据跨脚本共享。Session 依赖于 Cookie。当浏览器访问服务器时，服务器会为浏览器创建一个 Session ID 和一个对应的 Session 文件，将核心数据保存在服务器，并将 Session ID 放入 Cookie 返回给浏览器。当浏览器再次访问服务器时，服务器会根据 Cookie 找到本地文件的 Session，获取核心数据。Session 的实现原理如图 4-7 所示。

图4-7　Session的实现原理

PHP 程序启动 Session 后，服务器会为每个浏览器创建一个供其独享的 Session 文件。Session 文件的保存机制如图 4-8 所示。

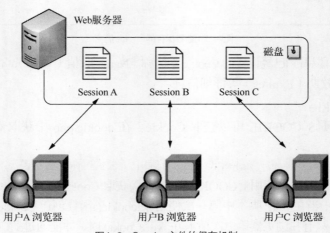

图4-8　Session文件的保存机制

在图 4-8 中，每一个 Session 文件都具有唯一的 Session ID，Session ID 用于标识不同的用户。Session ID 分别保存在浏览器和服务器端，浏览器通过 Cookie 保存；服务器端则以 Session 文件的形式保存（Session 文件保存路径为 php.ini 中 session.save_path 配置项指定的目录）。

4.4.4　Session 的基本使用方法

Session 的基本使用方法包括开启 Session、操作 Session 数据和销毁 Session 等内容。下面演示 Session 的基本使用方法，示例代码如下。

```
session_start();                    // 开启 Session
$_SESSION['name'] = 'tom';          // 向 Session 中添加字符串
$_SESSION['id'] = [1, 2, 3];        // 向 Session 中添加数组
unset($_SESSION['name']);           // 删除单个数据
$_SESSION = [];                     // 删除所有数据
session_destroy();                  // 销毁 Session
```

在上述示例代码中，使用"$_SESSION = [];"方式删除所有数据后，Session 文件仍然存在，只不过它变成了一个空文件。如果想要将这个空文件删除，需要使用 session_destroy()函数销毁 Session。

4.4.5　Session 的配置

php.ini 中有许多和 Session 相关的配置，常用配置如表 4-8 所示。

表 4-8　php.ini 中和 Session 相关的常用配置

配置项	含义
session.name	指定 Cookie 的名称（只能由字母和数字组成，默认为 PHPSESSID）
session.save_path	读取或设置当前 Session 文件的保存路径，默认为 C:\Windows\Temp
session.auto_start	指定是否在请求开始时自动启动一个 Session，默认为 0（表示不启动）
session.cookie_lifetime	以秒数指定发送到浏览器的 Cookie 的生命周期，默认为 0（表示直到关闭浏览器）
session.cookie_path	指定要设定 Cookie 的路径，默认为"/"
session.cookie_domain	指定要设定 Cookie 的域名，默认为无
session.cookie_secure	指定是否仅通过安全连接发送 Cookie，默认为关闭
session.cookie_httponly	指定是否仅通过 HTTP 访问 Cookie，默认为关闭

在程序中使用 session_start()函数可以对 Session 进行配置。该函数接收关联数组形式的参数，数组的键名不包括"session."，直接书写其后的配置项名称即可，示例代码如下。

```
session_start(['name' => 'MySESSID']);
```

上述代码表示将"session.name"的配置项的值修改为"MySESSID"。

> **注意**　session_start()函数对配置项的修改只在 PHP 脚本的运行周期内有效，不会影响 php.ini 的原有设置。

4.4.6　【案例】用户登录和退出

1. 需求分析

在 Web 应用开发中，经常需要实现用户登录和退出的功能。

用户登录的需求是：当用户进入网站首页时，如果用户处于未登录状态，自动跳转到登录

页面；用户在登录页面输入正确的用户名和密码并单击"登录"按钮，则登录成功，服务器使用 Session 保存用户登录状态；如果用户输入的用户名或密码不正确，则登录失败。

用户退出登录的需求是：用户单击"退出登录"按钮后，服务器删除 Session 中保存的用户登录状态。

2. 实现思路

① 创建 login.html 用于显示用户登录的页面。该页面有两个文本框和一个"登录"按钮，在文本框中填写用户名和密码，单击"登录"按钮将用户登录的表单数据提交给 login.php。

② 创建 login.php 用于接收用户登录的表单数据，判断用户名和密码是否正确。如果正确，将用户的登录状态保存到 Session；如果错误，给出提示信息。

③ 创建 index.php，当 Session 成功保存用户的登录状态时显示首页，否则跳转到登录页面。

④ 创建 logout.php，当用户退出登录时删除 Session 中保存的用户登录状态。

3. 代码实现

本书在配套源码包中提供了本案例的开发文档和完整代码，读者可以参考并进行学习。

4.5　图像处理

GD 库是 PHP 处理图像的扩展库，它提供了一系列图像处理函数，可以实现验证码、缩略图和图片水印等功能。本节讲解如何使用 GD 库进行图像处理。

4.5.1　开启 GD 扩展

在 PHP 中，要想使用 GD 库，需要先开启 GD 扩展。在 PHP 的配置文件 php.ini 中找到";extension=gd"配置项，去掉开头的分号";"，即可开启 GD 扩展。修改后的配置如下。

```
extension=gd
```

修改配置后，保存配置文件并重新启动 Apache 使配置生效。可通过 phpinfo()函数查看 GD 扩展是否开启成功，具体如图 4-9 所示。

图 4-9 所示的页面中输出了 GD 扩展的相关信息，说明 GD 扩展开启成功。此时，就可以使用 PHP 提供的内置图像处理函数进行图像处理了。

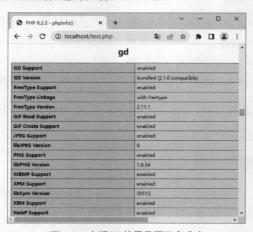

图4-9　查看GD扩展是否开启成功

4.5.2　常用的图像处理函数

PHP 内置了非常多的图像处理函数，这些函数能够根据不同需求完成图像处理。常用的图像处理函数如表 4-9 所示。

表 4-9　常用的图像处理函数

函数	描述
imagecreatetruecolor(int $width, int $height)	用于创建指定宽度、高度的真彩色空白画布图像
getimagesize(string $filename, array &$image_info = null)	用于获取图像的大小
imagecolorallocate(GdImage $image, int $red, int $green, int $blue)	用于为画布分配颜色
imagefill(GdImage $image, int $x, int $y, int $color)	用于为画布填充颜色
imagestring(GdImage $image, GdFont|int $font, int $x, int $y, string $string, int $color)	用于将字符串写入画布中
imagettftext(GdImage $image, float $size, float $angle, int $x, int $y, int $color, string $font_filename, string $text, array $options = [])	用于将文本写入画布中
imageline(GdImage $image, int $x1, int $y1, int $x2, int $y2, int $color)	用于在画布中绘制直线
imagecreatefromjpeg(string $filename)	用于创建 JPEG 格式的图像
imagecreatefrompng(string $filename)	用于创建 PNG 格式的图像
imagecopymerge(GdImage $dst_image, GdImage $src_image, int $dst_x, int $dst_y, int $src_x, int $src_y, int $src_width, int $src_height, int $pct)	用于合并两个图像
imagecopyresampled(GdImage $dst_image, GdImage $src_image, int $dst_x, int $dst_y, int $src_x, int $src_y, int $dst_width, int $dst_height, int $src_width, int $src_height)	用于复制一部分图像到目标图像中
imagepng(GdImage $image, resource|string|null $file = null, int $quality = −1, int $filters = −1)	用于输出 PNG 格式的图像
imagejpeg(GdImage $image, resource|string|null $file = null, int $quality = −1)	用于输出 JPEG 格式的图像
imagedestroy(GdImage $image)	用于销毁图像

4.5.3　【案例】制作验证码

1.　需求分析

在实现数据输入功能时，需要考虑安全问题。如果用户向服务器恶意提交大批量数据，不仅会使数据库的压力骤增，还会产生大量的"脏"数据。为此，添加验证码成为提交数据时的一种有效防御手段。验证码是一张带有文字的图片，要求用户只有在文本框中输入图片中的文字后，才可以进行后续的表单提交操作。

2.　实现思路

① 创建自定义函数。函数有 4 个参数，分别表示画布宽度、画布高度、干扰线数量和字符个数。

② 根据外部传入的宽度和高度创建画布，并为画布填充随机的背景颜色。

③ 生成随机字符，将字符写入画布中。

④ 在画布中添加干扰线。

⑤ 输出图片。

3.　代码实现

本书在配套源码包中提供了本案例的开发文档和完整代码，读者可以参考并进行学习。

4.6　目录和文件操作

PHP 提供了一系列文件操作函数，可以很方便地实现创建目录、重命名目录、读取目录、删除目录、打开文件、修改文件、读取文件、读取和写入文件内容、删除文件等操作。本节将对 PHP 的目录和文件操作进行详细讲解。

4.6.1　目录操作

为了便于搜索和管理计算机中的文件，一般都将文件分目录存储。PHP 提供了相应的函数来操作目录，例如创建目录、重命名目录、读取目录、删除目录等。下面对目录的相关操作进行讲解。

1．创建目录

在 PHP 中，mkdir()函数用于创建目录。该函数执行成功返回 true，执行失败则返回 false。该函数的语法格式如下。

```
bool mkdir( string $pathname[, int $mode = 0777[, bool $recursive = false[,
resource $context ]]] )
```

在上述语法格式中，$pathname 表示要创建的目录地址，地址可以是绝对路径也可以是相对路径；$mode 用于指定目录的访问权限（用于 Linux 环境），默认为 0777；$recursive 用于指定是否递归创建目录，默认为 false；$context 表示流上下文（Stream Context），可用于提供一些额外的选项和功能。由于流不是本书学习的重点，故这里不再详细介绍。

下面演示 mkdir()函数的使用方法，示例代码如下。

```
mkdir('upload');
```

执行上述代码后，会在当前目录下创建一个名为 upload 的目录。

需要注意的是，如果要创建的目录已经存在，则目录会创建失败，并出现警告。为了不影响程序继续运行，可以使用 file_exists()函数先判断目录是否存在，再进行创建，示例代码如下。

```
if (!file_exists('upload')) {
    mkdir('upload');
}
```

2．重命名目录

在 PHP 中，rename()函数用于实现目录或文件的重命名。该函数执行成功返回 true，执行失败返回 false。该函数的语法格式如下。

```
bool rename( string $oldname, string $newname[, resource $context ] )
```

在上述语法格式中，$oldname 表示要重命名的目录，$newname 表示新的目录名称。

将 upload 目录重命名为 uploads 的示例代码如下。

```
rename('upload', 'uploads');
```

上述代码实现了将 upload 目录重命名为 uploads。

3．读取目录

读取目录是指读取目录中的文件列表。PHP 提供了两种方式读取目录：一种方式是使用 scandir()函数获取目录下的所有文件名；另一种方式是使用 opendir()函数获取资源类型的目录句柄后使用 readdir()函数进行访问。下面分别进行讲解。

（1）使用 scandir()函数获取目录下的所有文件名

scandir()函数用于返回指定目录中的文件和目录。该函数执行成功返回包含所有文件名的数组，执行失败返回 false。该函数的语法格式如下。

```
bool scandir( string $directory[, int $order, resource $context ] )
```

在上述语法格式中，$directory 表示要查看的目录；$order 用于规定排序方式，默认是 0，表示按字母升序排列。

查看当前目录下的所有文件和目录的示例代码如下。

```
$dir_info = scandir('./');
foreach ($dir_info as $file) {
    echo $file . '<br>';
}
```

在上述示例代码中，"./"表示当前目录。运行上述代码后，会输出当前目录下的所有文件和目录，并按文件名字母升序排列。

（2）使用 opendir()函数获取资源类型的目录句柄后使用 readdir()函数进行访问

opendir()函数用于打开一个目录句柄。该函数执行成功返回目录句柄，执行失败返回 false。该函数的语法格式如下。

```
resource opendir( string $path[, resource $context ] )
```

在上述语法格式中，$path 表示要打开的目录路径。

readdir()函数从目录句柄中读取条目。该函数执行成功返回文件名称，执行失败返回 false。该函数的语法格式如下。

```
resource readdir( [ resource $dir_handle ] )
```

在上述语法格式中，$dir_handle 表示已经打开的目录句柄。

下面演示使用 opendir()函数和 readdir()函数读取目录中的内容，示例代码如下。

```
$resource = opendir('./');
$file = '';
while ($file = readdir($resource)) {
    echo $file . '<br>';
}
closedir($resource);
```

在上述示例代码中，使用 opendir()函数打开当前目录句柄，使用 readdir()函数获取目录中的文件。需要注意的是，打开一个目录句柄后，使用完毕时，建议使用 closedir()函数关闭目录句柄。

目录的操作通常具有不确定性，例如，程序不知道要操作的目录是否存在，以及要操作的是不是目录。为了保证代码的严谨性，减少代码执行过程中出现的错误，通常会使用函数来判断路径的有效性。目录操作常用的函数如表 4-10 所示。

表 4-10　目录操作常用的函数

函数	功能
is_dir(string $filename)	判断给定的名称对应的是不是目录，是目录则返回 true，不是目录则返回 false
getcwd()	该函数若执行成功则返回当前目录，执行失败返回 false
rewinddir(resource $dir_handle)	将打开的目录句柄指针重置到目录的开头
chdir(string $directory)	改变当前的目录，该函数若执行成功则返回 true，执行失败则返回 false

PHP 提供了很多操作目录的函数，这里只讲解了其中常用的部分函数，读者可以查看 PHP 官方手册，根据自己所要实现的功能进行学习。

4．删除目录

在 PHP 中，rmdir()函数用于删除目录。该函数执行成功返回 true，执行失败返回 false。该函数的语法格式如下。

```
bool rmdir( string $dirname[, resource $context ] )
```

在上述语法格式中，$dirname 表示要删除目录的名称。

下面演示 rmdir()函数的使用方法，示例代码如下。

```
rmdir('uploads');
```

如果要删除的目录不存在，会删除失败，并出现警告。同样，如果要删除的目录是非空目录，也会删除失败，并出现警告。因此，在删除非空目录时，只有先清空目录中的文件，才能够删除相应目录。

4.6.2　文件操作

在实际开发中，经常使用到文件的相关操作，如打开文件、修改文件等。下面对文件的相关操作进行讲解。

1．打开文件

在 PHP 中打开文件可以使用 fopen()函数。该函数执行成功后返回资源类型的文件指针，该指针用于其他操作。fopen()函数的语法格式如下。

```
resource fopen( string $filename, string $mode[, bool $use_include_path
= false[,resource $context ]] )
```

在上述语法格式中，$filename 表示要打开的文件的路径，可以是本地文件的路径，也可以是 HTTP、HTTPS 或 FTP（File Transfer Protocol，文件传送协议）的 URL；$mode 表示文件打开模式，常用的文件打开模式如表 4-11 所示。

表 4-11　常用的文件打开模式

模式	说明
r	以只读方式打开，将文件指针指向文件头
r+	以读写方式打开，将文件指针指向文件头
w	以写入方式打开，将文件内容清空，并从文件开头写入数据
w+	以读写方式打开，将文件内容清空，并从文件开头读写数据
a	以写入方式打开，将文件指针指向末尾
a+	以读写方式打开，将文件指针指向末尾
x	创建文件并以写入方式打开，将文件指针指向文件头。如果文件已存在，则 fopen()调用失败，返回 false，并生成 E_WARNING 类型的错误信息
x+	创建文件并以读写方式打开，其他行为和"x"相同

在表 4-11 中，除"r""r+"模式外，在其他模式下，如果文件不存在，会尝试自动创建文件。

下面演示 fopen()函数的使用方法，示例代码如下。

```
1    $f1 = fopen('test1.html', 'r');
2    $f2 = fopen('test2.html', 'w');
```

在上述示例代码中，第 1 行代码使用 fopen()函数以只读方式打开文件，第 2 行代码使用 fopen()函数以写入方式打开文件。

2. 修改文件

修改文件包括修改文件的名称和修改文件的内容。其中，修改文件的名称使用 rename()函数即可实现。此处主要讲解如何使用 fwrite()函数修改文件的内容。fwrite()函数的语法格式如下。

```
int fwrite( resource $handle, string $string[, int $length ] )
```

在上述语法格式中，$handle 表示文件指针；$string 表示要写入的字符串；$length 表示要写入的字节数，如果省略，表示写入整个字符串。

下面演示 fwrite()函数的使用方法，示例代码如下。

```
1    $f3 = fopen('test3.html', 'w');
2    fwrite($f3, '<html><body>Hello world<body></html>');
```

在上述示例代码中，第 1 行代码使用 fopen()函数以写入方式打开文件，第 2 行代码使用 fwrite()函数向 test3.html 文件写入内容。

3. 读取文件

使用 fopen()函数打开文件后，可使用 fread()函数进行文件读取操作。fread()函数的语法格式如下。

```
string fread( resource $handle, int $length )
```

在上述语法格式中，$handle 表示文件指针，$length 用于指定读取的字节数。该函数在读取到指定的字节数或读取到文件末尾时就会停止读取，并返回读取到的内容；读取失败时返回 false。

下面演示 fread()函数的使用方法，示例代码如下。

```
1    $filename = 'test3.html';
2    $f3 = fopen($filename, 'r');
3    $data = fread($f3, filesize($filename));
4    echo $data;        // 输出内容: <html><body>Hello world<body></html>
```

在上述示例代码中，第 3 行代码使用 fread()函数读取文件内容，通过 filesize()函数计算文件的大小，将 test3.html 中的内容全部读取出来。

4. 读取和写入文件内容

file_get_contents()函数用于将文件的内容全部读取到一个字符串中，其语法格式如下。

```
string file_get_contents( string $filename[, bool $use_include_path = false [,
resource $context[, int $offset = 0[, int $maxlen ]]]] )
```

在上述语法格式中，$filename 指定要读取的文件的路径，其他参数不常用，关于其他参数的使用方法可以参考 PHP 官方手册进行学习。函数执行成功会返回读取到的内容。

file_put_contents()函数用于在文件中写入内容，该函数执行成功返回写入文件内数据的字节数，执行失败返回 false。该函数的语法格式如下。

```
int file_put_contents( string $filename, mix $data[, int $flags = 0[, resource
$context ]] )
```

在上述语法格式中，$filename 指定要写入的文件的路径；$data 指定要写入的内容；$flags 指定写入选项，通常使用常量 FILE_APPEND 表示追加写入。

下面演示 file_get_contents()函数和 file_put_contents()函数的使用方法，示例代码如下。

```
1    $filename = 'test3.html';
2    $content = file_get_contents($filename);
3    echo $content;   // 输出内容: <html><body>Hello world<body></html>
4    // 文件内容不会改变，默认覆盖原文件内容
5    $str = '<html><body>Hello world<body></html>';
6    file_put_contents($filename, $str);
```

```
7    // 追加内容
8    file_put_contents($filename, $str, FILE_APPEND);
```

在上述示例代码中，第 6 行代码执行后，原文件内容不会改变，默认覆盖原文件内容；第 8 行代码指定使用追加写入方式，代码执行完毕，查看 test3.html 中的内容，如果出现两组<html> 标签，表示已将内容写入文件中。

5. 删除文件

使用 unlink()函数删除文件。该函数执行成功返回 true，执行失败返回 false。该函数的语法格式如下。

```
bool unlink( string $filename[, resource $context ] )
```

在上述语法格式中，$filename 表示要删除文件的路径。

下面演示 unlink()函数的使用方法，示例代码如下。

```
unlink('./test2.html');
```

执行上述代码，会将当前目录下的 test2.html 文件删除。如果文件不存在，会出现警告。

4.6.3 【案例】递归遍历目录

1. 需求分析

递归遍历目录是一种常见的操作，通过这种操作可以获取指定目录下的文件和子目录，以及子目录中的文件和子目录。下面以递归的方式遍历目录，获取目录下的文件列表。

2. 实现思路

① 创建自定义函数，函数的参数是目录地址。

② 在函数体内判断函数的参数对应的是不是目录，如果不是目录，停止遍历；如果是目录，获取该目录内的所有文件，对获取的结果进行判断。如果获取的结果是目录，则再次调用函数，直到获取到的内容全部是文件为止。

3. 代码实现

本书在配套源码包中提供了本案例的开发文档和完整代码，读者可以参考并进行学习。

4.6.4 单文件上传

使用表单可以进行文件上传，上传时需要给<form>标签设置 enctype 属性。enctype 属性用于指定表单数据的编码方式，默认值为 application/x-www-form-urlencoded，如果要实现文件上传，需要将其设置为 multipart/form-data，示例代码如下。

```
<form action="表单提交地址" method="POST" enctype="multipart/form-data">
  <input type="file" name="file">
  <input type="submit" value="上传">
</form>
```

使用$_POST 接收上传的文件，此时接收的信息仅包含文件的名称，如果想要获取文件的详细信息，需要使用$_FILES 超全局变量。$_FILES 数组中保存了文件的 6 个信息，具体如下。

① name：通过浏览器上传的文件的原名称。

② type：文件的 MIME 类型，如 image/gif。

③ size：上传文件的大小，单位为字节。

④ tmp_name：文件被上传后存储在服务器端的临时文件名，一般为系统默认名，可以在

php.ini 的 upload_tmp_dir 中指定。

　　⑤ full_path：浏览器提交的完整路径。该值并不总是包含真实的目录结构，因此不能被信任。

　　⑥ error：文件上传相关的错误代码，具体含义如表 4-12 所示。

表 4-12　文件上传相关的错误代码

代码	常量	说明
0	UPLOAD_ERR_OK	没有错误发生，文件上传成功
1	UPLOAD_ERR_INI_SIZE	上传的文件的大小超过了 php.ini 中 upload_max_filesize 配置项指定的值
2	UPLOAD_ERR_FORM_SIZE	上传的文件的大小超过了表单中 MAX_FILE_SIZE 选项指定的值
3	UPLOAD_ERR_PARTIAL	只有部分文件被上传
4	UPLOAD_ERR_NO_FILE	没有文件被上传
6	UPLOAD_ERR_NO_TMP_DIR	找不到临时目录
7	UPLOAD_ERR_CANT_WRITE	文件写入失败

　　文件上传后，就会被服务器自动保存在临时目录中，文件的保存期限为 PHP 脚本的运行周期，当 PHP 脚本运行结束后，文件就会被释放。如果想将文件永久保存下来，需要使用 PHP 提供的 move_uploaded_file()函数将文件保存到指定目录中。将文件从临时目录保存到指定目录的示例代码如下。

```
1  if (isset($_FILES['upload'])) {
2      if ($_FILES['upload']['error'] !== UPLOAD_ERR_OK) {
3          exit('上传失败！');
4      }
5      $save = './uploads/' . time() . '.dat';
6      if (!move_uploaded_file($_FILES['upload']['tmp_name'], $save)) {
7          exit('上传失败，无法将文件保存到指定位置！');
8      }
9      echo '上传成功！';
10 }
```

　　在上述示例代码中，第 5 行代码利用时间戳自动生成文件名，而不是直接保存原文件名。这种方式可以防止浏览器提交非法的文件名造成程序出错，也能防止浏览器提交以 ".php" 为扩展名的文件导致恶意脚本运行。第 6 行代码使用 move_uploaded_file()函数将临时文件保存到指定目录中。

4.6.5　多文件上传

　　多文件上传是指一次性上传多个文件，上传的文件属于同一类文件，示例代码如下。

```
<form action="表单提交地址" method="post" enctype="multipart/form-data">
    个人相册：
    <input type="file" name="photo[]">
    <input type="file" name="photo[]">
    <input type="file" name="photo[]">
    <input type="submit" value="上传">
</form>
```

　　在上述示例代码中，文件上传按钮的 name 属性采用数组的命名方式，表示上传多个文件。

　　用 PHP 处理多文件上传时，需要使用$_FILES 接收上传的文件的信息，利用循环处理文件信息，示例代码如下。

```
$len = count($_FILES['photo']['name']);
for ($i = 0; $i < $len; $i++) {
    $file[] = [
        'name' => $_FILES['photo']['name'][$i],
        'type' => $_FILES['photo']['type'][$i],
        'tmp_name' => $_FILES['photo']['tmp_name'][$i],
        'error' => $_FILES['photo']['error'][$i],
        'size' => $_FILES['photo']['size'][$i]
    ];
}
```

在上述示例代码中，通过 for 语句获取上传的文件信息，并将其保存到$file 数组中。

4.6.6 【案例】文件上传

1. 需求分析

文件上传是 Web 开发中常见的功能。文件上传，是指将用户上传的文件保存到服务器上，实现数据的持久化存储。本案例实现文件上传功能，文件上传成功后显示文件名称、类型、大小等信息。

2. 实现思路

① 创建 upload.html，显示上传文件的表单。

② 创建 upload.php，接收上传的文件信息，输出文件名称、类型、大小等信息。

③ 创建 uploads 目录，测试上传的文件是否可以正确显示。

3. 代码实现

本书在配套源码包中提供了本案例的开发文档和完整代码，读者可以参考并进行学习。

4.7　正则表达式

在实际开发中，经常需要对表单中的内容进行格式限制。例如，手机号、身份号码、邮箱的验证等，这些内容遵循的规则繁多而复杂，如果要成功匹配，可能需要编写上百行代码，这种做法显然不可取。为了简化这个过程，可以使用正则表达式。正则表达式提供了一种简短的描述语法，完成诸如查找、匹配、替换等功能。本节将对正则表达式进行详细讲解。

4.7.1　正则表达式概述

正则表达式（Regular Expression）提供了一种描述字符串结构的语法规则。基于该语法规则可以编写特定的格式化模式，并验证字符串是否匹配这个模式，进而实现文本查找、文本替换、截取内容等操作。

一个完整的正则表达式由 4 部分内容组成，分别为定界符、元字符、文本字符和模式修饰符。其中，定界符用在正则表达式的开头和结尾，标识模式的开始和结束，常用的定界符是"/"；元字符是具有特殊含义的字符，如"^"“.”“*”等；文本字符是普通的文本，如字母和数字等；模式修饰符用于指定正则表达式以何种方式进行匹配，如 i 表示忽略大小写，x 表示忽略空白字符等。

在编写正则表达式时，元字符和文本字符在定界符内，模式修饰符一般标记在正则表达式结尾的定界符之外。

下面演示两个简单的正则表达式，示例代码如下。

```
/.*it/
/.*it/i
```

在上述示例中，正则表达式开头和结尾的"/"是定界符；".*"是元字符，表示匹配任意字符；"it"是文本字符。正则表达式"/.*it/"表示匹配任意含有"it"的字符串，如"it""itcast"等。"/.*it/i"中的最后一个字符"i"是模式修饰符，当添加模式修饰符"i"时，表示匹配的内容忽略大小写，如所有含"IT""It""iT""it"等的字符串都可以匹配。

4.7.2　正则表达式函数

在 PHP 的程序开发中，经常需要根据正则表达式完成对指定字符串的搜索和匹配。此时，可使用 PHP 提供的正则表达式函数。常用的正则表达式函数如表 4-13 所示。

表 4-13　常用的正则表达式函数

函数	描述
preg_match(string $pattern, string $subject)	第 1 个参数是正则表达式，第 2 个参数是被搜索的字符串，匹配成功则停止查找
preg_match_all(string $pattern, string $subject)	和 preg_match()功能相同，区别在于该函数会一直匹配到最后才停止查找
preg_grep(string $pattern, array $array, int $flags = 0)	匹配数组中的元素
preg_repalce(string|array $pattern, string|array $replacement, string|array $subject)	替换指定内容
preg_split(string $pattern, string $subject)	根据正则表达式分割字符串

为了方便读者理解，下面演示 preg_match()函数的使用方法，示例代码如下。

```
$result = preg_match('/web/', 'phpwebphpweb');
var_dump($result);          // 输出结果: int(1)
```

在上述示例代码中，"/web/"中的"/"是正则表达式的定界符。函数在匹配成功时返回 1，匹配失败时返回 0，如果发生错误则返回 false。由于被搜索的字符串中包含"web"，因此函数的返回值为 1。

本章小结

本章主要讲解了 PHP 中的错误处理、HTTP、表单的提交与接收、会话技术、图像处理、目录和文件操作，以及正则表达式。通过对本章的学习，读者应能够掌握本章所讲的知识，并结合案例对所学知识进行综合运用，达到学以致用的目的。

课后练习

一、填空题

1. HTTP 请求数据包含＿＿＿、请求头、空行和请求体。
2. 在 URL 中传递多个参数时，各个参数之间使用＿＿＿符号进行分隔。
3. 用于获取图像的大小的函数是＿＿＿。

4. 要开启 GD 扩展，需要将 php.ini 中的＿＿＿＿配置项前面的 "；" 删除。

5. 用于创建目录的函数是＿＿＿＿。

二、判断题

1. 响应状态码 200 表示被请求的缓存文档未修改。（　　　）

2. 会话技术可以实现跟踪和记录用户在网站中的活动。（　　　）

3. $_COOKIE 可以完成添加、读取或修改 Cookie 中的数据。（　　　）

4. PHP 中所有处理图像的函数都需要安装 GD 库后才能使用。（　　　）

5. file_get_contents() 函数不支持访问远程文件。（　　　）

三、选择题

1. 下列选项中，无法修改错误类型的是（　　　）。

　　A. 修改配置文件　　　B. error_reporting()　　C. exit()　　　　　　　D. ini_set()

2. 下列选项中，不属于响应头中可以包含的内容的是（　　　）。

　　A. 来源页面　　　　　　　　　　　　　　B. 实体内容长度

　　C. 服务器的响应时间　　　　　　　　　　D. 服务器版本

3. 下列关于响应头的描述错误的是（　　　）。

　　A. 响应头用于告知浏览器本次响应的服务程序名、内容的编码格式等信息

　　B. 响应头 Connection 表示是否需要持久连接

　　C. 响应头 Content-Length 表示实体内容的长度

　　D. 响应头位于响应状态行的前面

4. 第一次创建 Cookie 时，服务器会在响应数据中增加（　　　）头字段，并将消息发送给浏览器。

　　A. SetCookie　　　　　B. Cookie　　　　　C. Set-Cookie　　　D. 以上答案都不对

5. PHP 中用于判断文件是否存在的函数是（　　　）。

　　A. fileinfo()　　　　　B. file_exists()　　　C. fileperms()　　　D. filesize()

四、简答题

1. 请概括 HTTP 的主要特点。

2. 请简要说明 GET 和 POST 方式的区别。

五、程序题

1. 封装函数，实现一个含有点线干扰元素的 5 位验证码，该验证码包括英文大小写字母和数字。

2. 利用 PHP 远程获取指定 URL 的文件。

第5章

MySQL基础（上）

学习目标

- ◆ 了解数据库基础知识，能够说出数据库和数据模型的概念。
- ◆ 熟悉数据库的分类，能够阐述常用的关系数据库和非关系数据库。
- ◆ 熟悉 SQL 的概念和语法规则，能够阐述 SQL 的分类和语法规则。
- ◆ 掌握 MySQL 的安装与配置方法，能够独立安装和配置 MySQL。
- ◆ 掌握数据库操作，能够创建、查看、使用、修改和删除数据库。
- ◆ 掌握数据表操作，能够创建、查看、修改和删除数据表。
- ◆ 掌握数据操作，能够添加、查询、修改和删除数据。

拓展阅读

在开发网站时，通常需要使用数据库来存储和读取数据。PHP 所支持的数据库较多，在这些数据库中，MySQL 数据库一直被认为是 PHP 的最佳搭档之一。本章将对 MySQL 数据库的基础知识进行详细讲解。

5.1　数据库基础知识

数据库技术是计算机应用领域中非常重要的技术，它产生于 20 世纪 60 年代末，是软件技术的一个重要分支。本节将讲解数据库基础知识。

5.1.1　数据库概述

数据库（DataBase，DB）是一个存在于计算机存储设备上的数据集合，它可以简单地理解为一种存储数据的仓库。数据库能够长期、高效地管理和存储数据，其主要目的是存储（写入）和提供（读取）数据。这里所说的数据不仅包括普通意义上的数字，还包括文字、图像、声音等，也就是说，凡是在计算机中用于描述事物的记录都可以称为数据。

数据库技术广泛应用于互联网企业、政府部门、企事业单位、科研机构等。数据库技术研究如何对数据进行有效管理，包括组织和存储数据、在数据库系统中减少数据存储冗余、实现数据共享、保障数据安全，以及高效地检索和处理数据等。

大多数学者认为数据库就是数据库系统（DataBase System，DBS），其实数据库系统的范围比数据库的大很多。数据库系统是指在计算机系统中引入数据库后的系统，除了数据库外，还包括数据库管理系统（DataBase Management System，DBMS）、数据库应用程序等。

为了帮助读者更好地理解数据库系统，下面通过一张图来对其进行描述，具体如图 5-1 所示。

图 5-1 描述了数据库系统的几个重要部分，包括数据库、数据库管理系统、数据库应用程序，具体解释如下。

① 数据库。数据库提供了一个存储空间用来存储各种数据。

② 数据库管理系统。数据库管理系统可以对数据库的建立、维护、运行进行管理，还可以对数据库中的数据进行定义、组织和存取。通过数据库管理系统可以科学地组织、存储、维护和获取数据。常见的数据库管理系统包括 MySQL、Oracle、SQL Server、MongoDB 等。

③ 数据库应用程序。虽然已经有了数据库管理系统，但在很多情况下，数据库管理系统无法满足用户对

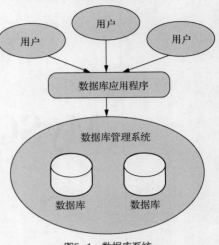

图5-1　数据库系统

数据库的管理需求。此时，就需要使用数据库应用程序与数据库管理系统进行通信、访问，以及管理数据库管理系统中存储的数据。

5.1.2　数据模型

数据库技术是计算机领域中重要的技术之一，而数据模型是推动数据库技术发展的一条"主线"。数据模型中的"模型"一词在日常生活中并不陌生，一张地图、一架航模都是具体的模型，模型是对现实世界中某个真实事物的模拟和抽象。例如，地图是一种经过简化和抽象的空间模型，它使用比例尺、图例和指向标描述地理环境的某些特征和内在联系，使之成为一种制图区域的某一时刻的模拟模型。

数据模型是现实世界数据特征的抽象，用于描述数据、组织数据和操作数据。由于计算机不能直接处理现实世界中客观存在的具体事物，所以必须事先把具体事物转换为计算机能够处理的数据。为了把现实世界中客观存在的具体事物转换为计算机能够处理的数据，需要经历现实世界、信息世界和机器世界 3 个层次。图 5-2 描述了客观存在的具体事物转换为计算机能够处理的数据的过程。

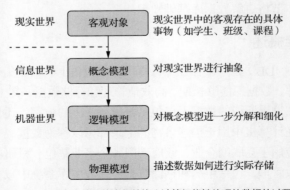

图5-2　客观存在的具体事物转换为计算机能够处理的数据的过程

从图 5-2 所示的转换过程可以看出，数据模型按照不同的应用层次，分为概念模型（Conceptual Model）、逻辑模型（Logical Model）和物理模型（Physical Model），这 3 个数据模型的具体介绍如下。

1. 概念模型

概念模型将现实世界中的客观对象抽象成信息世界的数据。概念模型也称为信息模型，是现实世界到机器世界的中间层。

概念模型将现实世界中的客观对象分为实体、属性和联系，具体介绍如下。

* 实体：客观存在并可相互区别的事物，例如，学生、班级、课程等都是实体。
* 属性：实体所具有的特性，一个实体可以用若干个属性来描述，例如，学生实体有学号、学生姓名和学生性别等属性。
* 联系：实体与实体之间的联系，有一对一（$1:1$）、一对多（$1:n$）、多对多（$m:n$）这 3 种联系。

概念模型的表示方法有很多，常用的方法是实体–联系方法（Entity-Relationship Approach），该方法使用 E–R 图（Entity-Relationship Diagram，实体–联系图）表示概念模型。E–R 图是一种用图形表示的实体–联系模型。E–R 图的通用表示方式如下。

* 实体：用矩形框表示，将实体名写在矩形框内。
* 属性：用椭圆框表示，将属性名写在椭圆框内。实体与属性之间用实线连接。
* 联系：用菱形框表示，将联系名写在菱形框内，用实线将相关的实体连接，并在实线旁标注联系的类型。

E–R 图体现的思维接近于普通人的思维，即使不具备计算机专业知识，也可以理解其表示的含义。下面演示如何使用 E–R 图描述学生与课程的联系，具体如图 5-3 所示。

从图 5-3 可以看出，使用 E–R 图能够清晰地看出学生与课程之间的联系，以及学生与课程所拥有的属性。

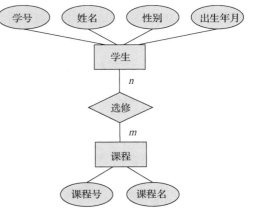

图5-3　使用E–R图描述学生与课程的联系

2. 逻辑模型

逻辑模型用于描述数据的结构和联系，将数据从信息世界转换为机器世界，实现设计和组织数据。

逻辑模型主要分为层次模型（Hierarchical Model）、网状模型（Network Model）、面向对象模型（Object-Oriented Model）和关系模型（Relational Model）。下面分别对这 4 种逻辑模型进行介绍。

* 层次模型是基于层次的数据结构，使用树形结构来表示数据之间的联系。
* 网状模型是基于网状的数据结构，使用网状结构来表示数据之间的联系。
* 面向对象模型使用面向对象的思维方式与方法来描述客观实体（对象），是现在较为流行的数据模型。
* 关系模型使用数据表的形式组织数据，是目前广泛使用的逻辑模型之一。

3. 物理模型

物理模型用于描述数据是如何进行实际存储的。物理模型是一种面向计算机系统的模型，它是对数据最底层的抽象，用于描述数据在系统内部的表示方式和存取方法，例如，描述数据在磁盘上的表示方式和存取方法。

5.1.3　关系数据库

关系数据库是建立在关系模型基础上的数据库。随着数据库技术的不断发展，关系数据库产品越来越多，常见的有 Oracle、SQL Server、MySQL 等，它们各自的特点如下。

1．Oracle

Oracle 是由 Oracle 公司开发的数据库管理系统，在数据库领域一直处于领先地位。Oracle 数据库管理系统可移植性好、使用方便、功能强，适用于各类大、中、小型微机环境。然而，与其他关系数据库相比，Oracle 虽然功能更加强大，但是它的价格也更高。

2．SQL Server

SQL Server 是微软公司推出的数据库管理系统，它已广泛应用于电子商务、银行、保险、电力等行业，因具有易操作、界面良好等特点深受广大用户欢迎。早期版本的 SQL Server 只能在 Windows 操作系统上运行，从 SQL Server 2017 开始支持在 Windows 和 Linux 操作系统上运行。

3．MySQL

MySQL 最早由瑞典的 MySQL AB 公司开发，目前属于 Oracle 公司旗下产品。MySQL 是一个非常流行的开源数据库管理系统，广泛应用于中小型企业网站。

MySQL 支持多用户、多线程，具有跨平台的特性，它不仅可以在 Windows 操作系统上使用，还可以在 UNIX、Linux 和 macOS 操作系统上使用。相对其他数据库而言，MySQL 的使用更加方便、快捷。

5.1.4　非关系数据库

互联网的高速发展对数据库技术提出了更高的要求，尤其是大规模和高并发类型的网站，使用关系数据库暴露了很多性能瓶颈，例如，当大量用户同时访问数据库中的数据时，可能会出现响应时间过长或请求超时等问题。使用非关系数据库（NoSQL）可以弥补关系数据库的不足，其特点在于其数据模型比较简单，灵活性强，性能非常高。常见的非关系数据库有 Redis、MongoDB 等，它们各自的特点如下。

1．Redis

Redis 是一个高性能的非关系数据库，采用键/值（key/value）的方式存储数据，适用于内容缓存和处理大量数据的高负载访问，查询速度非常快。Redis 支持的数据类型包括 string（字符串）、hash（哈希）、list（列表）、set（集合）和 zset（有序集合）。Redis 支持持久化操作、主从同步等。

2．MongoDB

MongoDB 采用 BSON（Binary JSON，二进制 JSON）格式存储数据，BSON 格式类似于 JSON（JavaScript Object Notation，JavaScript 对象表示法）格式，采用这种格式可以存储比较复杂的数据类型。MongoDB 最大的特点是它支持的查询语言非常强大，该查询语言类似于面向对象的查询语言，不仅可以实现类似关系数据库单表查询的绝大部分功能，而且支持对数据建立索引。此外，MongoDB 是一个开源数据库，具有高性能、易部署、易使用、存储数据方便等特点。

5.1.5　SQL 简介

SQL（Structure Query Language，结构查询语言）是一种数据库查询语言，主要用于管理数据库中的数据，如存取数据、查询数据、更新数据等。

根据 SQL 的功能，可以将 SQL 分为 4 类，具体如下。

1．数据定义语言

数据定义语言（Data Definition Language，DDL）用于定义数据表结构，主要包括 CREATE 语句、ALTER 语句和 DROP 语句。CREATE 语句用于创建数据库、数据表等，ALTER 语句用于修改数据库、数据表等，DROP 语句用于删除数据库、数据表等。

2．数据操作语言

数据操作语言（Data Manipulation Language，DML）用于对数据库中的数据进行添加、修改和删除操作，主要包括 INSERT 语句、UPDATE 语句和 DELETE 语句。INSERT 语句用于添加数据，UPDATE 语句用于修改数据，DELETE 语句用于删除数据。

3．数据查询语言

数据查询语言（Data Query Language，DQL）用于查询数据，主要包括 SELECT 语句。SELECT 语句用于查询数据库中的一条数据或多条数据。

4．数据控制语言

数据控制语言（Data Control Language，DCL）用于控制用户的访问权限，主要包括 GRANT 语句、COMMIT 语句和 ROLLBACK 语句。GRANT 语句用于给用户增加权限，COMMIT 语句用于提交事务，ROLLBACK 语句用于回滚事务。

对于以上列举的 4 类语言，在本书的后面章节中会对其语法和使用进行详细讲解，读者此时只需了解 SQL 的基本分类即可。

5.1.6　SQL 语法规则

通常情况下，一条 SQL 语句由一个或多个子句构成。下面演示一条简单的 SQL 语句，如下所示。

```
SELECT * FROM 数据表名称;
```

在上述 SQL 语句中，SELECT 和 FROM 是关键字，它们被赋予了特定含义，SELECT 的含义为"选择"，FROM 的含义为"来自"。"SELECT *""FROM 数据表名称"是两个子句，前者表示选择所有的字段，后者表示从指定的数据表中查询。"数据表名称"是用户自定义的数据表的名称。

在编写 SQL 语句时，其语法规则有以下 3 点需要注意的地方。

① 换行、缩进与结尾分隔符。MySQL 中的 SQL 语句可以单行或多行书写，多行书写时可以按"Enter"键换行，每行中的 SQL 语句可以使用空格和缩进增强语句的可读性。在 SQL 语句的结束位置，通常情况下使用分号结尾。

② 大小写问题。MySQL 的关键字在使用时不区分大小写，习惯上使用大写形式，例如 SHOW DATABASES 与 show databases 都表示获取当前 MySQL 服务器中已有的数据库。另外，在 Windows 系统下，数据库名称、数据表名称、字段名不区分大小写；在 Linux 系统下，数据库名称和数据表名称严格区分大小写，字段名不区分大小写。

③ 反引号的使用。关键字不能作为用户自定义的名称使用，如果一定要使用关键字作为用户自定义的名称，可以通过反引号"`"将用户自定义的名称包裹起来，例如`select`、`default`。用于输入反引号的键在键盘中左上角"Tab"键的上方，读者只需先将输入法切换到英文状态，再按下此键即可输入反引号。

本书在讲解 SQL 语法时，对 SQL 语法中的特殊符号进行以下约定。

① 使用"[]"进行标识的内容表示可选项，例如"[DEFAULT]"表示 DEFAULT 可写可不写。

②"[, ...]"表示其前面的内容可以有多个，例如"[字段名 数据类型] [, ...]"表示可以有多个"[字段名 数据类型]"。

③"{}"表示必选项。

④"|"表示分隔符两侧的内容之间为"或"的关系。

⑤ 在"{}"中使用"|"表示选择项，在选择项中仅需选择其中一项，例如{A|B|C}表示从 A、B、C 中任选其一。

5.2 MySQL 环境搭建

MySQL 可以在多个操作系统上运行，不同操作系统的安装和配置的过程也不同。在对数据库有了初步认识之后，本节将讲解如何在 Windows 操作系统中获取、安装、配置和启动 MySQL，并讲解用户登录与设置密码。

5.2.1 获取 MySQL

MySQL 提供了企业版（Enterprise Edition）、高级集群版（Cluster CGE）和社区版（Community）。其中，企业版和高级集群版都是收费的商业版本，而社区版是通过 GPL（General Public License，通用公共许可证）协议授权的开源软件，可以免费使用。

本书以社区版的 MySQL 8.0.27 为例，讲解如何获取社区版的 MySQL 8.0.27 压缩文件，具体步骤如下。

① 在 MySQL 的官方网站中找到社区版的 MySQL 8.0.27 压缩文件的下载地址，如图 5-4 所示。

图5-4　找到社区版的MySQL 8.0.27压缩包的下载地址

从图 5-4 可以看出，社区版的 MySQL 8.0.27 提供了两个压缩文件，分别是"Windows (x86, 64-bit), ZIP Archive""Windows (x86, 64-bit), ZIP Archive Debug Binaries & Test Suite"，前者只包含基本功能，后者除基本功能外还提供了一些调试功能，在这里我们选择使用前者。

② 单击图 5-4 中的"Windows (x86, 64-bit), ZIP Archive"对应的"Download"按钮，进入文件下载页面，如图 5-5 所示。

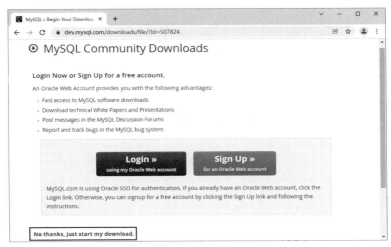

图5-5　"Windows (x86, 64-bit), ZIP Archive"对应的文件下载页面

如果已有 MySQL 账户，可以单击"Login »"按钮，登录后下载；如果没有 MySQL 账户，则直接单击下方的超链接"No thanks, just start my download."进行下载。在这里我们单击下方超链接下载，下载完成会获得名称为 mysql-8.0.27-winx64.zip 的压缩文件。

5.2.2　安装 MySQL

获取 MySQL 的压缩文件后，要想使用 MySQL，需要安装 MySQL。下面讲解如何安装 MySQL，具体步骤如下。

① 将下载的压缩文件 mysql-8.0.27-winx64.zip 解压到 C:\web\mysql8.0 目录中，MySQL 安装目录如图 5-6 所示。

图5-6　MySQL安装目录

② 以管理员身份运行命令提示符窗口，在命令提示符窗口中使用以下命令切换到 MySQL 安装目录下的 bin 目录，具体命令如下。

```
cd C:\web\mysql8.0\bin
```

③ 在命令提示符窗口中安装 MySQL，具体命令如下。

```
mysqld -install MySQL80
```

在上述命令中，mysqld 表示执行 MySQL 的服务程序 mysqld.exe；-install 表示安装；MySQL80 是安装的服务名称，该名称由用户自行定义，如果安装时不指定服务名称，则默认名称为 MySQL。

MySQL 安装成功后，如需卸载，可以使用如下命令。

```
mysqld -remove MySQL80
```

5.2.3   配置和启动 MySQL

MySQL 安装完成后，还需要进行配置和启动才能使用。MySQL 的配置包括创建 MySQL 配置文件和初始化 MySQL。下面分别对 MySQL 的配置和启动进行讲解。

1. 创建 MySQL 配置文件

在 C:\web\mysql8.0 目录下创建配置文件 my.ini，在配置文件中指定 MySQL 的安装目录（basedir）、MySQL 数据库文件的保存目录（datadir）和 MySQL 服务的端口号（port），配置内容如下。

```
[mysqld]
basedir=C:/web/mysql8.0
datadir=C:/web/mysql8.0/data
port=3306
```

上述配置中，basedir 表示 MySQL 的安装目录；datadir 表示 MySQL 数据库文件的保存目录；port 表示 MySQL 服务的端口号，默认的端口号为 3306。需要注意的是，在配置文件中，路径分隔符推荐使用"/"或"\\"，不推荐使用"\"，这是因为"\"会被识别为转义字符。

2. 初始化 MySQL

创建 my.ini 配置文件后，MySQL 数据库文件的保存目录 C:\web\mysql8.0\data 还未创建。通过初始化 MySQL，让 MySQL 自动创建数据库文件的保存目录，并在该目录中生成一些必要的文件。

初始化 MySQL 的具体命令如下。

```
mysqld --initialize-insecure
```

在上述命令中，--initialize 表示初始化数据库；-insecure 表示忽略安全性，使 MySQL 默认用户 root 的登录密码设置为空。如果省略-insecure，将为默认用户 root 生成一个随机的复杂密码。由于输入自动生成的密码比较麻烦，因此这里选择忽略安全性。

3. 启动 MySQL 服务

在命令提示符窗口中执行如下命令启动 MySQL 服务。

```
net start MySQL80
```

在上述命令中，net start 是 Windows 系统中用于启动服务的命令，MySQL80 是要启动的服务的名称。

如需停止 MySQL80 服务，则可以在命令提示符窗口中执行如下命令。

```
net stop MySQL80
```

在上述命令中，net stop 是 Windows 系统中用于停止服务的命令，MySQL80 是要停止的服务的名称。

5.2.4   用户登录与设置密码

MySQL 服务启动成功后，就可以登录 MySQL 了。下面讲解用户如何登录 MySQL 与设置密码，具体步骤如下。

① 以管理员身份运行命令提示符窗口，在命令提示符窗口中使用以下命令切换到 MySQL 安装目录下的 bin 目录，具体命令如下。

```
cd C:\web\mysql8.0\bin
```

② 登录 MySQL，具体命令如下。

```
mysql -u root
```

在上述命令中，mysql 表示运行当前目录（C:\web\mysql8.0\bin）下的 mysql.exe；"-u root" 表示以 root 用户的身份登录，其中，-u 和 root 之间的空格可以省略。

成功登录 MySQL 的效果如图 5-7 所示。

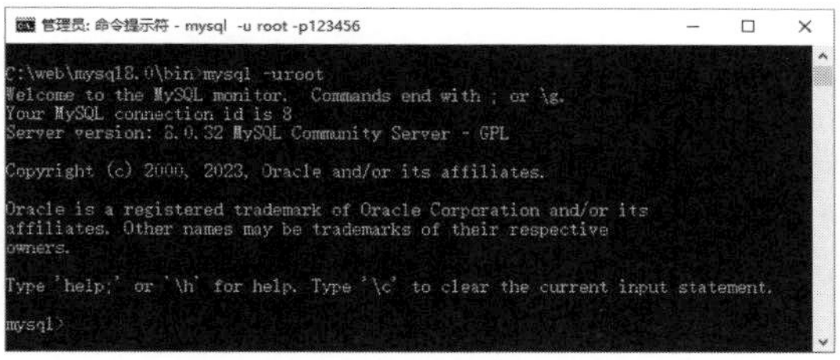

③ 为了保护数据库的安全，需要为 root 用户设置密码，具体命令如下。

```
mysql> ALTER USER 'root'@'localhost'
IDENTIFIED BY '123456';
```

上述命令表示为 localhost 主机中的 root 用户设置密码，密码为 123456。

④ 设置密码后，执行 exit 命令退出 MySQL。

图5-7　成功登录MySQL的效果

在重新登录 MySQL 时，需要使用新密码，具体命令如下。

```
mysql -uroot -p123456
```

在上述命令中，-p123456 表示使用密码 123456 登录 MySQL。如果在登录时不希望密码被直接看到，可以省略 -p 后面的密码，按"Enter"键后，命令提示符窗口中会出现"Enter password:"的信息，表示需要输入密码。此时输入密码，密码在命令提示符窗口中以"*"符号显示。

5.3　数据库操作

如果想要使用 MySQL 保存数据，需要先在 MySQL 中创建数据库，然后在数据库中创建数据表来保存数据。为了让读者掌握对数据库的操作，本节对数据库的创建、查看、使用、修改和删除进行详细讲解。

5.3.1　创建数据库

创建数据库是指在数据库管理系统中划分一块存储数据的空间。CREATE DATABASE 语句用于创建数据库，其基本语法格式如下。

```
CREATE DATABASE 数据库名称 [库选项];
```

在上述语法格式中，CREATE DATABASE 表示创建数据库；数据库名称包括字母、数字和下划线；库选项用于设置创建的数据库的相关特性，如字符集、校对集等。

下面演示如何创建一个名称为 mydb 的数据库，具体 SQL 语句及执行结果如下。

```
mysql> CREATE DATABASE mydb;
Query OK, 1 row affected(0.00 sec)
```

从上述执行结果可以看出，执行创建数据库的 SQL 语句后，SQL 语句下面输出了一行提示信息"Query OK, 1 row affected (0.00 sec)"。该提示信息可以分为 3 部分来解读：第一部分

"Query OK"表示 SQL 语句执行成功；第二部分"1 row affected"表示执行上述 SQL 语句后影响了数据库中的 1 条记录；第三部分"(0.00 sec)"表示执行上述 SQL 语句所花费的时间。

5.3.2　查看数据库

查看数据库有两种方式，分别是查看所有数据库和查看指定数据库的创建信息，下面对这两种查看数据库的方式进行讲解。

1.　查看所有数据库

查看所有数据库的基本语法格式如下。

```
SHOW DATABASES;
```

下面演示如何查看 MySQL 中所有的数据库，具体 SQL 语句及执行结果如下。

```
mysql> SHOW DATABASES;
+--------------------+
| Database           |
+--------------------+
| information_schema |
| mydb               |
| mysql              |
| performance_schema |
| sys                |
+--------------------+
5 rows in set(0.00 sec)
```

从上述执行结果可以看出，MySQL 中有 5 个数据库。其中，除了 mydb 是用户手动创建的数据库外，其余 4 个数据库都是 MySQL 在安装时自动创建的。MySQL 自动创建的 4 个数据库的主要作用如下。

① information_schema：主要用于存储数据库和数据表的结构信息，如用户表信息、字段信息、字符集信息等。

② mysql：主要用于存储 MySQL 自身需要使用的控制和管理信息，如用户的权限等。

③ performance_schema：用于存储系统性能相关的动态参数，如全局变量等。

④ sys：用于存储 performance_schema 数据库的视图，帮助数据库管理人员监控和分析 MySQL 服务器的性能。

注意　初学者不要随意删除或修改 MySQL 自动创建的数据库，避免造成服务器故障。

2.　查看指定数据库的创建信息

查看指定数据库的创建信息的基本语法格式如下。

```
SHOW CREATE DATABASE 数据库名称;
```

下面演示如何查看 mydb 数据库的创建信息，具体 SQL 语句及执行结果如下。

```
mysql> SHOW CREATE DATABASE mydb;
+----------+------------------------------------------------------------+
| Database | Create Database                                            |
+----------+------------------------------------------------------------+
| mydb     | CREATE DATABASE `mydb`                                      |
|          | /*!40100 DEFAULT CHARACTER SET utf8mb4                      |
|          | COLLATE utf8mb4_0900_ai_ci */                              |
```

```
|          |    /*!80016 DEFAULT ENCRYPTION='N' */                    |
+----------+-------------------------------------------------------------+
1 row in set(0.00 sec)
```

上述执行结果中显示了 mydb 数据库的创建信息，其中，以"/*!"开头并以"*/"结尾的内容是 MySQL 中用于保持兼容性的信息。"/*!"后面的数字是版本号，表示只有当 MySQL 的版本号等于或高于指定的版本时该内容才会被当成语句的一部分被执行，否则将被当成注释，例如，40100 表示的版本为 4.1.0，80016 表示的版本为 8.0.16。

5.3.3　使用数据库

MySQL 中可能有多个数据库，可以使用 USE 语句选择要使用的数据库，该语句的基本语法格式如下。

```
USE 数据库名称;
```

下面演示如何选择 mydb 数据库作为后续操作的数据库，具体 SQL 语句及执行结果如下。

```
mysql> USE mydb;
Database changed
```

从上述执行结果可以看出，当前所选择的数据库已经更改。如果想要查看当前选择的是哪个数据库，可以使用"SELECT DATABASE();"语句，具体 SQL 语句及执行结果如下。

```
mysql> SELECT DATABASE();
+------------+
| DATABASE() |
+------------+
| mydb       |
+------------+
1 row in set (0.00 sec)
```

从上述执行结果可以看出，当前选择的数据库名称为 mydb。

5.3.4　修改数据库

修改数据库主要是指修改数据库的库选项，可以使用 ALTER DATABASE 语句实现，该语句的基本语法格式如下。

```
ALTER DATABASE 数据库名称
{[DEFAULT] CHARACTER SET [=] 字符集
| [DEFAULT] COLLATE [=] 校对集};
```

在上述语法格式中，CHARACTER SET 用于指定字符集，COLLATE 用于指定校对集。

字符集规定了字符在数据库中的存储格式，常用的字符集有 gbk 和 utf8mb4；校对集规定了数据的比较和排序规则，校对集依赖于字符集，如 utf8mb4 字符集默认的校对集为 utf8mb4_0900_ai_ci。关于字符集和校对集的相关内容会在第 6 章进行详细讲解，此处读者简单了解即可。

下面演示如何修改数据库的字符集。首先创建 dms 数据库，并指定字符集为 gbk；然后将 dms 数据库的字符集修改为 utf8mb4；最后，查看 dms 数据库的创建信息，确认 dms 数据库的字符集是否修改成功，具体步骤如下。

① 创建 dms 数据库，并指定字符集为 gbk，具体 SQL 语句及执行结果如下。

```
mysql> CREATE DATABASE dms CHARACTER SET gbk;
Query OK, 1 row affected (0.01 sec)
```

② 将 dms 数据库的字符集修改为 utf8mb4，具体 SQL 语句及执行结果如下。

```
mysql> ALTER DATABASE dms CHARACTER SET utf8mb4;
Query OK, 1 row affected (0.01 sec)
```

从上述执行结果可以看出，修改 dms 数据库的字符集的 SQL 语句已经成功执行。

③ 查看 dms 数据库的创建信息，确认 dms 数据库的字符集是否修改成功，具体 SQL 语句及执行结果如下。

```
mysql> SHOW CREATE DATABASE dms;
+----------+------------------------------------------------+
| Database | Create Database                                |
+----------+------------------------------------------------+
| dms      | CREATE DATABASE `dms`                          |
|          | /*!40100 DEFAULT CHARACTER SET utf8mb4 COLLATE |
|          |    utf8mb4_0900_ai_ci */                       |
|          | /*!80016 DEFAULT ENCRYPTION='N' */             |
+----------+------------------------------------------------+
1 row in set (0.00 sec)
```

从上述执行结果可以看出，dms 数据库的字符集为 utf8mb4，说明字符集修改成功。

5.3.5   删除数据库

当一个数据库不再使用时，为了释放存储空间，需要将该数据库删除。删除数据库就是将已经创建的数据库从磁盘中清除。数据库被删除之后，数据库中保存的数据一同被删除。

在 MySQL 中，删除数据库的基本语法格式如下。

```
DROP DATABASE 数据库名称;
```

在上述语法格式中，DROP DATABASE 表示删除数据库；数据库名称是要删除的数据库的名称。

下面演示如何删除 dms 数据库，具体 SQL 语句及执行结果如下。

```
mysql> DROP DATABASE dms;
Query OK, 0 rows affected(0.00 sec)
```

需要注意的是，使用 DROP DATABASE 删除数据库时，MySQL 不会给出任何提示而直接删除数据库。因此，应谨慎执行删除数据库的操作。

5.4   数据表操作

在 MySQL 数据库中，所有的数据都存储在数据表中，若要对数据执行添加、查看、修改、删除等操作，首先需要在指定的数据库中准备一张数据表。本节将详细地讲解如何在 MySQL 中创建、查看、修改和删除数据表。

5.4.1   创建数据表

创建数据表是指在已存在的数据库中创建新的数据表。使用 CREATE TABLE 语句来创建数据表，该语句的基本语法格式如下。

```
CREATE [TEMPORARY] TABLE [IF NOT EXISTS] 数据表名称 (
    字段名 数据类型 [字段属性]…
) [表选项]
```

上述语法格式的具体说明如下。

① TEMPORARY：可选项，表示临时表，临时表仅在当前会话（从登录 MySQL 到退出 MySQL 的整个期间）可见，并且在会话结束时自动删除。

② IF NOT EXISTS：可选项，表示只有在数据表名称不存在时，才会创建数据表，这样可以避免因为存在同名数据表导致创建失败。

③ 数据表名称：要创建的数据表的名称；如果在数据表名称前指定"数据库名称."，表示在指定的数据库中创建数据表。

④ 字段名：字段的名称。

⑤ 数据类型：字段的数据类型，用于确定 MySQL 存储数据的方式。常见的数据类型有整数类型（如 INT）、字符串类型（如 VARCHAR）等。

⑥ 字段属性：可选项，用于为字段添加属性，每个属性有不同的功能。常用的属性有 COMMENT 属性和约束属性，COMMENT 属性用于为字段添加注释说明；约束属性用于保证数据的完整性和有效性（约束属性会在第 6 章进行具体讲解）。

⑦ 表选项：可选项，用于设置数据表的相关选项，如字符集、校对集等。

关于数据类型、字段属性和表选项的设置会在第 6 章中讲解，此处主要讲解数据表的创建。

下面在 mydb 数据库中创建一个名为 goods 的数据表，该数据表中包含 4 个字段，其中，id 和 price 字段的数据类型为 INT，name 和 description 字段的数据类型为 VARCHAR，具体 SQL 语句及执行结果如下。

```
mysql> CREATE TABLE goods (
    ->   id INT COMMENT '编号',
    ->   name VARCHAR(32) COMMENT '商品名称',
    ->   price INT COMMENT '价格',
    ->   description VARCHAR(255) COMMENT '商品描述'
    -> );
Query OK, 0 rows affected(0.01 sec)
```

上述 SQL 语句创建了 goods 数据表，表中 id 字段的数据类型是 INT，表示该字段是整型字段；name 字段的数据类型是 VARCHAR(32)，表示该字段是字符串型字段，长度是 32；每个字段后面的 COMMENT 表示该字段的注释内容。

值得一提的是，在项目开发中，可能多个项目会使用同一个数据库，为了防止数据表命名冲突，通常会为不同项目的数据表名称添加不同的前缀。前缀一般由项目的英文缩写和下划线组成，例如，数据表 mydb_goods 中的"mydb_"就是该数据表名称的前缀。

5.4.2　查看数据表

创建数据表后，如何查看数据库中是否存在创建的数据表，以及数据表的结构是否正确呢？MySQL 提供了相关 SQL 语句，用于查看数据库中存在的所有数据表、查看数据表的创建信息和查看数据表的结构，下面分别进行详细讲解。

1. 查看数据库中存在的所有数据表

通过 SHOW TABLES 语句可以查看数据库中存在的所有数据表，该语句的基本语法格式如下。

```
SHOW TABLES [LIKE 匹配模式];
```

在上述语法格式中，"LIKE 匹配模式"表示按照"匹配模式"查看数据表（如果不添加它，表示查看当前数据库中的所有数据表），其中，匹配模式必须使用单引号或双引号进行标识，匹配模式有两种，分别为 % 和 _，具体介绍如下。

① %：表示匹配一个或多个字符，代表任意长度的字符串，长度可以为 0。

② _：表示仅匹配一个字符。

为了帮助读者更好地理解，下面演示如何查看 MySQL 中的数据表，具体步骤如下。

① 在 mydb 数据库中创建 new_goods 数据表，具体 SQL 语句及执行结果如下。

```
mysql> CREATE TABLE new_goods (
    ->   id INT COMMENT '编号',
    ->   name VARCHAR(32) COMMENT '商品名称'
    -> );
Query OK, 0 rows affected(0.01 sec)
```

② 查看 mydb 数据库中的所有数据表，具体 SQL 语句及执行结果如下。

```
mysql> SHOW TABLES;
+----------------+
| Tables_in_mydb |
+----------------+
| goods          |
| new_goods      |
+----------------+
2 rows in set(0.00 sec)
```

③ 查看 mydb 数据库中名称中含有"new"的数据表，具体 SQL 语句及执行结果如下。

```
mysql> SHOW TABLES LIKE '%new%';
+----------------------+
| Tables_in_mydb(%new%) |
+----------------------+
| new_goods            |
+----------------------+
1 row in set(0.00 sec)
```

从上述执行结果可以看出，mydb 数据库中名称中含有"new"的数据表只有一个。

2. 查看数据表的创建信息

通过 SHOW CREATE TABLE 语句查看数据表的创建信息，如数据表名称、创建时间等，该语句的基本语法格式如下。

```
SHOW CREATE TABLE 数据表名称;
```

在查看数据表的创建信息时，会显示数据表的创建语句。通常情况下，数据表的创建语句比较长，查询结果和字段的位置会出现错乱，不易于阅读。为了方便查看 SQL 语句的查询结果，可以将 SQL 语句结尾的分号改成"\G"，使用"\G"可以清晰地展示查询结果，执行结果中的每个字段占一行，字段名显示在结果的左侧，字段值显示在结果的右侧。

下面演示如何查看 new_goods 数据表的创建信息，具体 SQL 语句及执行结果如下。

```
mysql> SHOW CREATE TABLE new_goods\G
*******************************1.row*******************************
     Table:new_goods
Create Table:CREATE TABLE `new_goods` (
 `id` int DEFAULT NULL COMMENT '编号',
 `name` varchar(32) DEFAULT NULL COMMENT '商品名称'
)ENGINE=InnoDB DEFAULT CHARSET=utf8mb4 COLLATE=utf8mb4_0900_ai_ci
```

在上述执行结果中，Table 表示查询的数据表名称；Create Table 表示创建该数据表的 SQL 语句。在 SQL 语句中，包含字段信息、COMMENT（注释说明）、ENGINE（存储引擎）和 DEFAULT

CHARSET（字符集）及 COLLATE（校对集）等内容。

3. 查看数据表的结构

MySQL 提供的 DESCRIBE 语句可以用于查看数据表的结构，包括数据表中所有字段或指定字段的信息，如字段名、数据类型等。DESCRIBE 可以简写成 DESC。使用 DESC 语句查看所有字段的信息的基本语法格式如下。

```
DESC 数据表名称;
```

使用 DESC 语句查看指定字段的信息的基本语法格式如下。

```
DESC 数据表名称 字段名;
```

DESC 语句执行成功后，返回的字段信息如下。

① Field：表示数据表中字段的名称。

② Type：表示数据表中字段对应的数据类型。

③ Null：表示该字段是否可以存储 NULL 值。

④ Key：表示该字段是否已经建立索引。

⑤ Default：表示该字段是否有默认值，如果有默认值则显示对应的默认值。

⑥ Extra：表示与字段相关的附加信息。

下面演示如何查看 new_goods 数据表的所有字段和 name 字段的信息，具体步骤如下。

① 查看 new_goods 数据表的所有字段的信息，具体 SQL 语句及执行结果如下。

```
mysql> DESC new_goods;
+-------------+-------------+------+-----+---------+-------+
| Field       | Type        | Null | Key | Default | Extra |
+-------------+-------------+------+-----+---------+-------+
| id          | int         | YES  |     | NULL    |       |
| name        | varchar(32) | YES  |     | NULL    |       |
+-------------+-------------+------+-----+---------+-------+
2 rows in set(0.00 sec)
```

② 查看 new_goods 数据表的 name 字段的信息，具体 SQL 语句及执行结果如下。

```
mysql> DESC new_goods name;
+-------+-------------+------+-----+---------+-------+
| Field | Type        | Null | Key | Default | Extra |
+-------+-------------+------+-----+---------+-------+
| name  | varchar(32) | YES  |     | NULL    |       |
+-------+-------------+------+-----+---------+-------+
1 row in set(0.00 sec)
```

5.4.3　修改数据表

在实际开发中，当项目的需求发生变化时，为了确保数据表与程序的要求保持一致，需要修改数据表，例如，商品新增了一个评分属性来保存用户对商品的评分，就需要在商品表中新增一个评分字段。

下面对修改数据表名称、修改表选项、新增字段、修改字段信息和删除字段等内容进行讲解。

1. 修改数据表名称

在 MySQL 中，提供了两种修改数据表名称的语句，其基本语法格式如下。

```
# 语法格式1
ALTER TABLE 旧数据表名称 RENAME [TO|AS] 新数据表名称;
```

```
# 语法格式 2
RENAME TABLE 旧数据表名称 1 TO 新数据表名称 1[,旧数据表名称 2 TO 新数据表名称 2]…;
```

在上述语法格式中，使用 ALTER TABLE 语句修改数据表名称时，可以使用 RENAME TO 或 RENAME AS 子句，两者作用相同；使用 RENAME TABLE 语句时，后面只能使用 TO 关键字。另外，使用 RENAME TABLE 语句可以同时修改多个数据表名称。

下面演示使用 RENAME TABLE 语句将数据表 new_goods 的名称修改为 my_goods，具体 SQL 语句及执行结果如下。

```
mysql> RENAME TABLE new_goods TO my_goods;
Query OK, 0 rows affected(0.01sec)
mysql> SHOW TABLES;
+----------------+
| Tables_in_mydb |
+----------------+
| goods          |
| my_goods       |
+----------------+
2 rows in set(0.00 sec)
```

从上述执行结果可以看出，已经将数据表 new_goods 的名称修改为 my_goods。

2. 修改表选项

通过 ALTER TABLE 语句修改表选项，基本语法格式如下。

```
ALTER TABLE 数据表名称 表选项 [=] 值;
```

下面以修改数据表 my_goods 的字符集为例进行演示，具体 SQL 语句及执行结果如下。

```
mysql> ALTER TABLE my_goods CHARSET=gbk;
Query OK, 0 rows affected(0.01sec)
Records:0 Duplicates:0 Warnings:0
mysql> SHOW CREATE TABLE my_goods\G
*******************************1.row*******************************
    Table:my_goods
Create Table:CREATE TABLE `my_goods` (
 `id` int(11) DEFAULT NULL COMMENT '编号',
 `name` varchar(32) CHARACTER SET utf8mb4 COLLATE utf8mb4_0900_ai_ci DEFAULT NULL COMMENT '商品名称'
 )ENGINE=InnoDB DEFAULT CHARSET=gbk
```

从上述执行结果可以看出，my_goods 数据表的字符集已经修改为 gbk。需要注意的是，name 字段的字符集为 utf8mb4，这是因为修改数据表的字符集不会影响原有字段的字符集。

3. 新增字段

通过 ALTER TABLE 语句的 ADD 子句实现新增字段，基本语法格式如下。

```
# 语法格式 1：新增一个字段，并指定其位置
ALTER TABLE 数据表名称
ADD [COLUMN] 新字段名 数据类型 [FIRST | AFTER 字段名];
# 语法格式 2：同时新增多个字段
ALTER TABLE 数据表名称
ADD [COLUMN] (新字段名 1 数据类型 1; [新字段名 2 数据类型 2;]…);
```

在上述语法格式中，FIRST 表示指定新增的字段为数据表的第一个字段，"AFTER 字段名"表示新增的字段在字段名指定的字段的后面。在新增一个字段时，如果没有指定位置，新增的

字段会默认添加到数据表的最后。在同时新增多个字段时，不能指定字段的位置，新增的字段会默认添加到数据表的最后。

下面在数据表 my_goods 中字段 name 后新增一个 num 字段，该字段用于表示商品的数量，具体 SQL 语句及执行结果如下。

```
mysql> ALTER TABLE my_goods ADD num INT AFTER name;
Query OK, 0 rows affected(0.01sec)
Records:0 Duplicates:0 Warnings:0
```

执行上述 SQL 语句后，查看新增的字段，具体 SQL 语句及执行结果如下。

```
mysql> DESC my_goods;
+-------------+-------------+------+-----+---------+-------+
| Field       | Type        | Null | Key | Default | Extra |
+-------------+-------------+------+-----+---------+-------+
| id          | int         | YES  |     | NULL    |       |
| name        | varchar(32) | YES  |     | NULL    |       |
| num         | int         | YES  |     | NULL    |       |
+-------------+-------------+------+-----+---------+-------+
3 rows in set(0.00 sec)
```

从上述执行结果可以看出，num 字段已经添加到了 name 字段的后面。

4. 修改字段信息

修改字段信息通常是指修改字段名、数据类型、字段属性和字段位置。通过 ALTER TABLE 语句的 MODIFY 子句或 CHANGE 子句可以修改数据类型、字段属性和字段位置，其中，通过 CHANGE 子句还可以修改字段名。

使用 ALTER TABLE 语句的 MODIFY 子句和 CHANGE 子句修改字段信息的语法格式如下。

```
# 语法格式 1
ALTER TABLE 数据表名称
MODIFY [COLUMN] 字段名 数据类型 [字段属性] [FIRST | AFTER 字段名];
# 语法格式 2
ALTER TABLE 数据表名称
CHANGE [COLUMN] 旧字段名 新字段名 数据类型 [字段属性] [FIRST | AFTER 字段名];
```

在上述语法格式中，FIRST 表示将字段调整为数据表的第一个字段，"AFTER 字段名"表示将修改的字段插入字段名指定字段的后面。

使用 ALTER TABLE 语句的 CHANGE 子句修改字段名时，旧字段名是修改前的名称，新字段名是修改后的名称，数据类型是新字段名的数据类型（数据类型不能为空，即使与旧字段的数据类型相同，也必须重新设置）。

下面演示使用 ALTER TABLE 语句的 MODIFY 子句修改字段位置和数据类型，使用 ALTER TABLE 语句的 CHANGE 子句修改字段名，具体步骤如下。

① 将数据表 my_goods 中的 num 字段移动到字段 id 后面，具体 SQL 语句及执行结果如下。

```
mysql> ALTER TABLE my_goods MODIFY num int AFTER id;
Query OK, 0 rows affected(0.03sec)
Records:0 Duplicates:0 Warnings:0
mysql> DESC my_goods;
+-------------+-------------+------+-----+---------+-------+
| Field       | Type        | Null | Key | Default | Extra |
+-------------+-------------+------+-----+---------+-------+
| id          | int         | YES  |     | NULL    |       |
| num         | int         | YES  |     | NULL    |       |
```

```
| name        | varchar(32) | YES |     | NULL    |        |
+-------------+-------------+-----+-----+---------+--------+
3 rows in set(0.00 sec)
```

从上述执行结果可以看出，num 字段已经移动到了 id 字段的后面。

② 将数据表 my_goods 中的 name 字段的数据类型修改为 CHAR(12)，具体 SQL 语句及执行结果如下。

```
mysql> ALTER TABLE my_goods MODIFY name CHAR(12);
Query OK, 0 rows affected(0.03sec)
Records:0 Duplicates:0 Warnings:0
mysql> DESC my_goods name;
+-------+----------+------+-----+---------+-------+
| Field | Type     | Null | Key | Default | Extra |
+-------+----------+------+-----+---------+-------+
| name  | char(12) | YES  |     | NULL    |       |
+-------+----------+------+-----+---------+-------+
1 row in set(0.00 sec)
```

从上述执行结果可以看出，name 字段的数据类型为 char(12)，说明 name 字段的数据类型修改成功。

③ 将数据表 my_goods 中的 num 字段的名称修改为 number，具体 SQL 语句及执行结果如下。

```
mysql> ALTER TABLE my_goods CHANGE num number int;
Query OK, 0 rows affected(0.03sec)
Records:0 Duplicates:0 Warnings:0
mysql> DESC my_goods;
+--------+----------+------+-----+---------+-------+
| Field  | Type     | Null | Key | Default | Extra |
+--------+----------+------+-----+---------+-------+
| id     | int      | YES  |     | NULL    |       |
| number | int      | YES  |     | NULL    |       |
| name   | char(12) | YES  |     | NULL    |       |
+--------+----------+------+-----+---------+-------+
3 rows in set(0.00 sec)
```

从上述执行结果可以看出，id 字段后面的字段为 number，说明已经将 num 字段的名称修改为 number。

5. 删除字段

删除字段是指将某个字段从数据表中删除。通过 ALTER TABLE 语句的 DROP 子句可以实现删除字段的操作，基本语法格式如下。

```
ALTER TABLE 数据表名称 DROP [COLUMN] 字段名;
```

下面删除数据表 my_goods 中的 number 字段，具体 SQL 语句及执行结果如下。

```
mysql> ALTER TABLE my_goods DROP number;
Query OK, 0 rows affected(0.02sec)
Records:0 Duplicates:0 Warnings:0
mysql> DESC my_goods;
+-------+----------+------+-----+---------+-------+
| Field | Type     | Null | Key | Default | Extra |
+-------+----------+------+-----+---------+-------+
| id    | int      | YES  |     | NULL    |       |
| name  | char(12) | YES  |     | NULL    |       |
+-------+----------+------+-----+---------+-------+
2 rows in set(0.00 sec)
```

从上述执行结果可以看出，my_goods 数据表中只有 id 和 name 字段，说明 number 字段被删除成功。

5.4.4　删除数据表

删除数据表是指删除数据库中已经存在的数据表。DROP TABLE 语句可用于删除数据表，其基本语法格式如下。

```
DROP [TEMPORARY] TABLE [IF EXISTS] 数据表名称1[, 数据表名称2]…;
```

在上述语法格式中，IF EXISTS 是可选项，表示在删除前判断数据表是否存在，如果数据表存在则删除数据表，如果数据表不存在，SQL 语句会执行成功，同时也会出现警告。

下面删除数据表 my_goods，具体 SQL 语句及执行结果如下。

```
mysql> DROP TABLE IF EXISTS my_goods;
Query OK, 0 row affected(0.00sec)
```

需要说明的是，删除数据表时，存储在数据表中的数据也会被删除，在开发时应谨慎使用删除数据表操作。

▎▎▎ 多学一招：MySQL 中的注释

MySQL 支持单行注释和多行注释，注释用于对 SQL 语句进行解释说明，并且注释内容会被 MySQL 忽略。

单行注释以--或#开始，到行末结束。需要注意的是，--后面一定要加一个空格，而#后面的空格可加可不加。单行注释的使用示例如下。

```
SELECT * FROM student;    -- 单行注释
SELECT * FROM student;    # 单行注释
```

多行注释以/*开始，以*/结束，其使用示例如下。

```
/*
  多行注释
*/
SELECT * FROM student;
```

上述内容演示了单行注释和多行注释的使用。在开发中编写 SQL 语句时，建议合理添加单行或多行注释，以方便对 SQL 语句进行阅读和理解。

5.5　数据操作

通过对 5.3 节和 5.4 节的学习，相信读者已经能够完成数据库和数据表的创建、查看、修改和删除等基本操作。然而，要想对数据库中的数据进行添加、查询、修改和删除，还需要学习数据操作语言。本节讲解如何使用数据操作语言对数据进行操作。

5.5.1　添加数据

数据表创建好之后，可以向数据表中添加数据。要添加数据则可使用 INSERT 语句，添加数据时可以为所有字段添加数据，也可以为部分字段添加数据。下面对这两种操作进行详细讲解。

1. 为所有字段添加数据

在 MySQL 中，为数据表所有字段添加数据时可以省略字段名，基本语法格式如下。

```
INSERT [INTO] 数据表名称 {VALUES | VALUE} (值1[, 值2]…);
```

在上述语法格式中，关键字 INTO 是可选项；VALUES 和 VALUE 可以任选一种使用，通常情况下使用 VALUES；添加多个值时，多个值之间使用逗号分隔，值的列表应该按照数据表结构中字段的位置严格排列。

下面向 goods 数据表添加一条商品记录，编号为 1，商品名称为 notebook，价格为 4998 元，商品描述为 High cost performance，具体 SQL 语句及执行结果如下。

```
mysql> INSERT INTO goods VALUES
    -> (1, 'notebook', 4998, 'High cost performance');
Query OK, 1 row affected(0.00sec)
```

2. 为部分字段添加数据

可以通过指定字段名为部分字段添加数据，基本语法格式如下。

```
INSERT [INTO] 数据表名称 (字段名1[, 字段名2]…)
{VALUES | VALUE}(值1[, 值2]…);
```

下面向 goods 数据表中添加一条商品记录，编号为 2，商品名称为 Mobile phone，具体 SQL 语句及执行结果如下。

```
mysql> INSERT INTO goods(id, name) VALUES (2, 'Mobile phone');
Query OK, 1 row affected(0.00sec)
```

5.5.2 查询数据

查询数据是 MySQL 中常用且非常重要的功能之一。要查询数据则可使用 SELECT 语句。下面介绍 3 种基本的数据查询方式，其他更复杂的查询数据方式会在第 7 章中详细讲解。

1. 查询数据表中部分字段的数据

在 MySQL 中，查询表中部分字段的数据时，可以在 SELECT 语句的字段列表中指定要查询的字段名，基本语法格式如下。

```
SELECT 字段名[, …] FROM 数据表名称;
```

在上述语法格式中，字段名表示要查询的字段的名称，多个字段名之间使用逗号分隔。

下面查询数据表 goods 中的 id 字段和 name 字段，具体 SQL 语句及执行结果如下。

```
mysql> SELECT id, name FROM goods;
+---+--------------+
|id | name         |
+---+--------------+
| 1 | notebook     |
| 2 | Mobile phone |
+---+--------------+
2 rows in set(0.00sec)
```

上述 SELECT 语句中指定了 goods 表中的 id 字段和 name 字段，从查询结果可以看出，只显示了 id 字段和 name 字段的数据。

2. 查询数据表中全部字段的数据

在 MySQL 中，查询数据表中全部字段的数据时，可以通过两种方式查询：第一种方式是查询时在 SELECT 语句的字段列表中指定数据表的全部字段；第二种方式是查询时使用通配符"*"代替数据表的全部字段名，通常使用第二种方式查询数据表中全部字段的数据。

在 SELECT 语句的字段列表中，使用通配符"*"代替数据表的全部字段名的基本语法格式如下。

```
SELECT * FROM 数据表名称;
```

下面查询数据表 goods 中全部字段的数据，具体 SQL 语句及执行结果如下。

```
mysql> SELECT * FROM goods;
+----+-------------+-------+----------------------+
| id | name        | price | description          |
+----+-------------+-------+----------------------+
|  1 | notebook    |  4998 | High cost performance |
|  2 | Mobile phone| NULL  | NULL                 |
+----+-------------+-------+----------------------+
2 rows in set(0.00sec)
```

从上述查询结果可以看出，成功查询出了 goods 表中所有字段的信息。

3. 查询符合指定条件的数据

在查询数据时，若想查询出符合指定条件的数据，可以使用 WHERE 子句实现，基本语法格式如下。

```
SELECT * | 字段名[, …] FROM 数据表名称 WHERE 字段名=值;
```

在上述语法格式中，"*| 字段名[, …]"表示查询结果中的字段可以是表的部分字段，也可以是表的全部字段；"字段名=值"是查询条件，表示查询指定字段名等于值的数据。

下面查询数据表 goods 中 id 等于 1 的商品信息，具体 SQL 语句及执行结果如下。

```
mysql> SELECT * FROM goods WHERE id=1;
+----+----------+-------+----------------------+
| id | name     | price | description          |
+----+----------+-------+----------------------+
|  1 | notebook |  4998 | High cost performance |
+----+----------+-------+----------------------+
1 row in set(0.00sec)
```

从上述查询结果可以看出，只查询出了数据表 goods 中 id 等于 1 的商品信息。

5.5.3　修改数据

当需要修改数据表中已存在的数据时，可以使用 UPDATE 语句。UPDATE 语句的基本语法格式如下。

```
UPDATE 数据表名称
SET 字段名 1=值 1 [,字段名 2=值 2, …]
[WHERE 条件表达式];
```

在上述语法格式中，可以通过设置字段名和对应的值修改数据表中的数据。如果没有添加 WHERE 子句，则修改整张数据表中指定字段的数据。需要注意的是，修改数据时不添加 WHERE 子句造成的影响比较大，在实际工作中应谨慎操作。

下面将数据表 goods 中编号为 2 的商品的价格设置为 5899 元，具体 SQL 语句及执行结果如下。

```
mysql> UPDATE goods SET price=5899 WHERE id=2;
Query OK, 1 row affected(0.00sec)
Rows matched:1 Changed:1 Warnings:0
```

使用 SELECT 语句查询 goods 表中编号为 2 的商品，确认商品的价格是否修改为 5899 元，具体 SQL 语句及执行结果如下。

```
mysql> SELECT * FROM goods WHERE id=2;
+----+-------------+-------+-------------+
| id | name        | price | description |
```

```
+----+--------------+-------+--------------+
| 2 | Mobile phone | 5899 | NULL         |
+----+--------------+-------+--------------+
1 row in set(0.00sec)
```

从上述查询结果可以看出，编号为 2 的商品价格成功地被修改为 5899 元。

5.5.4　删除数据

删除数据是指删除表中已存在的记录，可以使用 DELETE 语句实现。DELETE 语句的基本语法格式如下。

```
DELETE FROM 数据表名称 [WHERE 条件表达式];
```

在上述语法格式中，数据表名称是要执行删除数据操作的数据表；WHERE 子句用于设置删除的条件，满足条件的记录会被删除，如果没有添加 WHERE 子句，则删除整张数据表的数据。需要注意的是，删除数据时不添加 WHERE 子句造成的影响也比较大，在实际工作中应谨慎操作。

下面删除数据表 goods 中编号为 2 的商品数据，具体 SQL 语句及执行结果如下。

```
mysql> DELETE FROM goods WHERE id=2;
Query OK, 1 row affected(0.00sec)
```

使用 SELECT 语句查询 goods 表中的商品，确认编号为 2 的商品是否删除，具体 SQL 语句及执行结果如下。

```
mysql> SELECT * FROM goods;
+----+----------+-------+----------------------+
| id | name     | price | description          |
+----+----------+-------+----------------------+
| 1  | notebook | 4998  | High cost performance |
+----+----------+-------+----------------------+
1 row in set(0.00sec)
```

从上述查询结果可以看出，goods 表中只有编号为 1 的商品信息，编号为 2 的商品删除成功。

本章小结

本章讲解了数据库基础知识、MySQL 环境搭建、数据库操作、数据表操作，以及数据操作等内容。通过学习本章的内容，读者能够在 Windows 操作系统中安装和使用 MySQL，掌握 MySQL 的基本操作，为以后的学习和开发奠定坚实的基础。

课后练习

一、填空题

1. 启动 MySQL 服务的命令是_____。

2. 在 MySQL 配置文件中，_____用于指定数据库文件的保存目录。

3. 查询数据时，通配符_____表示数据表的全部字段名。

4. MySQL 提供的_____语句可以查看指定数据库的创建信息。

5. 删除数据表时，添加_____选项可以判断数据表是否存在。

二、判断题

1. 使用 INSERT 语句添加数据，省略字段名时，添加的值的顺序必须和数据表中定义的字段顺序相同。（　　　）

2. 数据库一旦创建成功，数据库字符集就确定了，不支持修改。（　　　）

3. 修改数据时如果没有添加 WHERE 子句，表中的数据会被全部修改。（　　　）

4. 使用 DELETE 语句删除数据时，只能删除表中的部分数据，不能删除全部数据。（　　　）

5. SELECT 语句属于数据定义语言。（　　　）

三、选择题

1. 下列选项中，不属于数据定义语言的是（　　　）。
   A. CREATE 语句　　　B. ALTER 语句　　　C. DROP 语句　　　D. SELECT 语句

2. 下列选项中，安装 MySQL 数据库默认生成的用户是（　　　）用户。
   A. admin　　　　　　B. test　　　　　　C. root　　　　　　D. user

3. 下列添加数据的语句中，错误的是（　　　）。
   A. INSERT　数据表名称　VALUES (值列表);
   B. INSERT INTO　数据表名称　VALUE (值列表);
   C. INSERT INTO　数据表名称　VALUES (值列表);
   D. INSERT INTO　数据表名称　(值列表);

4. 下列选项中，可以删除数据的语句是（　　　）。
   A. DELETE 语句　　　　　　　　　　B. DROP 语句
   C. ALTER TABLE 语句　　　　　　　D. CREATE TABLE 语句

5. 下列选项中，可以查看数据表的创建信息的语句是（　　　）。
   A. SHOW TABLES 语句　　　　　　B. DESC 语句
   C. SHOW TABLE STATUS 语句　　　D. SHOW CREATE TABLE 语句

四、简答题

1. 请列举常用的关系数据库和非关系数据库。

2. 请列举 SQL 的分类以及每个分类包含的语句。

五、程序题

在 mydb 数据库实现 grade 数据表的创建，并对 grade 数据表完成数据操作，具体要求如下。

① 创建 grade 数据表，表中包含 3 个字段，分别为学号 student_id、课程号 course_id 和分数 score。

② 使用 ALTER TABLE 语句的 ADD 子句为 grade 数据表新增 total 字段。

③ 向 grade 数据表添加一条学号为 1、课程号为 1、分数为 98 的数据。

④ 修改 grade 数据表中学号为 1 的数据，将分数修改为 99。

⑤ 删除 grade 数据表中学号为 1 的数据。

第**6**章

MySQL基础（下）

学习目标

◆ 了解字符集的概念，能够说出什么是字符集。

◆ 掌握字符集变量的使用方法，能够通过字符集变量设置字符集。

◆ 了解校对集的概念，能够说出什么是校对集。

◆ 掌握字符集和校对集的设置，能够给数据库、数据表和字段设置字
符集和校对集。

◆ 熟悉数据类型，能够区分在 SQL 语句中不同类型数据的表示方式。

◆ 掌握数据表的约束的使用方法，能够在数据表中设置默认值约束、非空约束、唯一约
束和主键约束。

◆ 掌握字段自动增长的设置，能够在创建数据表或修改数据表时为字段设置自动增长。

拓展阅读

在数据库中，数据表用来组织和存储各种数据，它是由表结构和数据组成的。在设计表结构时，经常需要根据实际需求，选择合适的字符集、校对集和数据类型，为数据表添加约束，以及为主键字段设置自动增长。本章将围绕字符集和校对集、数据类型、数据表的约束以及自动增长进行详细讲解。

6.1　字符集和校对集

在 MySQL 中创建数据库和数据表时，可以使用默认的字符集和校对集，也可以自行设置字符集和校对集。MySQL 提供了多种字符集和校对集，本节将对字符集和校对集进行详细讲解。

6.1.1　字符集概述

计算机采用二进制方式保存数据，用户输入的字符会被计算机按照一定的规则转换为二进制字符后保存，这个转换的过程称为字符编码。将一系列的字符编码规则组合起来就形成了字符集。MySQL 中的字符集规定了字符在数据库中的存储格式，不同的字符集有不同的编码规则。

常用的字符集有 GBK 和 UTF-8。UTF-8 支持世界上大多数国家的语言文字，通用性较强，

适用于大多数场合；而如果只需要支持简体中文、繁体中文、英文、日文和韩文，不考虑其他语言文字，为了节省空间，可以采用 GBK。

GBK 在 MySQL 中的写法为 gbk；UTF-8 在 MySQL 中的写法有两种，分别是 utf8 和 utf8mb4。utf8 中的单个字符最多占用 3 字节，utf8mb4 中的单个字符允许占用 4 字节，utf8mb4 相比 utf8 可以支持更多的字符。

MySQL 提供了多种字符集，通过"SHOW CHARACTER SET;"语句可以查看 MySQL 可用的字符集，如图 6-1 所示。

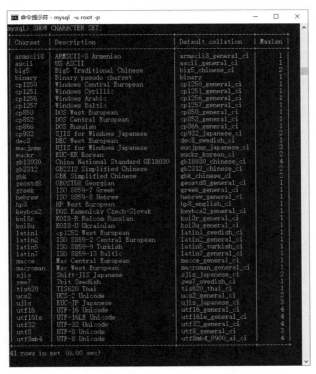

图6-1　查看MySQL可用的字符集

图 6-1 显示了 MySQL 中所有可用的字符集，其中 Charset 列表示字符集名称，Description 列表示描述信息，Default collation 列表示默认校对集，Maxlen 列表示单个字符的最大长度。

6.1.2　字符集变量

为了保障 MySQL 服务器端正确地识别客户端的数据，MySQL 服务器端提供了与字符集相关的变量来记录客户端的字符集，用户可以通过修改变量的值来设置字符集。

使用"SHOW VARIABLES LIKE 'character%';"语句可以查看 MySQL 中与字符集相关的变量，输出结果如下。

```
mysql> SHOW VARIABLES LIKE 'character%';
+--------------------------+--------------------------------+
| Variable_name            | Value                          |
+--------------------------+--------------------------------+
| character_set_client     | gbk                            |
| character_set_connection | gbk                            |
```

```
| character_set_database   | utf8mb4                        |
| character_set_filesystem | binary                         |
| character_set_results    | gbk                            |
| character_set_server     | utf8mb4                        |
| character_set_system     | utf8mb3                        |
| character_sets_dir       | C:\web\mysql8.0\share\charsets\ |
+--------------------------+--------------------------------+
8 rows in set, 1 warning(0.01 sec)
```

上述输出结果显示出了 MySQL 中与字符集相关的变量，下面通过表 6-1 对输出结果中的变量名进行详细说明。

表 6-1   输出结果中的变量名

变量名	说明
character_set_client	客户端字符集
character_set_connection	客户端与服务器连接使用的字符集
character_set_database	默认数据库使用的字符集（从 5.7.6 版本开始不推荐使用）
character_set_filesystem	文件系统字符集
character_set_results	将查询结果（如结果集或错误消息）返回给客户端使用的字符集
character_set_server	服务器默认字符集
character_set_system	服务器用来存储标识符的字符集
character_sets_dir	安装字符集的目录

在表 6-1 中，读者应重点关注的变量是 character_set_client、character_set_connection、character_set_results 和 character_set_server，对它们的具体解释如下。

① character_set_server 变量决定了新创建的数据库默认使用的字符集。需要注意的是，数据库的字符集决定了数据表的默认字符集，数据表的字符集决定了字段的默认字符集。由于 character_set_server 的默认值为 utf8mb4，因此在前面的学习中，创建的数据库、数据表和字段的默认字符集都是 utf8mb4。

② character_set_client、character_set_connection 和 character_set_results 变量分别对应客户端、连接层和查询结果的字符集。通常情况下，这 3 个变量的值是相同的，具体值由客户端的编码而定，用来确保客户端输入的字符和输出的查询结果都不会出现乱码。

若想要修改变量的值，可以通过"SET 变量名=值;"的方式实现，示例命令如下。

```
SET character_set_client=utf8mb4;
SET character_set_connection=utf8mb4;
SET character_set_results=utf8mb4;
```

由于上述命令需要通过 3 条语句修改 3 个变量的值为 utf8mb4，具体操作比较麻烦，在 MySQL 中还可以通过一条语句同时修改这 3 个变量的值，示例命令如下。

```
SET NAMES utf8mb4;
```

需要注意的是，使用 SET 或 SET NAMES 修改字符集只对当前会话有效，不影响其他会话，且当前会话结束后，下次会话仍然使用默认字符集。

6.1.3   校对集概述

MySQL 提供了多种校对集，校对集用于为不同字符集指定比较和排序规则，并且依赖于字符集。

校对集的名称被"_"分隔成了多个部分，例如 MySQL 8.0.27 的默认校对集为 utf8mb4_0900_

ai_ci，其中 utf8mb4 表示该校对集对应的字符集，0900 是指 Unicode 校对算法版本；ai 表示口音不敏感，即 a、à、á、â 和 ä 之间没有区别；ci 表示大小写不敏感，即 p 和 P 之间没有区别。

MySQL 提供了多种校对集，通过“SHOW COLLATION;”语句可以查看 MySQL 可用的校对集，如图 6-2 所示。

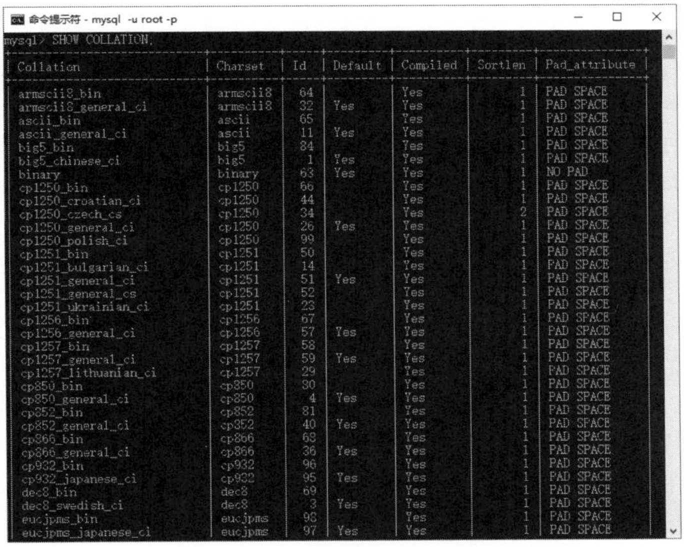
命令提示符 - mysql -u root -p

mysql> SHOW COLLATION;

Collation	Charset	Id	Default	Compiled	Sortlen	Pad_attribute
armscii8_bin	armscii8	64		Yes	1	PAD SPACE
armscii8_general_ci	armscii8	32	Yes	Yes	1	PAD SPACE
ascii_bin	ascii	65		Yes	1	PAD SPACE
ascii_general_ci	ascii	11	Yes	Yes	1	PAD SPACE
big5_bin	big5	84		Yes	1	PAD SPACE
big5_chinese_ci	big5	1	Yes	Yes	1	PAD SPACE
binary	binary	63	Yes	Yes	1	NO PAD
cp1250_bin	cp1250	66		Yes	1	PAD SPACE
cp1250_croatian_ci	cp1250	44		Yes	1	PAD SPACE
cp1250_czech_cs	cp1250	34		Yes	2	PAD SPACE
cp1250_general_ci	cp1250	26	Yes	Yes	1	PAD SPACE
cp1250_polish_ci	cp1250	99		Yes	1	PAD SPACE
cp1251_bin	cp1251	50		Yes	1	PAD SPACE
cp1251_bulgarian_ci	cp1251	14		Yes	1	PAD SPACE
cp1251_general_ci	cp1251	51	Yes	Yes	1	PAD SPACE
cp1251_general_cs	cp1251	52		Yes	1	PAD SPACE
cp1251_ukrainian_ci	cp1251	23		Yes	1	PAD SPACE
cp1256_bin	cp1256	67		Yes	1	PAD SPACE
cp1256_general_ci	cp1256	57	Yes	Yes	1	PAD SPACE
cp1257_bin	cp1257	58		Yes	1	PAD SPACE
cp1257_general_ci	cp1257	59	Yes	Yes	1	PAD SPACE
cp1257_lithuanian_ci	cp1257	29		Yes	1	PAD SPACE
cp850_bin	cp850	80		Yes	1	PAD SPACE
cp850_general_ci	cp850	4	Yes	Yes	1	PAD SPACE
cp852_bin	cp852	81		Yes	1	PAD SPACE
cp852_general_ci	cp852	40	Yes	Yes	1	PAD SPACE
cp866_bin	cp866	68		Yes	1	PAD SPACE
cp866_general_ci	cp866	36	Yes	Yes	1	PAD SPACE
cp932_bin	cp932	96		Yes	1	PAD SPACE
cp932_japanese_ci	cp932	95	Yes	Yes	1	PAD SPACE
dec8_bin	dec8	69		Yes	1	PAD SPACE
dec8_swedish_ci	dec8	3	Yes	Yes	1	PAD SPACE
eucjpms_bin	eucjpms	98		Yes	1	PAD SPACE
eucjpms_japanese_ci	eucjpms	97	Yes	Yes	1	PAD SPACE

图6-2　查看MySQL可用的校对集

图 6-2 中仅展示了 MySQL 中部分校对集的内容，其中，Collation 列表示校对集名称，Charset 列表示对应的字符集，Id 列表示校对集 ID，Default 列表示是否为对应字符集的默认校对集，Compiled 列表示是否已编译，Sortlen 列表示排序过程中的字符串比较操作所使用的字节数，Pad_attribute 列表示校对集的附加属性。

6.1.4　字符集和校对集的设置

根据不同的需求，字符集和校对集的设置分为 3 个方面，分别为设置数据库的字符集和校对集、设置数据表的字符集和校对集，以及设置字段的字符集和校对集，下面分别进行讲解。

1. 设置数据库的字符集和校对集

在创建数据库时，设置数据库的字符集和校对集的语法格式如下。

```
CREATE {DATABASE | SCHEMA} [IF NOT EXISTS] 数据库名称
[DEFAULT]
CHARACTER SET [=] 字符集名称 | COLLATE [=] 校对集名称;
```

在上述语法格式中，CHARACTER SET 用于指定字符集，COLLATE 用于指定校对集。想要修改数据库的字符集或校对集，只需要将 CREATE 修改为 ALTER 即可。如果仅指定了字符集，表示使用该字符集的默认校对集；如果仅指定了校对集，表示使用该校对集对应的字符集。

下面演示如何在创建数据库时设置数据库的字符集和校对集，示例 SQL 语句如下。

```
CREATE DATABASE mydb_1 CHARACTER SET utf8;
CREATE DATABASE mydb_2 CHARACTER SET utf8 COLLATE utf8_bin;
```

在上述 SQL 语句中，在创建数据库 mydb_1 时指定字符集为 utf8，在创建数据库 mydb_2 时指定字符集为 utf8、校对集为 utf8_bin。

2．设置数据表的字符集和校对集

每个数据表都有一个字符集和一个校对集，数据表的字符集和校对集可以在表选项中设置，如果没有为数据表设置字符集，则该数据表默认使用数据库的字符集。

在创建数据表时，设置数据表的字符集和校对集的语法格式如下。

```
CREATE [TEMPORARY] TABLE [IF NOT EXISTS] 数据表名称 (
   字段名 数据类型 [字段属性] …
)[DEFAULT]
CHARACTER SET [=] 字符集名称 | COLLATE [=] 校对集名称;
```

想要修改数据表的字符集或校对集，只需要将 CREATE 修改为 ALTER 即可。

下面演示如何在创建数据表时设置数据表的字符集和校对集，示例 SQL 语句如下。

```
CREATE TABLE my_charset1 (
   username VARCHAR(20)
) CHARACTER SET utf8 COLLATE utf8_bin;
```

上述 SQL 语句设置数据表 my_charset1 的字符集为 utf8、校对集为 utf8_bin。

3．设置字段的字符集和校对集

每个字段都有一个字符集和一个校对集，字段的字符集和校对集可以在字段属性中设置，如果没有为字段设置字符集和校对集，则该字段默认使用数据表的字符集和校对集。

在创建数据表时，设置字段的字符集和校对集的语法格式如下。

```
CREATE [TEMPORARY] TABLE [IF NOT EXISTS] 数据表名称 (
   字段名 数据类型 [CHARACTER SET 字符集名称] [COLLATE 校对集名称] …
) [表选项];
```

下面演示如何在创建数据表时设置字段的字符集和校对集，示例 SQL 语句如下。

```
CREATE TABLE my_charset2 (
  username VARCHAR(20) CHARACTER SET gbk COLLATE gbk_chinese_ci
);
```

上述 SQL 语句中，在创建 my_charset2 数据表时将 username 字段的字符集设置为 gbk、校对集设置为 gbk_chinese_ci。

下面演示如何修改字段的字符集和校对集，示例 SQL 语句如下。

```
ALTER TABLE my_charset2 MODIFY
username VARCHAR(20) CHARACTER SET utf8 COLLATE utf8_bin;
```

上述 SQL 语句中，在修改 my_charset2 数据表时将 username 字段的字符集设置为 utf8、校对集设置为 utf8_bin。

6.2　数据类型

数据表中字段的数据类型决定了数据的存储方式。在创建数据表时，需要根据实际需求为字段选择合适的数据类型。MySQL 提供了多种数据类型，其中主要包括数值类型、字符串类型、日期和时间类型。本节将对这几种数据类型进行详细讲解。

6.2.1　数值类型

现实生活中有各种各样的数字，如考试成绩、商品价格等。如果希望在数据表中保存数字，可以将字段的数据类型设置为数值类型，这样可以很方便地进行数学计算。数值类型主要包括整数类型、浮点数类型和定点数类型，下面分别进行讲解。

1. 整数类型

整数类型用于存储整数。根据取值范围的不同，整数类型主要包括 TINYINT、SMALLINT、MEDIUMINT、INT 和 BIGINT 类型。整数类型又分为无符号（UNSIGNED）和有符号（SIGNED）两种情况，无符号数不可以保存负数，有符号数可以保存负数。整数类型所占用的字节数和取值范围如表 6-2 所示。

表 6-2 整数类型所占用的字节数和取值范围

类型名	字节数	无符号数取值范围	有符号数取值范围
TINYINT	1	0～255	−128～127
SMALLINT	2	0～65535	−32768～32767
MEDIUMINT	3	0～16777215	−8388608～8388607
INT	4	0～4294967295	−2147483648～2147483647
BIGINT	8	$0～2^{64}-1$	$-2^{63}～2^{63}-1$

从表 6-2 中可以看出，不同整数类型所占用的字节数和取值范围都是不同的。其中，占用字节数最小的是 TINYINT，占用字节数最大的是 BIGINT。不同整数类型的取值范围可以根据字节数计算出来，例如，TINYINT 类型的整数占用 1 字节，1 字节是 8 位，那么，TINYINT 类型无符号数的最大值就是 2^8-1（即 255），有符号数的最大值就是 2^7-1（即 127）。同理，可以计算出其他整数类型的取值范围。

需要注意的是，整数类型在默认情况下是有符号的，如果要使用无符号整数类型，需要使用 UNSIGNED 关键字修饰，例如，数据表中的 age 字段用于保存年龄数据，可以使用"age TINYINT UNSIGNED"表明 age 字段是无符号的 TINYINT 类型。

下面演示整数类型的使用方法，具体步骤如下。

① 在 mydb 数据库中创建 my_int 数据表，选取 INT 和 TINYINT 两种类型测试，具体 SQL 语句及执行结果如下。

```
mysql> USE mydb;
Database changed
mysql> CREATE TABLE my_int(
    ->   int_1 INT,
    ->   int_2 INT UNSIGNED,
    ->   int_3 TINYINT,
    ->   int_4 TINYINT UNSIGNED
    -> );
Query OK, 0 rows affected (0.02 sec)
```

在上述 SQL 语句中，int_1 字段的数据类型为有符号的 INT 类型；int_2 字段的数据类型为无符号的 INT 类型；int_3 字段的数据类型为有符号的 TINYINT 类型；int_4 字段的数据类型为无符号的 TINYINT 类型。

② 当添加的数据在合法的取值范围内时，可以成功添加，具体 SQL 语句及执行结果如下。

```
mysql> INSERT INTO my_int VALUES(1000, 1000, 100, 100);
Query OK, 1 row affected (0.00 sec)
```

从上述执行结果可以看出，添加的数据在整型数据的取值范围内，数据添加成功。

③ 当添加的数据在不合法的取值范围内时，添加失败并提示错误信息，具体 SQL 语句及执行结果如下。

```
mysql> INSERT INTO my_int VALUES(1000, -1000, 100, 100);
ERROR 1246(22003): Out of range value for column 'int_2' at row 1
```

从上述执行结果可以看出，由于-1000 超出了无符号的 INT 类型的取值范围，所以数据添加失败，并提示 int_2 字段超出取值范围的错误信息。

2. 浮点数类型

浮点数类型用于保存小数。浮点数类型有两种，分别是 FLOAT（单精度浮点数）和 DOUBLE（双精度浮点数）。DOUBLE 的精度比 FLOAT 的精度高，但是 DOUBLE 消耗的内存是 FLOAT 消耗的两倍，DOUBLE 的运算速度也比 FLOAT 的运算速度慢。

需要注意的是，对于 FLOAT，当一个数字的整数部分和小数部分加起来超过 6 位时就有可能损失精度；对于 DOUBLE，当一个数字的整数部分和小数部分加起来超过 15 位时就有可能损失精度。浮点数在进行数学计算时也可能损失精度。因此，浮点数类型适合将小数作为近似值存储而不是作为精确值存储。

下面演示浮点数类型的使用方法，具体步骤如下。

① 创建数据表 my_float，具体 SQL 语句及执行结果如下。

```
mysql> CREATE TABLE my_float (f1 FLOAT, f2 FLOAT);
Query OK, 0 rows affected (0.01 sec)
```

在上述 SQL 语句中，my_float 数据表的 f1 字段和 f2 字段的数据类型都是 FLOAT。

② 添加未超出精度的数据，具体 SQL 语句及执行结果如下。

```
mysql> INSERT INTO my_float VALUES(111111, 1.11111);
Query OK, 1 row affected (0.00 sec)
```

③ 查询添加的数据，具体 SQL 语句及执行结果如下。

```
mysql> SELECT * FROM my_float;
+----------+---------+
| f1       | f2      |
+----------+---------+
|   111111 | 1.11111 |
+----------+---------+
1 rows in set (0.00 sec)
```

从上述执行结果可以看出，添加的数据未超出精度，数据添加成功。在执行下一步操作前，需要执行"DELETE FROM my_float;"删除数据（后面步骤类似，不再重复说明）。

④ 添加超出精度的数字，查询添加的数据，具体 SQL 语句及执行结果如下。

```
mysql> INSERT INTO my_float VALUES(1111111, 1.111111);
Query OK, 1 row affected (0.00 sec)
mysql> SELECT * FROM my_float;
+----------+---------+
| f1       | f2      |
+----------+---------+
|  1111110 | 1.11111 |
+----------+---------+
1 rows in set (0.00 sec)
```

在上述 SQL 语句中，f1 字段的值有 7 个整数位，个位数为 1，四舍五入后为 0；f2 字段的值有 1 个整数位和 6 个小数位，第 6 个小数位为 1，四舍五入后为 0。因此，查询添加的数据的结果为 1111110 和 1.11111。

⑤ 添加超出精度的数字，查询添加的数据，具体 SQL 语句及执行结果如下。

```
mysql> INSERT INTO my_float VALUES(1111114, 1111115);
Query OK, 1 row affected (0.00 sec)
```

```
mysql> SELECT * FROM my_float;
+----------+---------+
| f1       | f2      |
+----------+---------+
|  1111110 | 1111120 |
+----------+---------+
1 rows in set (0.00 sec)
```

在上述 SQL 语句中，f1 字段的值有 7 个整数位，个位数为 4，四舍五入后为 0；f2 字段的值有 7 个整数位，十位数为 1，个位数为 5，四舍五入后进位，十位数为 2，个位数为 0。因此，查询添加的数据的结果为 1111110 和 1111120。

⑥ 添加超出精度的数字，查询添加的数据，具体 SQL 语句及执行结果如下。

```
mysql> INSERT INTO my_float VALUES(11111149, 11111159);
Query OK, 1 row affected (0.00 sec)
mysql> SELECT * FROM my_float;
+----------+---------+
| f1       | f2      |
+----------+---------+
| 11111100 |11111200 |
+----------+---------+
1 rows in set (0.00 sec)
```

在上述 SQL 语句中，f1 字段和 f2 字段的值都有 8 个整数位，个位数被忽略，十位数四舍五入，查询添加的数据的结果为 11111100 和 11111200。

3．定点数类型

定点数类型用于保存确切精度的小数，如商品金额等。定点数类型使用 DECIMAL 或 NUMERIC 表示，两者被视为相同的类型。以 DECIMAL 为例，定义定点数类型的语法格式如下。

```
DECIMAL(M, D)
```

上述定义中，M 表示整数部分加小数部分的总长度，取值范围为 0～65，默认值为 10，超出范围会报错；D 表示小数点后可存储的位数，取值范围为 0～30，默认值为 0，且必须满足 D 小于或等于 M。

例如，DECIMAL(5, 2)表示能够存储总长度为 5，包含 2 位小数的值，它的取值范围是 -999.99～999.99，系统会自动根据存储的数据来分配存储空间。若不允许保存负数，可通过 UNSIGNED 关键字将定点数类型修饰为无符号数据类型。

下面演示 DECIMAL 类型的使用方法，具体步骤如下。

① 创建数据表 my_decimal，具体 SQL 语句及执行结果如下。

```
mysql> CREATE TABLE my_decimal (d1 DECIMAL(4,2), d2 DECIMAL(4,2));
Query OK, 0 rows affected (0.02 sec)
```

在上述 SQL 语句中，数据表 my_decimal 的字段 d1、d2 的数据类型都是 DECIMAL(4,2)，表示能够存储总长度为 4，包含 2 位小数的值，字段的取值范围是-99.99～99.99。

② 当添加的数据的小数部分超出取值范围时，会将超出部分四舍五入并产生警告，具体 SQL 语句及执行结果如下。

```
mysql> INSERT INTO my_decimal VALUES(1.234, 1.235);
Query OK, 1 row affected, 2 warnings (0.00 sec)
# 查看警告信息
mysql> SHOW WARNINGS;
```

```
+-------+------+-------------------------------------+
| Level | Code | Message                             |
+-------+------+-------------------------------------+
| Note  | 1265 | Data truncated for column 'd1' at row 1 |
| Note  | 1265 | Data truncated for column 'd2' at row 1 |
+-------+------+-------------------------------------+
2 rows in set (0.00 sec)
# 查询结果
mysql> SELECT * FROM my_decimal;
+------+------+
| d1   | d2   |
+------+------+
| 1.23 | 1.24 |
+------+------+
1 row in set (0.00 sec)
```

在上述 SQL 语句中，通过查看警告信息，可以看到 Data truncated（数据截断）的警告信息。1.234 的小数点后第 3 位是 4，四舍五入后是 0，因此 d1 字段的保存结果是 1.23；1.235 的小数点后第 3 位是 5，四舍五入后进位，因此 d2 字段的保存结果是 1.24。

③ 当添加的数据的小数部分四舍五入导致整数部分进位时，数据添加失败，具体 SQL 语句及执行结果如下。

```
mysql> INSERT INTO my_decimal VALUES(99.99, 99.999);
ERROR 1264(22003): Out of range value for column 'd2' at row 1
```

在上述 SQL 语句中，99.999 的小数点后第 3 位是 9，四舍五入后进位，结果为 100.00，整数部分超出了取值范围，数据添加失败，产生 Out of range value（超出取值范围）的错误提示信息。

6.2.2 字符串类型

现实生活中有各种各样的文本信息，例如姓名、家庭住址等。在 MySQL 中，如果希望在数据表中保存文本信息，可以将字段的数据类型设置为字符串类型。字符串类型主要包括 CHAR 和 VARCHAR 类型、TEXT 系列类型、ENUM 类型、SET 类型，下面分别进行讲解。

1. CHAR 和 VARCHAR 类型

CHAR 和 VARCHAR 类型的字段用于存储字符串：CHAR 类型的字段用于存储固定长度的字符串，固定长度可以是 0～255 中的任意整数值；VARCHAR 类型的字段用于存储可变长度的字符串，可变长度可以是 0～65535 中的任意整数值。

在 MySQL 中，定义 CHAR 类型的语法格式如下。

CHAR(M)

在上述语法格式中，M 指字符串的最大长度。

在 MySQL 中，定义 VARCHAR 类型的语法格式如下。

VARCHAR(M)

在上述语法格式中，M 指字符串的最大长度。

CHAR 和 VARCHAR 类型的区别是，CHAR 类型的字段会占用 M 长度的存储空间，即使实际存储的字符串的长度小于 M，也会占用存满时的存储空间；VARCHAR 类型的字段会根据实际存储的字符串的长度占用存储空间。下面以 CHAR(4)和 VARCHAR(4)为例，对比 CHAR(4)和 VARCHAR(4)的区别，具体如表 6-3 所示。

表 6-3　CHAR(4)和 VARCHAR(4)的区别

字符串	CHAR(4)值	存储空间	VARCHAR(4)值	存储空间
''	'　　　'	4 字节	''	1 字节
'ab'	'ab　'	4 字节	'ab'	3 字节
'abcd'	'abcd'	4 字节	'abcd'	5 字节
'abcdefgh'	'abcd'	4 字节	'abcd'	5 字节

从表 6-3 可以看出，对于 CHAR(4)，无论字符串的长度是多少，所占用的存储空间都是 4 字节，而 VARCHAR(4)占用的存储空间是字符串的长度加 1。

需要注意的是，在向 CHAR 和 VARCHAR 类型的字段插入字符串时，如果插入的字符串尾部存在空格，CHAR 类型的字段会去除空格存储字符串，VARCHAR 类型的字段会保留空格存储字符串。

下面演示 CHAR 和 VARCHAR 类型的使用方法，具体步骤如下。

① 创建数据表 my_char，具体 SQL 语句及执行结果如下。

```
mysql> CREATE TABLE my_char (c1 char(5), c2 varchar(5));
Query OK, 0 rows affected (0.02 sec)
```

② 添加长度等于指定长度的字符串，具体 SQL 语句及执行结果如下。

```
mysql> INSERT INTO my_char VALUES('12345', '12345');
Query OK, 1 row affected (0.01 sec)
```

③ 添加长度大于指定长度的字符串，具体 SQL 语句及执行结果如下。

```
mysql> INSERT INTO my_char VALUES('123456', '123456');
ERROR 1406 (22001): Data too long for column 'c1' at row 1
```

从上述执行结果可以看出，当添加的字符串的长度大于字段的指定长度时，字符串会添加失败，出现 Data too long（数据太长）的错误提示信息。

2. TEXT 系列类型

TEXT 系列类型的字段通常用于存储文章内容、评论等较长的字符串，主要包括 TINYTEXT、TEXT、MEDIUMTEXT 和 LONGTEXT 类型。TEXT 系列类型如表 6-4 所示。

表 6-4　TEXT 系列类型

类型名	类型说明	存储范围
TINYTEXT	存储短文本数据	$0 \sim L+1$ 字节，其中 $L < 2^8$
TEXT	存储普通文本数据	$0 \sim L+2$ 字节，其中 $L < 2^{16}$
MEDIUMTEXT	存储中等文本数据	$0 \sim L+3$ 字节，其中 $L < 2^{24}$
LONGTEXT	存储超大文本数据	$0 \sim L+4$ 字节，其中 $L < 2^{32}$

在表 6-4 中，L 表示给定字符串的实际长度（以字节为单位）。

下面演示 TEXT 的使用方法，具体步骤如下。

① 创建数据表 my_text，具体 SQL 语句及执行结果如下。

```
mysql> CREATE TABLE my_text (t1 text);
Query OK, 0 rows affected (0.02 sec)
```

② 向 my_text 数据表中添加数据，具体 SQL 语句及执行结果如下。

```
mysql> INSERT INTO my_text VALUES('This is a content.');
Query OK, 1 row affected (0.01 sec)
```

从上述执行结果可以看出，向 my_text 数据表中添加了一个文本数据。

3. ENUM 类型

ENUM 类型又称为枚举类型，占用 1~2 字节大小的存储空间，定义 ENUM 类型的语法格式如下。

```
ENUM('值 1', '值 2', '值 3', …, '值 n')
```

在上述语法格式中，('值 1', '值 2', '值 3', …, '值 n')称为枚举列表，该列表中的每一项称为成员。枚举列表最多可以有 65535 个成员，每个成员都有一个索引值，索引值从 1 开始，依次递增。实际保存在数据表中的是索引值，而不是枚举列表中的成员，因此不必担心过长的值占用存储空间。但在使用 SELECT、INSERT 等语句时，使用的是枚举列表中的成员。ENUM 类型的数据只能从成员中选取单个值，不能一次选取多个值。

下面演示 ENUM 类型的使用方法，具体步骤如下。

① 创建数据表 my_enum，具体 SQL 语句及执行结果如下。

```
mysql> CREATE TABLE my_enum (gender ENUM('male', 'female'));
Query OK, 0 rows affected (0.02 sec)
```

在上述 SQL 语句中，数据表 my_enum 的字段名 gender 的数据类型为 ENUM，枚举列表中有 male 和 female 两个成员。

② 添加枚举列表中存在的值，具体 SQL 语句及执行结果如下。

```
mysql> INSERT INTO my_enum VALUES('male'), ('female');
Query OK, 2 rows affected (0.01 sec)
Records: 2  Duplicates: 0  Warnings: 0
```

在上述 SQL 语句中，向数据表 my_enum 中添加了值为 male 和 female 的两条记录。

③ 添加枚举列表中不存在的值，具体 SQL 语句及执行结果如下。

```
mysql> INSERT INTO my_enum VALUES('m');
ERROR 1265 (01000): Data truncated for column 'gender' at row 1
```

从上述执行结果可以看出，当添加枚举列表中不存在的值时，会出现错误提示信息。

4. SET 类型

SET 类型用于保存字符串对象，可以有 0 个或多个值，每个值都必须从创建数据表时指定的值列表中选择。SET 类型的定义方法与 ENUM 类型的类似，定义 SET 类型的语法格式如下。

```
SET('值 1', '值 2', '值 3', …, '值 n')
```

在上述语法格式中，SET 类型的列表中最多可以有 64 个成员，SET 类型占用的字节取决于成员的数量。

SET 类型和 ENUM 类型的优势在于，它们规范了数据本身，限定只能添加规定的数据项，它们的查询速度比 CHAR 类型、VARCHAR 类型的查询速度快，节省存储空间。SET 类型与 ENUM 类型的区别在于，SET 类型可以从列表中选择一个或多个值来保存，多个值之间使用逗号","分隔，而 ENUM 类型只能从列表中选择一个值来保存。

在使用 SET 类型与 ENUM 类型时的注意事项如下。

① ENUM 和 SET 类型列表中的值都可以是中文字符，但必须设置数据表的字符集支持中文字符。

② ENUM 和 SET 类型在填写列表、插入值、查找值等操作时，都会自动忽略字符串末尾的空格。

下面演示 SET 类型的使用方法，具体步骤如下。

① 创建数据表 my_set，具体 SQL 语句及执行结果如下。

```
mysql> CREATE TABLE my_set (hobby SET('book', 'game', 'code'));
Query OK, 0 rows affected (0.01 sec)
```

在上述 SQL 语句中，创建数据表 my_set 时，字段名 hobby 的数据类型为 SET，值列表中包含 book、game 和 code 这 3 个成员。

② 添加 3 条测试数据，查询数据是否添加成功，具体 SQL 语句及执行结果如下。

```
mysql> INSERT INTO my_set VALUES (''), ('book'), ('book,code');
Query OK, 3 rows affected (0.01 sec)
Records: 3  Duplicates: 0  Warnings: 0
mysql> SELECT * FROM my_set;
+-----------+
| hobby     |
+-----------+
|           |
| book      |
| book,code |
+-----------+
1 rows in set (0.00 sec)
```

在上述 SQL 语句中，向数据表 my_set 中添加值为 " " "book" "book,code" 的 3 条记录。

③ 删除数据表 my_set 中所有的数据，添加重复的值，查询数据是否添加成功，具体 SQL 语句及执行结果如下。

```
mysql> DELETE FROM my_set;
Query OK, 3 rows affected (0.00 sec)
mysql> INSERT INTO my_set VALUES ('book,book');
Query OK, 1 row affected (0.00 sec)
mysql> SELECT * FROM my_set;
+-----------+
| hobby     |
+-----------+
| book      |
+-----------+
1 rows in set (0.00 sec)
```

在上述 SQL 语句中，添加重复的值时，会自动删除重复的值，最终保存结果为 book。

④ 添加不存在的值，查询数据是否添加成功，具体 SQL 语句及执行结果如下。

```
mysql> INSERT INTO my_set VALUES ('test');
ERROR 1265 (01000): Data truncated for column 'hobby' at row 1
```

在上述 SQL 语句中，添加不存在的值时，会提示错误信息。

6.2.3　日期和时间类型

现实生活中有各种各样的日期和时间，如商品购买时间、活动开始时间等。在 MySQL 中，如果希望在数据表中保存日期和时间，可以将字段的数据类型设置为日期和时间类型。日期和时间类型主要包括 YEAR、DATE、TIME、DATETIME 和 TIMESTAMP，具体如表 6-5 所示。

表 6-5　日期和时间类型

类型名	字节数	范围	格式	描述
YEAR	1	1901～2155	YYYY	年份数据
DATE	3	1000-01-01～9999-12-31	YYYY-MM-DD	日期数据
TIME	3	-838:59:59～838:59:59	HH:MM:SS	时间数据或持续时间
DATETIME	8	1000-01-01 00:00:00～9999-12-31 23:59:59	YYYY-MM-DD HH:MM:SS	日期和时间数据
TIMESTAMP	4	1970-01-01 00:00:01～2038-01-19 03:14:07	YYYY-MM-DD HH:MM:SS	日期和时间数据，保存为时间戳

在表 6-5 中，日期格式 YYYY-MM-DD 中的 YYYY 表示年，MM 表示月，DD 表示日；时间格式 HH:MM:SS 中的 HH 表示时，MM 表示分，SS 表示秒。

下面对不同的日期和时间类型分别进行讲解。

1. YEAR 类型

YEAR 类型用于存储年份数据，指定 YEAR 类型的值的 3 种方法如下。

① 使用 4 位的字符串或数字，可表示的年份范围为'1901'～'2155'或 1901～2155，例如，使用'2023'或 2023 插入数据表中的年份为 2023。

② 使用两位的字符串'00'～'99'，其中，'00'～'69'表示的年份范围是 2000～2069，'70'～'99'表示的年份范围是 1970～1999，例如，使用'23'插入数据表中的年份为 2023。

③ 使用数字 0～99，其中，0 表示的年份是 0000，1～69 表示的年份范围是 2001～2069，70～99 表示的年份范围是 1970～1999，例如，使用 23 插入数据表中的年份为 2023。

下面演示 YEAR 类型的使用方法，具体步骤如下。

① 创建数据表 my_year，具体 SQL 语句及执行结果如下。

```
mysql> CREATE TABLE my_year (y YEAR);
Query OK, 0 rows affected (0.01 sec)
```

在上述 SQL 语句中，创建数据表 my_year 时，字段名 y 的数据类型为 YEAR。

② 添加数据，并查询数据是否添加成功，具体 SQL 语句及执行结果如下。

```
mysql> INSERT INTO my_year VALUES (2023), ('23'), (23);
Query OK, 3 rows affected (0.01 sec)
Records: 3  Duplicates: 0  Warnings: 0
mysql> SELECT * FROM my_year;
+------+
| y    |
+------+
| 2023 |
| 2023 |
| 2023 |
+------+
3 rows in set (0.00 sec)
```

从上述查询结果可以看出，添加的数据为 2023、'23'、23 时，保存的结果都是 2023。

2. DATE 类型

DATE 类型用于存储日期数据，包括年、月、日，指定 DATE 类型的值的 4 种方法如下。

① 使用字符串'YYYY-MM-DD'或者'YYYYMMDD'，例如，使用'2023-01-01'或'20230101'插入数据表中的日期为 2023-01-01。

② 使用字符串'YY-MM-DD'或者'YYMMDD'，例如，使用'23-01-01'或'230101'插入数据库中的日期为 2023-01-01。

③ 使用数字 YYMMDD，例如，使用 230101 插入数据库中的日期为 2023-01-01。

④ 使用 CURRENT_DATE 或者 NOW()表示当前系统日期。

值得一提的是，日期中的分隔符 "-" 可以使用其他符号代替，如 "."" ,"" /" 等。

下面演示 DATE 类型的使用方法，具体步骤如下。

① 创建数据表 my_date，具体 SQL 语句及执行结果如下。

```
mysql> CREATE TABLE my_date (d DATE);
Query OK, 0 rows affected (0.01 sec)
```

在上述 SQL 语句中，创建数据表 my_date 时，字段名 d 的数据类型为 DATE。

② 添加数据，并查询数据是否添加成功，具体 SQL 语句及执行结果如下。

```
mysql> INSERT INTO my_date VALUES('2023-01-01'), (CURRENT_DATE), (NOW());
Query OK, 3 rows affected, 1 warning (0.01 sec)
Records: 3 Duplicates: 0 Warnings: 1
mysql> SELECT * FROM my_date;
+------------+
| d          |
+------------+
| 2023-01-01 |
| 2023-07-21 |
| 2023-07-21 |
+------------+
3 rows in set (0.00 sec)
```

从上述查询结果可以看出，日期'2023-01-01'的保存结果为 2023-01-01；CURRENT_DATE 和 NOW()的保存结果为当前系统日期。

3. TIME 类型

TIME 类型用于存储时间数据，包括时、分、秒，指定 TIME 类型的值的 3 种方法如下。

① 使用字符串'HHMMSS'或数字 HHMMSS，例如，使用'345454'或 345454 插入数据库中的时间为 34:54:54（34 时 54 分 54 秒）。

② 使用字符串'D HH:MM:SS',D 表示日,取值范围是 $0 \sim 34$,时的计算方式为 $D \times 24 + HH$,例如，使用'2 11:30:50'插入数据库中的时间为 59:30:50。

③ 使用 CURRENT_DATE 或 NOW()表示当前系统时间。

下面演示 TIME 类型的使用方法，具体步骤如下。

① 创建数据表 my_time，具体 SQL 语句及执行结果如下。

```
mysql> CREATE TABLE my_time (t TIME);
Query OK, 0 rows affected (0.01 sec)
```

在上述 SQL 语句中，创建数据表 my_time 时，字段名 t 的数据类型为 TIME。

② 添加数据，并查询数据是否添加成功，具体 SQL 语句及执行结果如下。

```
mysql> INSERT INTO my_time
    -> VALUES ('345454'), ('2 11:30:50'), (CURRENT_TIME), (NOW());
Query OK, 4 rows affected (0.01 sec)
Records: 4 Duplicates: 0 Warnings: 0
mysql> SELECT * FROM my_time;
+----------+
| t        |
+----------+
| 34:54:54 |
| 59:30:50 |
| 16:21:41 |
| 16:21:41 |
+----------+
4 rows in set (0.00 sec)
```

从上述查询结果可以看出，时间'345454'的保存结果为 34:54:54，时间'2 11:30:50'的保存结果为 59:30:50，CURRENT_DATE 和 NOW()的保存结果为当前系统时间。

4. DATETIME 类型

DATETIME 类型用于存储日期和时间数据，包括年、月、日、时、分、秒，指定 DATETIME 类型的值的 4 种方法如下。

① 使用字符串'YYYY-MM-DD HH:MM:SS'或'YYYYMMDDHHMMSS'，例如，使用'2023-01-01 01:01:01'或'20230101010101'插入数据库中的日期和时间是 2023-01-01 01:01:01。

② 使用字符串'YY-MM-DD HH:MM:SS'或'YYMMDDHHMMSS'，例如，使用'23-01-01 01:01:01'或'230101010101'插入到数据库中的日期和时间是 2023-01-01 01:01:01。

③ 使用数字 YYYYMMDDHHMMSS 或 YYMMDDHHMMSS，例如，使用 20230122090123 或 230122090123 插入数据库中的日期和时间是 2023-01-22 09:01:23。

④ 使用 NOW()表示当前系统日期和时间。

下面演示 DATETIME 类型的使用方法，具体步骤如下。

① 创建数据表 my_datetime，具体 SQL 语句及执行结果如下。

```
mysql> CREATE TABLE my_datetime (d DATETIME);
Query OK, 0 rows affected (0.01 sec)
```

在上述 SQL 语句中，创建数据表 my_datetime 时，字段名 d 的数据类型为 DATETIME。

② 添加数据，并查询数据是否添加成功，具体 SQL 语句及执行结果如下。

```
mysql> INSERT INTO my_datetime VALUES('2023-01-01 09:01:23'), (NOW());
Query OK, 2 rows affected (0.01 sec)
Records: 2  Duplicates: 0  Warnings: 0
mysql> SELECT * FROM my_datetime;
+---------------------+
| d                   |
+---------------------+
| 2023-01-01 09:01:23 |
| 2023-07-21 16:23:30 |
+---------------------+
```

从上述查询结果可以看出，日期和时间'2023-01-22 09:01:23'的保存结果为 2023-01-22 09:01:23，NOW()的保存结果为当前系统日期和时间。

5. TIMESTAMP 类型

TIMESTAMP 类型用于存储日期和时间数据，它的使用方法与 DATETIME 类型的类似。TIMESTAMP 类型与 DATETIME 类型存在一些区别，具体区别如下。

① TIMESTAMP 类型的取值范围比 DATETIME 类型的小。

② TIMESTAMP 类型的数据和时区有关，系统会根据当前系统所设置的时区，将日期和时间数据进行转换后存放；从数据库中取出 TIMESTAMP 类型的数据时，系统也会将数据转换为对应时区时间后显示。因此，TIMESTAMP 类型可能会导致不同时区的环境下取出来的同一个日期和时间数据的显示结果不同。

③ TIMESTAMP 类型可以使用 CURRENT_TIMESTAMP 表示当前系统日期和时间。

下面演示 TIMESTAMP 类型的使用方法，具体步骤如下。

① 创建数据表 my_timestamp，具体 SQL 语句及执行结果如下。

```
mysql> CREATE TABLE my_timestamp (t TIMESTAMP);
Query OK, 0 rows affected (0.01 sec)
```

在上述 SQL 语句中，创建数据表 my_timestamp 时，字段名 t 的数据类型为 TIMESTAMP。

② 添加数据，并查询数据是否添加成功，具体 SQL 语句及执行结果如下。

```
mysql> INSERT INTO my_timestamp
    -> VALUES('2023-01-01 00:00:00'), (CURRENT_TIMESTAMP);
Query OK, 2 rows affected (0.01 sec)
Records: 2  Duplicates: 0  Warnings: 0
mysql> SELECT * FROM my_timestamp;
+---------------------+
| t                   |
+---------------------+
| 2023-01-01 00:00:00 |
| 2023-07-21 16:26:26 |
+---------------------+
2 rows in set (0.00 sec)
```

从上述查询结果可以看出，日期和时间'2023-01-01 00:00:00'的保存结果为 2023-01-01 00:00:00，CURRENT_TIMESTAMP 的保存结果为当前系统日期和时间。

6.3　数据表的约束

为了防止数据表中被插入错误的数据，MySQL 定义了一些维护数据库中数据完整性的规则，这些规则即数据表的约束。数据表的约束作用于数据表的字段上，可以在创建数据表或修改数据表的时候为字段添加约束。数据表常见的约束分为 5 种，分别是默认值约束、非空约束、唯一约束、主键约束和外键约束。其中，外键约束涉及多表操作，将在第 7 章中讲解。本节主要讲解如何设置默认值约束、非空约束、唯一约束和主键约束。

6.3.1　默认值约束

在实际开发中，有时需要为字段设置默认值，例如，添加数据时，为了方便操作，希望一部分字段可以省略，直接使用默认值，这时就可以为这部分字段设置默认值约束。

默认值约束用于给数据表中的字段指定默认值。在 MySQL 中，通过 DEFAULT 关键字可以设置字段的默认值约束。设置默认值约束的方式有两种，分别是在创建数据表时设置默认值约束和在修改数据表时设置默认值约束，设置默认值约束的语法格式如下。

```
# 在创建数据表时设置默认值约束
CREATE TABLE 数据表名称(
  字段名 数据类型 DEFAULT 默认值,
  …
);
# 在修改数据表时设置默认值约束
ALTER TABLE 数据表名称 MODIFY 字段名 数据类型 DEFAULT 默认值;
```

需要注意的是，TEXT 数据类型不支持默认值约束。

下面演示默认值约束的使用方法，具体步骤如下。

① 创建数据表 my_default，表中包含 name 和 age 两个字段，为 age 字段设置默认值约束，默认值为 18，具体 SQL 语句及执行结果如下。

```
mysql> CREATE TABLE my_default (
    ->   name VARCHAR(10),
    ->   age TINYINT UNSIGNED DEFAULT 18
```

```
    -> );
Query OK, 0 rows affected (0.02 sec)
```

在上述 SQL 语句中，定义 age 字段为无符号的 TINYINT 类型，默认值为 18。

② 使用 DESC 语句查看 my_default 的表结构，确认是否成功为 age 字段设置默认值约束，具体 SQL 语句及执行结果如下。

```
mysql> DESC my_default;
+-------+------------------+------+-----+---------+-------+
| Field | Type             | Null | Key | Default | Extra |
+-------+------------------+------+-----+---------+-------+
| name  | varchar(10)      | YES  |     | NULL    |       |
| age   | TINYINT unsigned | YES  |     | 18      |       |
+-------+------------------+------+-----+---------+-------+
2 rows in set (0.01 sec)
```

从上述执行结果可以看出，age 字段 Default 列的值为 18，说明已经成功为 age 字段设置默认值约束。

③ 添加数据时，省略 age 字段，具体 SQL 语句及执行结果如下。

```
mysql> INSERT INTO my_default (name) VALUES('a');
Query OK, 1 row affected (0.01 sec)
mysql> SELECT * FROM my_default;
+------+------+
| name | age  |
+------+------+
| a    | 18   |
+------+------+
1 row in set (0.00 sec)
```

在上述 SQL 语句中，添加数据时，省略了 age 字段，age 字段使用默认值 18。

④ 添加数据时，在 age 字段中插入 NULL 值，具体 SQL 语句及执行结果如下。

```
mysql> INSERT INTO my_default VALUES('b', NULL);
Query OK, 1 row affected (0.00 sec)
mysql> SELECT * FROM my_default WHERE name='b';
+------+------+
| name | age  |
+------+------+
| b    | NULL |
+------+------+
1 row in set (0.00 sec)
```

在上述 SQL 语句中，添加数据时，在 age 字段中插入了 NULL 值，age 字段使用 NULL 值，而没有使用默认值。

⑤ 添加数据时，在 age 字段中使用 DEFAULT 关键字，具体 SQL 语句及执行结果如下。

```
mysql> INSERT INTO my_default VALUES('c', DEFAULT);
Query OK, 1 row affected (0.00 sec)
mysql> SELECT * FROM my_default WHERE name='c';
+------+------+
| name | age  |
+------+------+
| c    | 18   |
+------+------+
1 row in set (0.00 sec)
```

在上述 SQL 语句中，添加数据时，在 age 字段中使用了 DEFAULT 关键字，age 字段使用默认值 18。

6.3.2　非空约束

在实际开发中，有时需要将一些字段设置为必填项，例如，在员工数据表中添加员工信息时，如果没有填写员工姓名等必要的信息，该员工信息是没有实际意义的。这时就可以为员工数据表中的员工姓名字段设置非空约束，这样在添加员工信息时，如果省略该字段或往该字段中插入 NULL 值，MySQL 将不允许添加该员工信息。

非空约束用于确保插入字段中值的非空性。如果字段没有设置非空约束，字段默认允许插入 NULL 值；如果字段设置了非空约束，那么该字段中存放的值必须是 NULL 值之外的其他的具体值。

在 MySQL 中，通过 NOT NULL 关键字可以设置字段的非空约束。设置非空约束的方式有两种，分别是在创建数据表时设置非空约束和在修改数据表时设置非空约束，给数据表设置非空约束的语法格式如下。

```
# 在创建数据表时设置非空约束
CREATE TABLE 数据表名称 (字段名 数据类型 NOT NULL);
# 在修改数据表时设置非空约束
ALTER TABLE 数据表名称 MODIFY 字段名 数据类型 NOT NULL;
```

下面演示非空约束的使用方法，具体步骤如下。

① 创建数据表 my_not_null，表中包含 n1 和 n2 两个字段，为 n2 设置非空约束，具体 SQL 语句及执行结果如下。

```
mysql> CREATE TABLE my_not_null(
    ->   n1 INT,
    ->   n2 INT NOT NULL
    -> );
Query OK, 0 rows affected (0.02 sec)
```

② 使用 DESC 语句查看 my_not_null 的表结构，验证是否为 n2 字段设置非空约束，具体 SQL 语句及执行结果如下。

```
mysql> DESC my_not_null;
+-------+-------+------+-----+---------+-------+
| Field | Type  | Null | Key | Default | Extra |
+-------+-------+------+-----+---------+-------+
| n1    | int   | YES  |     | NULL    |       |
| n2    | int   | NO   |     | NULL    |       |
+-------+-------+------+-----+---------+-------+
2 rows in set (0.00 sec)
```

从上述执行结果可以看出，n2 字段的 Null 列的值为 NO，表示该字段设置了非空约束。需要注意的是，n2 字段的 Default 列的值为 NULL，表示未给该字段设置默认值，而不能将其理解为默认值为 NULL，如果在插入数据时将 n2 字段设置为 NULL，则会出现 n2 字段不能为空的错误提示信息。

③ 添加数据时，省略 n1 和 n2 字段，具体 SQL 语句及执行结果如下。

```
mysql> INSERT INTO my_not_null VALUES();
ERROR 1364 (HY000): Field 'n2' doesn't have a default value
```

从上述执行结果可以看出，添加数据时省略 n1 和 n2 字段，会出现 n2 字段没有默认值的错误提示信息。

④ 添加数据时，设置 n2 字段的值为 NULL，具体 SQL 语句及执行结果如下。

```
mysql> INSERT INTO my_not_null VALUES(NULL, NULL);
ERROR 1048 (23000): Column 'n2' cannot be null
```

从上述执行结果可以看出，添加数据时设置 n2 字段的值为 NULL，会出现 n2 字段不能为空的错误提示信息。

⑤ 添加数据时，省略 n1 字段，设置 n2 字段的值为 20，具体 SQL 语句及执行结果如下。

```
mysql> INSERT INTO my_not_null (n2) VALUES(20);
Query OK, 1 row affected (0.01 sec)
mysql> SELECT * FROM my_not_null;
+------+----+
| n1   | n2 |
+------+----+
| NULL | 20 |
+------+----+
1 row in set (0.00 sec)
```

从上述执行结果可以看出，n1 字段的值为 NULL，n2 字段的值为 20。

6.3.3　唯一约束

在实际开发中，有时需要将字段设置为不允许出现重复值，例如，在员工数据表中添加员工信息时，如果允许员工的企业邮箱重复，那么当给某位员工发送邮件时，可能会有多名员工收到邮件。这时就需要为不允许重复的字段设置唯一约束，以确保数据的唯一性。当添加员工信息时，如果向设置了唯一约束的字段插入已经存在的值，该员工信息会添加失败。

默认情况下，数据表中不同记录的同名字段可以保存相同的值，而唯一约束用于确保字段中值的唯一性。如果数据表中的字段设置了唯一约束，那么该字段中存放的值不能重复出现。

在 MySQL 中，通过 UNIQUE 关键字可以设置字段的唯一约束。在创建数据表时设置唯一约束的方式有两种，分别是列级约束和表级约束，这两种约束的区别如下。

① 列级约束定义在列中，紧跟在字段的数据类型之后，只对该字段起约束作用。

② 表级约束独立于字段，可以对数据表的单个或多个字段起约束作用。

③ 当对多个字段设置表级约束时，MySQL 会利用多个字段确保唯一性，只要多个字段中有一个字段不同，那么结果就是唯一的。

④ 当表级约束仅建立在一个字段上时，其效果与列级约束的效果相同。

在创建数据表时设置列级唯一约束和表级唯一约束的语法格式如下。

```
# 在创建数据表时设置列级唯一约束
CREATE TABLE 数据表名称 (
  字段名 1 数据类型 UNIQUE,
  字段名 2 数据类型 UNIQUE
  …
);
# 在创建数据表时设置表级唯一约束
CREATE TABLE 数据表名称(
  字段名 1 数据类型,
  字段名 2 数据类型,
  字段名 3 数据类型,
  …
```

```
  UNIQUE (字段名 1[, 字段名 2, …])
);
```

在修改数据表时设置唯一约束，可以通过 ALTER TABLE 语句的 MODIFY 子句实现，基本语法格式如下。

```
ALTER TABLE 数据表名称 MODIFY 字段名 数据类型 UNIQUE;
```

下面演示唯一约束的使用方法，具体步骤如下。

① 创建数据表 my_unique1，添加列级唯一约束，具体 SQL 语句及执行结果如下。

```
mysql> CREATE TABLE my_unique1 (
    ->    id INT UNSIGNED UNIQUE,
    ->    name VARCHAR(10) UNIQUE
    -> );
```

② 创建数据表 my_unique2，添加表级唯一约束，具体 SQL 语句及执行结果如下。

```
mysql> CREATE TABLE my_unique2 (
    ->    id INT UNSIGNED,
    ->    name VARCHAR(10),
    ->    UNIQUE(`id`),
    ->    UNIQUE(`name`)
    -> );
```

③ 使用 DESC 语句查看 my_unique1 和 my_unique2 的表结构，会发现两个数据表的表结构是相同的，my_unique1 和 my_unique2 的表结构如下。

```
+-------+--------------+------+-----+---------+-------+
| Field | Type         | Null | Key | Default | Extra |
+-------+--------------+------+-----+---------+-------+
| id    | int unsigned | YES  | UNI | NULL    |       |
| name  | varchar(10)  | YES  | UNI | NULL    |       |
+-------+--------------+------+-----+---------+-------+
```

从上述执行结果可以看出，id 字段和 name 字段的 Key 列的值为 UNI，说明 id 字段和 name 字段已经成功添加唯一约束。

④ 向 my_unique1 添加不重复的数据，具体 SQL 语句及执行结果如下。

```
mysql> INSERT INTO my_unique1 (id) VALUES(1);
Query OK, 1 row affected (0.01 sec)
mysql> INSERT INTO my_unique1 (id) VALUES(2);
Query OK, 1 row affected (0.01 sec)
mysql> SELECT * FROM my_unique1;
+----+------+
| id | name |
+----+------+
|  1 | NULL |
|  2 | NULL |
+----+------+
2 rows in set (0.00 sec)
```

在上述查询结果中，name 字段出现了重复值 NULL，这是因为唯一约束允许存在多个 NULL 值。

⑤ 向 my_unique1 添加重复的数据，具体 SQL 语句及执行结果如下。

```
mysql> INSERT INTO my_unique1 (id) VALUES(1);
ERROR 1062 (23000): Duplicate entry '1' for key 'my_unique1.id'
```

从上述执行结果可以看出，向 id 字段添加重复值 1 时，出现 id 字段出现重复值的错误提示信息。

6.3.4　主键约束

在员工数据表中，员工工号字段具有唯一性，一般作为主键使用，如果允许员工的工号重复或为 NULL 值，管理员工信息时就会出现混乱。这时可以为员工工号字段设置主键约束。

主键约束相当于非空约束和唯一约束的组合，它要求被约束字段不能出现重复值，也不能出现 NULL 值。在 MySQL 中，可以通过 PRIMARY KEY 关键字给字段设置主键约束，每个数据表中只能设置一个主键约束。

在创建数据表时可以设置列级或表级主键约束。列级主键约束只能对单字段设置；表级主键约束可以对单字段或多字段设置，当为多字段设置主键约束时，会形成复合主键。在创建数据表时给字段设置列级主键约束和表级主键约束的语法格式如下。

```
# 在创建数据表时设置列级主键约束
CREATE TABLE 数据表名称 (
    字段名 数据类型 PRIMARY KEY,
    …
);
# 在创建数据表时设置表级主键约束
CREATE TABLE 数据表名称 (
    字段名 1 数据类型,
    字段名 2 数据类型,
    …
    PRIMARY KEY (字段名 1[, 字段名 2, …])
);
```

在修改数据表时设置主键约束，可以通过 ALTER TABLE 语句的 MODIFY 子句实现，基本语法格式如下。

```
ALTER TABLE 数据表名称 MODIFY 字段名 数据类型 PRIMARY KEY;
```

下面演示主键约束的使用方法，具体步骤如下。

① 创建数据表 my_primary，为 id 字段添加主键约束，具体 SQL 语句及执行结果如下。

```
mysql> CREATE TABLE my_primary (
    ->    id INT PRIMARY KEY,
    ->    name VARCHAR(20)
    -> );
Query OK, 0 rows affected (0.03 sec)
```

② 使用 DESC 语句查看 my_primary 的表结构，验证是否为 id 字段设置主键约束，具体 SQL 语句及执行结果如下。

```
mysql> DESC my_primary;
+-------+-------------+------+-----+---------+-------+
| Field | Type        | Null | Key | Default | Extra |
+-------+-------------+------+-----+---------+-------+
| id    | int         | NO   | PRI | NULL    |       |
| name  | varchar(20) | YES  |     | NULL    |       |
+-------+-------------+------+-----+---------+-------+
2 rows in set (0.00 sec)
```

从上述执行结果可以看出，id 字段的 Key 列的值为 PRI，表示该字段为主键。同时，id 字段的 Null 列的值为 NO，表示该字段不能为 NULL。

③ 添加数据时，为 id 字段添加具体值，具体 SQL 语句及执行结果如下。

```
mysql> INSERT INTO my_primary VALUES(1, 'Tom');
Query OK, 1 row affected (0.01 sec)
```

④ 添加数据时，为 id 字段添加 NULL 值，具体 SQL 语句及执行结果如下。

```
mysql> INSERT INTO my_primary VALUES(NULL, 'Jack');
ERROR 1048 (23000): Column 'id' cannot be null
```

从上述执行结果可以看出，为 id 字段添加 NULL 值时，会出现 id 不能为 NULL 的错误提示信息。

⑤ 添加数据时，为 id 字段添加重复值，具体 SQL 语句及执行结果如下。

```
mysql> INSERT INTO my_primary VALUES(1, 'Alex');
ERROR 1062 (23000): Duplicate entry '1' for key 'my_primary.PRIMARY'
```

从上述执行结果可以看出，为 id 字段添加重复值时，会出现主键字段重复的错误提示信息。

6.4　自动增长

在实际开发中，有时需要为数据表中新添加的记录自动生成主键值。例如，在员工数据表中添加员工信息时，如果手动填写员工工号，需要在添加员工信息前查询该员工工号是否被其他员工占用，由于查询后添加需要一段时间，有可能会出现添加时该员工工号已经被其他人抢占的问题。此时可以为员工工号字段设置自动增长，设置自动增长后，如果往该字段插入值，MySQL 会自动生成唯一的自动增长值。

在 MySQL 中，通过 AUTO_INCREMENT 关键字可以设置字段的自动增长。设置自动增长的方式有两种，分别为在创建数据表时设置自动增长和在修改数据表时设置自动增长，设置自动增长的语法格式如下。

```
# 在创建数据表时设置自动增长
CREATE TABLE 数据表名称 (
  字段名 数据类型 约束 AUTO_INCREMENT,
  …
);
# 在修改数据表时设置自动增长
ALTER TABLE 数据表名称 MODIFY 字段名 数据类型 AUTO_INCREMENT;
ALTER TABLE 数据表名称 CHANGE 旧字段名 新字段名 数据类型 AUTO_INCREMENT;
```

使用自动增长时的注意事项如下。

① 一个数据表中只能有一个字段设置自动增长，设置自动增长的字段的数据类型应该是整数类型，并且该字段必须设置了唯一约束或主键约束。

② 如果自动增长字段插入 NULL、0、DEFAULT，或在插入时省略了自动增长字段，则该字段会使用自动增长值；如果插入的是一个具体的值，则不会使用自动增长值。

③ 默认情况下，设置自动增长的字段的值从 1 开始递增，每次加 1。如果插入的值大于自动增长值，则下次插入的自动增长值会自动使用字段的最大值加 1；如果插入的值小于自动增长值，则不会对自动增长值产生影响。

④ 使用 DELETE 删除记录时，自动增长值不会减小或填补空缺。

⑤ 在为字段删除自动增长并重新添加自动增长后，自动增长的初始值会自动设为该列现有的最大值加 1。

⑥ 在修改自动增长值时，修改的值若小于该列现有的最大值，则修改不会生效。

下面通过案例演示自动增长的使用方法，具体示例如下。

① 创建数据表 my_auto，为 id 字段设置自动增长，具体 SQL 语句及执行结果如下。

```
mysql> CREATE TABLE my_auto (
    ->   id INT UNSIGNED PRIMARY KEY AUTO_INCREMENT,
    ->   name VARCHAR(20)
    -> );
Query OK, 0 rows affected (0.02 sec)
```

② 使用 DESC 语句查看 my_auto 的表结构，验证是否成功为 id 字段设置自动增长，具体 SQL 语句及执行结果如下。

```
mysql> DESC my_auto;
+-------+--------------+------+-----+---------+----------------+
| Field | Type         | Null | Key | Default | Extra          |
+-------+--------------+------+-----+---------+----------------+
| id    | int unsigned | NO   | PRI | NULL    | auto_increment |
| name  | varchar(20)  | YES  |     | NULL    |                |
+-------+--------------+------+-----+---------+----------------+
2 rows in set (0.02 sec)
```

从上述执行结果可以看出，id 字段的 Key 列的值为 PRI，说明该字段已经成功添加主键约束；Null 列的值为 NO，表示该字段不能为 NULL；Extra 列的值为 auto_increment，说明已经成功为字段设置自动增长。

③ 添加数据时，省略 id 字段，具体 SQL 语句及执行结果如下。

```
mysql> INSERT INTO my_auto (name) VALUES('Tom');
Query OK, 1 row affected (0.01 sec)
mysql> SELECT * FROM my_auto;
+----+------+
| id | name |
+----+------+
|  1 | Tom  |
+----+------+
1 row in set (0.00 sec)
```

从执行结果可以看出，id 字段的值会使用自动增长值，值为 1。

④ 添加数据时，设置 id 字段的值为 NULL 值，具体 SQL 语句及执行结果如下。

```
mysql> INSERT INTO my_auto VALUES(NULL, 'Jack');
Query OK, 1 row affected (0.00 sec)
mysql> SELECT * FROM my_auto WHERE name='Jack';
+----+------+
| id | name |
+----+------+
|  2 | Jack |
+----+------+
1 rows in set (0.00 sec)
```

从执行结果可以看出，id 字段的值会使用自动增长值，值为 2。

⑤ 添加数据时，在 id 字段中插入具体值 5，具体 SQL 语句及执行结果如下。

```
mysql> INSERT INTO my_auto VALUES(5, 'Alex');
Query OK, 1 row affected (0.00 sec)
mysql> SELECT * FROM my_auto WHERE name='Alex';
+----+------+
| id | name |
```

```
+----+------+
|  5 | Alex |
+----+------+
1 rows in set (0.00 sec)
```

从执行结果可以看出，id 字段的值为 5。

⑥ 添加数据时，在 id 字段中插入具体值 0，具体 SQL 语句及执行结果如下。

```
mysql> INSERT INTO my_auto VALUES(0, 'Andy');
Query OK, 1 row affected (0.01 sec)
mysql> SELECT * FROM my_auto WHERE name='Andy';
+----+------+
| id | name |
+----+------+
|  6 | Andy |
+----+------+
1 rows in set (0.00 sec)
```

从执行结果可以看出，id 字段的值会在 5 的基础上加 1，最终的值为 6。

本章小结

本章主要讲解了字符集和校对集、数据类型、数据表的约束和自动增长。本章学习的内容比较零散，但是对掌握 MySQL 的使用非常重要，需要读者深入理解每个知识点，能够掌握字符集和校对集的应用，正确使用数据类型和数据表的约束。

课后练习

一、填空题

1. 唯一约束使用_____关键字设置。
2. 自动增长使用_____关键字设置。
3. 在创建数据表时，不允许某列有 NULL 值，可以使用_____约束。
4. 使用 INT 类型保存数字 1 占用的字节数为_____。
5. MySQL 提供的数据类型中，存储整数数值并且占用字节数最小的是_____。

二、判断题

1. 一个数据表中可以定义多个主键。（　　　）
2. 一个数据表中可以定义多个非空字段。（　　　）
3. 非空属性是指字段的值不能为空字符串。（　　　）
4. TEXT 类型存储的最大字节数为 65535。（　　　）
5. ENUM 类型的数据只能从枚举列表中取，并且只能取一个。（　　　）

三、选择题

1. 下列选项中，用于存储整数的是（　　　）。
   A. MEDIUMINT　　　B. DOUBLE　　　C. FLOAT　　　D. VARCHAR
2. 下列选项中，适合存储文章内容或评论等字段的数据类型是（　　　）。
   A. CHAR　　　B. TEXT　　　C. ENUM　　　D. VARCHAR

3. 下列选项中，表示日期和时间的数据类型是（   ）。

    A. DICIMAL(6,2)   B. DATE   C. YEAR   D. TIMESTAMP

4. 下列关于 DICIMAL(6, 2)的说法中，正确的是（   ）。

    A. 它不可以存储小数

    B. 6 表示数据的长度，2 表示小数点后的长度

    C. 6 表示最多的整数位数，2 表示小数点后的长度

    D. 允许最多存储 8 位数字

5. 下列关于主键的说法中，正确的是（   ）。

    A. 主键允许为 NULL 值   B. 主键允许有重复值

    C. 创建数据表时只能设置列级主键约束   D. 主键具有非空性和唯一性

四、简答题

1. 请简述 ENUM 和 SET 数据类型的区别。

2. 请简述 CHAR 和 VARCHAR 数据类型的区别。

五、程序题

根据要求完成学生（student）表的创建并添加约束。

① 创建学生表，具体字段要求如下。

- id：添加主键约束。
- name（学生姓名）：可以使用中文，不允许重复，长度为 2～20 个字符。
- tel（手机号码）：长度为 11 个字符。
- gender（性别）：有男、女、保密 3 种选择。
- hobby（爱好）：指定用户可以多选的项，包括运动、唱歌、跳舞、戏剧、手工、其他。
- time（入学时间）：注册时的日期和时间。

② 给学生表中的 tel 字段添加唯一约束。

第 **7** 章

MySQL多表操作

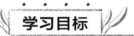

学习目标

- ◆ 熟悉数据表的联系，能够说出一对一、一对多和多对多联系的区别。
- ◆ 熟悉数据库设计范式，能够运用范式合理设计数据库。
- ◆ 掌握去除查询结果中的重复数据的方法，能够利用 DISTINCT 实现去重查询。

拓展阅读

- ◆ 掌握运算符的用法，能够在 SQL 语句中使用运算符查询数据。
- ◆ 掌握聚合函数的用法，能够用聚合函数统计数据。
- ◆ 掌握分组、排序和限量的使用，能够对查询结果实现分组、排序和限量操作。
- ◆ 掌握联合查询的使用，能够根据不同场景灵活使用联合查询。
- ◆ 掌握连接查询操作，能够根据不同场景使用交叉连接查询、内连接查询和外连接查询。
- ◆ 熟悉子查询的概念，能够区分每种子查询的作用。
- ◆ 掌握子查询的使用，能够根据不同的需求使用标量子查询、列子查询、行子查询、表子查询和 EXISTS 子查询。
- ◆ 熟悉外键约束的概念，能够说明外键约束的作用。
- ◆ 掌握数据表中外键约束的使用，能够正确添加、删除外键约束，并完成关联表中数据的添加、更新和删除操作。

在前面的章节中，已经讲解了 MySQL 的基础知识和查询语法，然而在实际开发中，业务逻辑较为复杂，通常都需要对多张表进行关联操作，才能满足需求。本章将讲解数据表的联系、数据库设计范式、数据进阶操作、联合查询、连接查询，以及子查询和外键约束的使用。

7.1 数据表的联系

在一个项目中，通常会存在多个数据表，数据表之间会存在一定的联系，例如，学生表和课程表之间就存在联系，因为一个学生可以选修多门课程。数据表的联系一般分为 3 种，即一对一、一对多和多对多，本节将对这 3 种联系进行详细讲解。

7.1.1　一对一

一对一的联系，即一张数据表中的一条数据只与另外一张表中的某一条数据对应。实现一对一的联系通常是将一张数据表拆分成两张表，即将频繁使用的字段和不常用的字段进行垂直分割，使用相同的主键对应。

为了方便读者更好地理解，下面演示拆分前的数据表，具体如表 7-1 所示。

表 7-1　学生表

学号	姓名	性别	年龄	身高	体重	籍贯	民族
1	张三	男	20	175	140	河北	汉族
2	李四	女	21	168	100	山东	汉族
3	王五	男	22	170	130	陕西	汉族

在表 7-1 中，学号使用下划线标注，表示为主键。在表 7-1 中，常用的字段有姓名、性别和年龄，其他字段是不常用的字段。

根据一对一的联系对表 7-1 进行拆分，具体拆分结果如表 7-2 和表 7-3 所示。

表 7-2　学生表（1）

学号	姓名	性别	年龄
1	张三	男	20
2	李四	女	21
3	王五	男	22

表 7-3　学生表（2）

学号	身高	体重	籍贯	民族
1	175	140	河北	汉族
2	168	100	山东	汉族
3	170	130	陕西	汉族

7.1.2　一对多

一对多的联系，即一张数据表中的一条数据与另外一张表中的多条数据对应。一对多联系是非常常见的一种联系，例如，一个班级有多个学生，班级和学生之间就存在一对多的联系。另外，将一对多联系反过来可以得到多对一联系。

为了方便读者更好地理解，下面通过表 7-4 和表 7-5 演示一对多的联系。

表 7-4　班级表

班级编号	班级名	班主任
1	软件班	张老师
2	设计班	王老师

表 7-5　学生表

学号	姓名	性别	班级编号
1	张三	男	1
2	李四	女	1
3	王五	男	2

在表 7-5 中，张三和李四都在班级编号为 1 的软件班，王五在班级编号为 2 的设计班。

7.1.3　多对多

多对多的联系，即一张数据表中的多条数据与另外一张表中的多条数据对应。多对多联系无法在现有数据表中维护对应联系，需要使用第三张表将多对多联系变成多个多对一的联系。例如，一个学生可以选修多门课程，一门课程又可以被多个学生选修，学生和课程之间就形成了多对多的联系。

为了方便读者更好地理解，下面通过表 7-6、表 7-7 和表 7-8 演示多对多的联系。

表 7-6　课程表

课程编号	课程名
1	计算机
2	数据库

表 7-7　学生表

学号	姓名	性别
1	张三	男
2	李四	女
3	王五	男

表 7-8　学生选课表

编号	学号	课程编号
1	1	1
2	2	1
3	1	2
4	3	2

从表 7-8 中可以看出，学号为 1 的学生选修了课程编号为 1 和 2 的两门课程，学号为 2 的学生选修了课程编号为 1 的课程，学号为 3 的学生选修了课程编号为 2 的课程。也可以理解为，课程编号为 1 的课程被学号为 1 和 2 的两个学生选修，课程编号为 2 的课程被学号为 1 和 3 的两个学生选修。

7.2　数据库设计范式

数据库设计对数据的存储性能、操作有很大影响。为了避免不规范的设计造成数据冗余，以及出现插入、删除、更新操作异常等情况，数据库设计要满足一定的规范化要求。为了规范化数据库设计，数据库技术专家提出了各种范式（Normal Form）。根据要求的程度不同，范式有多种级别，常用的有第一范式（First Normal Form，1NF）、第二范式（Second Normal Form，2NF）和第三范式（Third Normal Form，3NF）。接下来将对数据库设计范式进行详细讲解。

7.2.1　第一范式

第一范式是指数据库表的每一列都是不可分割的基本数据项，同一列中不能有多个值，即实体中的某个属性不能有多个值，或不能有重复的属性。简而言之，第一范式遵从原子性，属性不可再分。

下面通过表 7-9 和表 7-10 演示不满足第一范式的情况。

表 7-9　用户联系方式表

编号	联系方式
1	张三　邮箱：zhangsan@example.test，手机号：18900000000
2	李四　邮箱：lisi@example.test，手机号：15900000000、17300000000

表 7-10　用户联系方式表

编号	用户名	邮箱	手机号	手机号
1	张三	zhangsan@example.test	18900000000	
2	李四	lisi@example.test	15900000000	17300000000

表 7-9 的问题在于联系方式一列中包含多个值，该列内容可以进行细分；表 7-10 的问题在于手机号一列重复。

为了满足第一范式，应将用户及其联系方式分成两个表保存，两个表之间存在一对多的联系，具体如表 7-11 和表 7-12 所示。

表 7-11　用户表

用户编号	用户名
1	张三
2	李四

表 7-12　联系方式表

编号	用户编号	联系方式	具体值
1	1	邮箱	zhangsan@example.test
2	1	手机号	18900000000
3	2	邮箱	lisi@example.test
4	2	手机号	15900000000
5	2	手机号	17300000000

通过表 7-11 和表 7-12 可以看出，无论一个用户有多少个联系方式，都可以使用这两张表来保存。

7.2.2　第二范式

第二范式是在第一范式的基础上建立起来的，即满足第二范式之前必须满足第一范式。第二范式要求实体的属性完全依赖主键，对于复合主键而言，不能仅依赖主键的一部分。简而言之，第二范式遵从唯一性，非主键字段需完全依赖主键。

下面通过表 7-13 和表 7-14 演示不满足第二范式的情况。

表 7-13　订单表

订单编号	订单商品	购买件数	下单时间
1	铅笔	3	2023-01-20 08:30:15
2	钢笔	2	2023-01-21 09:00:15
3	圆珠笔	1	2023-01-22 09:30:15

表 7-14　用户表

用户编号	订单编号	用户名	付款状态
1	1	张三	已支付
1	2	张三	未支付
2	3	李四	已支付

在表 7-14 中，用户编号和订单编号组成了复合主键，付款状态完全依赖该复合主键，而用户名只依赖用户编号。

采用上述方式设计的用户表存在以下问题。

① 插入异常：如果一个用户没有下过订单，则该用户无法插入。

② 删除异常：如果删除一个用户所有的订单，则该用户会被删除。

③ 更新异常：由于用户名冗余，修改一个用户时需要修改多条数据。如果稍有不慎，漏改某些数据，则会出现更新异常。

为了满足第二范式，将复合主键移动到订单表中，如表 7-15 和表 7-16 所示。

表 7-15　用户表

用户编号	用户名
1	张三
2	李四

表 7-16　订单表

订单编号	用户编号	订单商品	购买件数	下单时间	付款状态
1	1	铅笔	3	2023-01-20 08:30:15	已支付
2	1	钢笔	2	2023-01-21 09:00:15	未支付
3	2	圆珠笔	1	2023-01-22 09:30:15	已支付

7.2.3　第三范式

第三范式是在第二范式的基础上建立起来的，即满足第三范式之前必须满足第二范式。第三范式要求一个数据表中每一列数据都与主键直接相关，而不能间接相关。简而言之，第三范式要求非主键字段不能相互依赖。

下面通过表 7-17 演示不满足第三范式的情况。

表 7-17　用户表

用户编号	用户名	用户等级	享受折扣
1	张三	1	0.95
2	李四	1	0.95
3	王五	2	0.85

在表 7-17 中，用户享受的折扣与用户等级相关，两者存在依赖。采用这种方式设计的用户表存在以下问题。

① 插入异常：如果新插入用户的等级在 1、2 之外，其享受的折扣无从参考。

② 删除异常：如果删除某个等级下所有的用户，该等级对应的折扣也被删除。

③ 更新异常：如果修改某个用户的等级，该用户享受的折扣必须随之修改；如果修改某个等级对应的折扣，因为折扣存在冗余，容易出现漏改的情况。

为了满足第三范式，将用户等级与享受折扣拆分到单独的折扣表中，如表 7-18 和表 7-19 所示。

表 7-18　用户表

用户编号	用户名	用户等级
1	张三	1
2	李四	1
3	王五	2

表 7-19　折扣表

用户等级	享受折扣
1	0.95
2	0.85

7.2.4　逆规范化

逆规范化是一种反范式的设计，其目的主要是提高查询效率。范式虽然减少了数据冗余，但是增加了表的数量，这会使查询变得复杂，尤其是在连接多张表查询数据时，会使查询性能降低。例如，商品销量可以通过查询订单表中的购买记录来进行计算，当订单表中的数据量非常大且需要统计大量商品的销量时，就需要花费很多时间计算销量。

为了提高查询效率，可以违反范式的要求，在商品表中增加一个商品销量字段，当商品被购买时商品销量字段数值就会增加，这样就不用每次通过查询订单表来计算销量了。这种方式的缺点是容易出现数据不一致的问题，例如，用户购买商品后，程序出错，没有增加商品销量字段数值，销量数据就会出现错误。

为了方便读者更好地理解，下面设计商品表和订单表，具体如表 7-20 和表 7-21 所示。

表 7-20　商品表

商品编号	商品名称	商品价格	商品销量
1	铅笔	2	5
2	钢笔	89	1
3	圆珠笔	10	1

表 7-21　订单表

订单编号	商品编号	购买件数	下单时间
1	1	3	2023-01-20 08:30:15
2	1	2	2023-01-21 09:00:15
3	2	1	2023-01-22 09:30:15
4	3	1	2023-01-23 09:59:15

在表 7-20 中，有商品编号、商品名称、商品价格和商品销量等信息，其中，商品销量的值来自订单表的对应商品购买件数的和，也就是说，在订单表中，商品编号为 1 的商品被购买了 5 件，所以商品表中的商品销量是 5。

在实际开发中，若选择采取反范式的设计，应该提前评估这种设计可能出现的问题，并准备一套解决方案，例如，通过存储过程进行操作、定期检查数据的一致性等。

7.3　数据进阶操作

在实际开发中，除了需要对数据进行添加、修改、查询和删除操作外，有时还需要对数据进行一些进阶操作，例如去除查询结果中的重复数据、使用运算符或聚合函数操作数据、分组、排序和限量等。本节将对这些数据进阶操作进行详细讲解。

7.3.1　去除查询结果中的重复数据

如果没有为数据表的字段设置唯一约束或主键约束，那么该字段有可能存储了重复数据。在实际应用中，有时需要从查询结果中去除重复数据，这时可以使用 SELECT 语句的查询选项 DISTINCT 实现去重查询。带有查询选项的 SELECT 语句的语法格式如下。

```
SELECT [查询选项] 字段名[, …] FROM 数据表名称;
```

在上述语法格式中，查询选项为可选项，取值为 ALL 或 DISTINCT，其中 ALL 为默认值，表示保留所有查询到的数据；DISTINCT 表示去除重复数据，只保留一条数据。需要注意的是，当查询的字段有多个时，只有所有字段的值完全相同，才会被认为是重复数据。

下面演示去除查询结果中的重复数据，具体步骤如下。

① 创建 my_goods 数据表，具体 SQL 语句如下。

```
CREATE TABLE my_goods (
  id int unsigned NOT NULL AUTO_INCREMENT COMMENT '商品id',
  category_id int unsigned NOT NULL DEFAULT '0' COMMENT '分类id',
  spu_id int unsigned NOT NULL DEFAULT '0' COMMENT 'SPU id',
  sn varchar(20) NOT NULL DEFAULT '' COMMENT '编号',
  name varchar(120) NOT NULL DEFAULT '' COMMENT '名称',
  keyword varchar(255) NOT NULL DEFAULT '' COMMENT '关键词',
  picture varchar(255) NOT NULL DEFAULT '' COMMENT '图片',
  tips varchar(255) NOT NULL DEFAULT ' ' COMMENT '提示',
  description varchar(255) NOT NULL DEFAULT '' COMMENT '描述',
  content text NOT NULL COMMENT '详情',
  price decimal(10,2) unsigned NOT NULL DEFAULT '0.00' COMMENT '价格',
  stock int unsigned NOT NULL DEFAULT '0' COMMENT '库存',
  score decimal(3,2) unsigned NOT NULL DEFAULT '0.00' COMMENT '评分',
```

```
    is_on_sale tinyint unsigned NOT NULL DEFAULT '0' COMMENT '是否上架',
    is_del tinyint unsigned NOT NULL DEFAULT '0' COMMENT '是否删除',
    is_free_shipping tinyint unsigned NOT NULL DEFAULT '0' COMMENT '是否包邮',
    sell_count int unsigned NOT NULL DEFAULT '0' COMMENT '销量计数',
    comment_count int unsigned NOT NULL DEFAULT '0' COMMENT '评论数',
    on_sale_time datetime DEFAULT NULL COMMENT '上架时间',
    create_time datetime NOT NULL DEFAULT CURRENT_TIMESTAMP COMMENT '创建时间',
    update_time datetime DEFAULT NULL COMMENT '更新时间',
    PRIMARY KEY (id)
);
```

② 向 my_goods 表中插入测试数据，具体 SQL 语句如下。

```
INSERT INTO my_goods VALUES
('1', '3', '0', '', '2H 铅笔 S30804', '文具', '', ' ', '', '考试专用', '0.50', '500',
'4.90', '0', '0', '0', '0', '40000', null, '2023-06-10 16:18:12', null),
 ('2', '3', '0', '', '钢笔 T1616', '文具', '', ' ', '', '练字必不可少', '15.00', '300',
'3.90', '0', '0', '0', '0', '500', null, '2023-06-10 16:18:12', null),
('3', '3', '0', '', '碳素笔 GP1008', '文具', '', ' ', '', '平时使用', '1.00', '500',
'5.00', '0', '0', '0', '0', '98000', null, '2023-06-10 16:18:12', null),
('4', '12', '0', '', '超薄笔记本 Pro12', '电子产品', '', ' ', '', '轻薄便携', '5999.00',
'0', '2.50', '0', '0', '0', '0', '200', null, '2023-06-10 16:18:12', null),
('5', '6', '0', '', '华为 P50 智能手机', '电子产品', '', ' ', '', '人人必备', '1999.00',
'0', '5.00', '0', '0', '0', '0', '98000', null, '2023-06-10 16:18:12', null),
('6', '8', '0', '', '桌面音箱 BMS10', '电子产品', '', ' ', '', '扩音装备', '69.00',
'750', '4.50', '0', '0', '0', '0', '1000', null, '2023-06-10 16:18:12', null),
('7', '9', '0', '', '头戴耳机 Star Y360', '电子产品', '', ' ', '', '独享个人世界', '109.00',
'0', '3.90', '0', '0', '0', '0', '500', null, '2023-06-10 16:18:12', null),
('8', '10', '0', '', '办公计算机 天逸 510Pro', '电子产品', '', ' ', '', '适合办公', '2000.00',
'0', '4.80', '0', '0', '0', '0', '6000', null, '2023-06-10 16:18:12', null),
('9', '15', '0', '', '收腰风衣中长款', '服装', '', ' ', '', '春节潮流单品', '299.00',
'0', '4.90', '0', '0', '0', '0', '40000', null, '2023-06-10 16:18:12', null),
('10', '16', '0', '', '薄毛衣联名款', '服装', '', ' ', '', '居家旅行必备', '48.00',
'0', '4.80', '0', '0', '0', '0', '98000', null, '2023-06-10 16:18:12', null);
```

③ 查看 my_goods 表中 keyword 字段的所有值，具体 SQL 语句及执行结果如下。

```
mysql> SELECT keyword FROM my_goods;
+---------+
| keyword |
+---------+
| 文具    |
| 文具    |
| 文具    |
| 电子产品 |
| 电子产品 |
| 电子产品 |
| 电子产品 |
| 电子产品 |
| 服装    |
| 服装    |
+---------+
10 rows in set(0.00sec)
```

从上述查询结果可以看出，查询出的 keyword 字段的值有 10 条数据，其中，3 条为文具，5 条为电子产品，2 条为服装。

④ 查询 my_goods 表中去除重复数据后的 keyword 字段的值，具体 SQL 语句及执行结果如下。

```
mysql> SELECT DISTINCT keyword FROM my_goods;
+----------+
| keyword  |
+----------+
| 文具     |
| 电子产品 |
| 服装     |
+----------+
3 rows in set(0.00sec)
```

从上述查询结果可以看出，查询结果中仅包含 3 条数据，分别为文具、电子产品和服装，不再包含重复数据。

7.3.2 运算符

在数据库的查询、更新和删除等操作中都可以使用条件表达式来操作数据。在条件表达式中，经常会使用运算符处理一些运算，例如对数据进行比较运算、逻辑运算等。下面对 MySQL 中常用的运算符进行讲解。

1. 比较运算符

比较运算符通常用于对数据进行限定。比较运算符的比较结果有 3 种，分别为 1、0 和 NULL，其中 1 表示 TRUE（真），0 表示 FALSE（假），NULL 表示未知。常用的比较运算符如表 7-22 所示。

表 7-22 常用的比较运算符

运算符	描述
=	运算符左右两侧的操作数相等
<=>	作用与 "=" 的类似，但它可以进行 NULL 值比较
>	运算符左侧操作数大于右侧操作数
<	运算符左侧操作数小于右侧操作数
>=	运算符左侧操作数大于或等于右侧操作数
<=	运算符左侧操作数小于或等于右侧操作数
<>或!=	运算符左右两侧的操作数不相等
BETWEEN...AND...	数据在某个范围内（含最小值和最大值）
NOT BETWEEN...AND...	数据不在某个范围内（含最小值和最大值）
IS	判断一个数据是 TRUE、FALSE 或 NULL，若是则返回 1，否则返回 0
IS NOT	判断一个数据不是 TRUE、FALSE 或 NULL，若不是则返回 1，否则返回 0
IS NULL	判断一个数据是 NULL，若是则返回 1，否则返回 0
IS NOT NULL	判断一个数据不是 NULL，若不是则返回 1，否则返回 0
LIKE	获取匹配到的数据，模糊匹配
NOT LIKE	获取匹配不到的数据，模糊匹配
REGEXP	获取正则表达式匹配查询的数据

下面演示比较运算符"BETWEEN...AND..."的使用方法。获取 my_goods 表中价格在 2000～6000 范围内的商品的信息，具体 SQL 语句及执行结果如下。

```
mysql> SELECT id, name, price FROM my_goods
    -> WHERE price BETWEEN 2000 AND 6000;
+----+--------------------+---------+
| id | name               | price   |
+----+--------------------+---------+
|  4 | 超薄笔记本 Pro12    | 5999.00 |
|  8 | 办公计算机 天逸 510Pro | 2000.00 |
+----+--------------------+---------+
2 rows in set (0.01 sec)
```

从上述查询结果可以看出，查询出了"超薄笔记本 Pro12"和"办公计算机 天逸 510 Pro"的信息。

2. 逻辑运算符

逻辑运算符通常用于逻辑判断，它经常与比较运算符结合使用。逻辑判断的结果有 3 种，分别为 1、0 或 NULL，其中 1 表示 TRUE（真），0 表示 FALSE（假），NULL 表示未知。常用的逻辑运算符如表 7-23 所示。

表 7-23　常用的逻辑运算符

运算符	描述
AND 或 &&	逻辑与，若操作数全部为 TRUE，则结果为 1，否则结果为 0
OR 或 ||	逻辑或，操作数中若有一个为 TRUE，则结果为 1；若都不为 TRUE，则结果为 0
NOT 或 ！	逻辑非，返回和操作数相反的结果
XOR	逻辑异或，若操作数一个为 TRUE，另一个为 FALSE，则结果为 1；若操作数全部为 TRUE 或全部为 FALSE，则结果为 0

下面演示逻辑运算符"AND"的使用方法。查询 my_goods 表中关键词为"电子产品"且评分为 5 的商品的信息，具体 SQL 语句和执行结果如下。

```
mysql> SELECT id, name, price FROM my_goods
    -> WHERE keyword='电子产品' AND score=5;
+----+----------------+---------+
| id | name           | price   |
+----+----------------+---------+
|  5 | 华为 P50 智能手机 | 1999.00 |
+----+----------------+---------+
1 row in set (0.00 sec)
```

从上述查询结果可以看出，查询出了华为 P50 智能手机的信息。

7.3.3　聚合函数

MySQL 提供的聚合函数可用来统计数据，例如，获取每个商品分类的商品数量和平均价格、商品的最高价格和最低价格等。聚合函数用于完成聚合操作。聚合操作是指对一组值进行运算，获得一个运算结果。

MySQL 中常用的聚合函数如表 7-24 所示。

表 7-24　MySQL 中常用的聚合函数

聚合函数	功能描述
COUNT()	用于统计查询的总记录数，参数可以是字段名或*
SUM()	用于对指定字段中的值进行累加
AVG()	用于计算某一列数值的平均值
MAX()	用于查询某一列数值中的最大值
MIN()	用于查询某一列数值中的最小值
GROUP_CONCAT()	使用指定分隔符将某一列的值连接成字符串
JSON_ARRAYAGG()	将结果集作为单个 JSON 数组返回
JSON_OBJECTAGG()	将结果集作为单个 JSON 对象返回

在表 7-24 中，COUNT()、SUM()、AVG()、MAX()、MIN()和 GROUP_CONCAT()函数可以在参数前添加 DISTINCT，表示对不重复的记录进行相关操作。

要使用聚合函数，只需根据函数的语法格式直接调用即可。下面对常用的聚合函数的使用方法进行详细讲解。

1. COUNT()函数

COUNT()函数用于统计查询的总记录数。使用 COUNT()函数查询数据的基本语法格式如下。

```
SELECT COUNT(*|字段名) FROM 数据表名称;
```

在上述语法格式中，如果参数为*，表示统计数据表中数据的总条数，不会忽略字段中值为 NULL 的行。如果参数为字段名，表示统计数据表中数据的总条数，会忽略字段中值为 NULL 的行。如果没有匹配的行，则 COUNT()返回 0。

2. SUM()函数

SUM()函数用于对指定字段中的值进行累加，并且在进行累加时会忽略字段中的 NULL 值。使用 SUM()函数查询数据的基本语法格式如下。

```
SELECT SUM(字段名) FROM 数据表名称;
```

在上述语法格式中，字段名表示要进行累加的字段。

3. AVG()函数

AVG()函数用于计算某一列数值的平均值，并且在计算时会忽略字段中的 NULL 值，即只对非 NULL 的数值进行累加，然后用累加和除以非 NULL 的行数计算出平均值。使用 AVG()函数查询数据的基本语法格式如下。

```
SELECT AVG(字段名) FROM 数据表名称;
```

AVG()函数在计算平均值时会忽略字段中的 NULL 值。如果想要统计的字段中包含 NULL 值，可以先借助 IFNULL()函数，将 NULL 值转换为 0 再进行计算。例如，sal 字段中含有 NULL 值，查询语句语法格式如下。

```
SELECT AVG(IFNULL(sal, 0)) FROM 数据表名称;
```

在上述语法格式中，首先处理 IFNULL(sal, 0)，判断 sal 字段的值是否为 NULL，如果该值不为 NULL，则返回 sal 字段的值，如果为 NULL，则返回 0；然后处理 AVG()函数。

4. MAX()函数和 MIN()函数

MAX()函数用于查询某一列数值中的最大值，基本语法格式如下。

```
SELECT MAX(字段名) FROM 数据表名称;
```

MIN()函数用于查询某一列数值中的最小值，基本语法格式如下。

```
SELECT MIN(字段名) FROM 数据表名称;
```

下面演示使用聚合函数单独获取 my_goods 表中商品最高和最低的价格，具体 SQL 语句及执行结果如下。

```
mysql> SELECT MAX(price), MIN(price) FROM my_goods;
+------------+------------+
| MAX(price) | MIN(price) |
+------------+------------+
|    5999.00 |       0.50 |
+------------+------------+
1 row in set (0.02 sec)
```

从上述执行结果可以看出，利用 MAX()和 MIN()函数可以从 my_goods 表的所有记录中获取价格（price）字段最高和最低的值。

5. GROUP_CONCAT()函数

GROUP_CONCAT()函数使用指定分隔符将某一列的值连接成字符串，通常用于将分组查询的结果进行字符串拼接。使用 GROUP_CONCAT()函数查询数据的基本语法格式如下。

```
SELECT GROUP_CONCAT(字段名 [ORDER BY 字段名] [SEPARATOR 分隔符]) FROM 数据表名称;
```

在上述语法格式中，ORDER BY 用于指定按哪个字段名排序，SEPARATOR 用于指定分隔符。

6. JSON_ARRAYAGG()函数和 JSON_OBJECTAGG()函数

JSON_ARRAYAGG()函数的参数可以是一个字段或表达式，返回值为一个 JSON 数组；JSON_OBJECTAGG()函数将两个字段名或表达式作为参数，基本语法格式如下。

```
SELECT JSON_OBJECTAGG(参数1,参数2) FROM 数据表名称;
```

在上述语法格式中，参数 1 表示"键"，参数 2 表示"键"对应的值，并返回一个包含键值对的 JSON 对象。

下面演示 JSON_ARRAYAGG()函数和 JSON_OBJECTAGG()函数的使用。将 id 字段的结果集作为 JSON 数组返回，将 id 和 name 字段的结果集作为 JSON 对象返回，具体 SQL 语句及执行结果如下。

```
mysql> SELECT JSON_ARRAYAGG(id) AS '[编号]',
    -> JSON_OBJECTAGG(id, name) AS '{编号: 名称}'
    -> FROM my_goods\G
*************************** 1. row ***************************
    [编号]: [1, 2, 3, 4, 5, 6, 7, 8, 9, 10]
{编号: 名称}: {"1": "2H 铅笔 S30804", "2": "钢笔 T1616", "3": "碳素笔 GP1008", "4": "超薄笔记本 Pro12", "5": "华为 P50 智能手机", "6": "桌面音箱 BMS10", "7": "头戴耳机 Star Y360", "8": "办公计算机 天逸 510Pro", "9": "收腰风衣中长款", "10": "薄毛衣联名款"}
1 row in set (0.00 sec)
```

上述 SQL 语句中，使用 JSON_ARRAYAGG()函数返回 id 字段的值组成的 JSON 数组；JSON_OBJECTAGG()函数返回由 id 字段的值和 name 字段的值组成的 JSON 对象。

多学一招：在查询中使用别名

在 MySQL 中执行查询操作时，可以根据具体情况为获取的字段设置别名，例如，通过设置别名缩短字段的名称长度。如果别名中包含特殊字符，或想让别名原样显示，可以使用英文单引号或英文双引号对别名进行标识。

为字段设置别名的方法很简单，只需在字段名后面添加"AS 别名"即可。MySQL 中为字段设置别名的基本语法格式如下。

```
SELECT 字段名1 [AS] 字段别名1, 字段名2 [AS] 字段别名2,… FROM 数据表名称;
```

在上述语法格式中，AS 用于为其前面的字段、表达式、函数等设置别名，也可以使用空格代替 AS。

下面以获取分类 id 为 3 或 6 的商品的最低价格为例演示别名的使用。需要为 category_id 字段设置别名 cid，为最低价格 MIN(price)字段设置别名 min_price，具体 SQL 语句及执行结果如下。

```
mysql> SELECT category_id cid, MIN(price) min_price FROM my_goods
    -> GROUP BY cid HAVING cid=3 OR cid=6;
+-----+-----------+
| cid | min_price |
+-----+-----------+
|   3 |      0.50 |
|   6 |   1999.00 |
+-----+-----------+
2 rows in set (0.01 sec)
```

上述 SQL 语句中，为查询的 category_id 字段和 MIN(price)字段分别设置了别名 cid 和 min_price 后，在 GROUP BY 分组、HAVING 分组筛选和查询结果中就可以使用设置的别名，方便开发与阅读。

此外，如果想要在数据表名称很长的情况下简化数据表名称，或者想要在多表查询时区分不同数据表的同名字段，可以为数据表设置别名。

MySQL 中为数据表设置别名的基本语法格式如下。

```
SELECT 数据表别名.字段名[, …] FROM 数据表名称 [AS] 数据表别名;
```

在上述语法格式中，AS 用于指定数据表的别名，同样地，可以使用空格代替 AS。

例如，为以上示例中的数据表设置别名，修改效果如下。

```
SELECT g.category_id cid, MIN(price) min_price FROM my_goods g
GROUP BY cid HAVING cid=3 OR cid=6;
```

需要注意的是，在为字段与数据表设置别名后，在排序和分组中可以使用原来的名称，也可以使用别名。数据表的别名主要用于连接查询，具体会在 7.5 节中讲解。

7.3.4 分组

MySQL 提供分组操作的目的是实现统计功能，同时通过分组操作可以对统计后的数据进行分析和筛选。下面对分组进行详细讲解。

1. 分组查询

在查询数据时，在 WHERE 子句后面添加 GROUP BY 即可根据指定的字段进行分组。分组的语法格式如下。

```
SELECT [查询选项] * | {字段名[, …]} FROM 数据表名称 [WHERE 条件表达式]
GROUP BY 字段名[, …];
```

在上述语法格式中，GROUP BY 后指定的字段名是分组依据的字段。

下面对 my_goods 数据表中的 keyword 字段进行分组，具体 SQL 语句及执行结果如下。

```
mysql> SELECT keyword FROM my_goods GROUP BY keyword;
+----------+
| keyword  |
+----------+
| 文具     |
```

```
| 电子产品  |
| 服装    |
+----------+
3 rows in set (0.00 sec)
```

从执行结果可以看出，my_goods 表中关键词分为 3 组，分别是文具、电子产品、服装。

下面演示如何通过聚合函数 MAX() 获取每个分类 id 下商品的最高价格，具体 SQL 语句及执行结果如下。

```
mysql> SELECT category_id, MAX(price) FROM my_goods
    -> GROUP BY category_id;
+-------------+------------+
| category_id | MAX(price) |
+-------------+------------+
|           3 |      15.00 |
|          12 |    5999.00 |
|           6 |    1999.00 |
|           8 |      69.00 |
|           9 |     109.00 |
|          10 |    2000.00 |
|          15 |     299.00 |
|          16 |      48.00 |
+-------------+------------+
8 rows in set(0.00sec)
```

从上述查询结果可以看出，根据 category_id 字段分组后，使用 MAX(price) 获取到了每个分类 id 下商品的最高价格。

2. 回溯统计

回溯统计用于对数据进行分析，当进行分组查询后，MySQL 会自动对分组的字段进行一次新的统计，并产生一个新的统计数据，该数据对应的分组字段值为 NULL。回溯统计的语法格式如下。

```
SELECT [查询选项] * | {字段名[, …]} FROM 数据表名称 [WHERE 条件表达式]
GROUP BY 字段名[, …] WITH ROLLUP;
```

下面演示如何统计 my_goods 表中每个分类 id 下的商品数量，并对统计的结果进行回溯统计，具体 SQL 语句及执行结果如下。

```
mysql> SELECT category_id, COUNT(*) FROM my_goods
    -> GROUP BY category_id WITH ROLLUP;
+-------------+----------+
| category_id | COUNT(*) |
+-------------+----------+
|           3 |        3 |
|           6 |        1 |
|           8 |        1 |
|           9 |        1 |
|          10 |        1 |
|          12 |        1 |
|          15 |        1 |
|          16 |        1 |
|        NULL |       10 |
+-------------+----------+
9 rows in set (0.01 sec)
```

从上述查询结果可以看出，在获取每个分类 id 下的商品数量后，MySQL 又自动对分组数据进行了一次回溯统计，最后一行数据就是对分组数据的回溯统计结果。

上述示例演示了单个分组的回溯统计。下面演示如何对多个分组进行回溯统计，具体 SQL 语句及执行结果如下。

```
mysql> SELECT score, comment_count, COUNT(*) FROM my_goods
    -> GROUP BY score, comment_count WITH ROLLUP;
+-------+---------------+----------+
| score | comment_count | COUNT(*) |
+-------+---------------+----------+
|  2.50 |           200 |        1 |
|  2.50 |          NULL |        1 |
|  3.90 |           500 |        2 |
|  3.90 |          NULL |        2 |
|  4.50 |          1000 |        1 |
|  4.50 |          NULL |        1 |
|  4.80 |          6000 |        1 |
|  4.80 |         98000 |        1 |
|  4.80 |          NULL |        2 |
|  4.90 |         40000 |        2 |
|  4.90 |          NULL |        2 |
|  5.00 |         98000 |        2 |
|  5.00 |          NULL |        2 |
|  NULL |          NULL |       10 |
+-------+---------------+----------+
14 rows in set (0.00 sec)
```

在上述 SQL 语句中，分组操作根据 GROUP BY 后的字段从前往后依次执行，即先按 score 字段分组，再按 comment_count 字段分组。完成分组后，系统进行回溯统计，从 GROUP BY 后最后一个指定的分组字段开始回溯统计，并将结果上报，然后根据上报结果依次向前一个分组的字段进行回溯统计，即先回溯 comment_count 字段分组的结果，再根据 comment_count 字段的回溯结果对 score 字段进行回溯统计。

3. 分组后进行条件筛选

HAVING 是 MySQL 中用于对分组结果进行条件筛选的关键字，它通常与 GROUP BY 一起使用，在分组查询时对分组结果进行进一步过滤。GROUP BY 结合 HAVING 查询的语法格式如下。

```
SELECT [查询选项] * | {字段名[, …]} FROM 数据表名称 [WHERE 条件表达式]
GROUP BY 字段名[, …] HAVING 条件表达式;
```

在上述语法格式中，GROUP BY 后面的字段名是对数据进行分组的依据，HAVING 后面的条件表达式用于对分组后的内容进行筛选。

HAVING 的功能和前面学习过的 WHERE 的功能相同，但是在实际使用时两者有一定的区别，具体如下。

① WHERE 操作是从数据表中获取数据，将数据从磁盘存储到内存中；而 HAVING 是对已存放到内存中的数据进行操作。

② HAVING 位于 GROUP BY 子句之后，而 WHERE 位于 GROUP BY 子句之前。

③ HAVING 后面可以使用聚合函数，而 WHERE 后面不可以使用聚合函数。

下面演示如何根据评分字段 score 和评论数字段 comment_count 进行分组统计，获取分组后含有两件商品的商品 id，具体 SQL 语句和执行结果如下。

```
mysql> SELECT score, comment_count, GROUP_CONCAT(id)
    -> FROM my_goods GROUP BY score, comment_count
    -> HAVING COUNT(*)=2;
+-------+---------------+------------------+
| score | comment_count | GROUP_CONCAT(id) |
+-------+---------------+------------------+
| 3.90  |           500 |              2,7 |
| 4.90  |         40000 |              1,9 |
| 5.00  |         98000 |              3,5 |
+-------+---------------+------------------+
3 rows in set (0.00 sec)
```

在上述 SQL 语句中，首先根据 score 字段进行分组，然后根据 comment_count 字段进行分组，分组后利用 HAVING 筛选出了商品数量等于 2 的商品 id。

7.3.5　排序

在查询数据表中的数据时，如果需要对数据进行排序操作，可以通过 ORDER BY 来实现。实现排序查询的语法格式如下。

```
SELECT * | {字段名[, …]} FROM 数据表名称
ORDER BY 字段名1 [ASC | DESC][, 字段名2 [ASC | DESC] …];
```

在上述语法格式中，ORDER BY 后面可以跟表达式，使用 ORDER BY 进行排序时，如果不指定排序方式，默认按照 ASC（升序）方式进行排序。

ORDER BY 可以对多个字段的值进行排序，当对多个字段的值进行排序时，先按照字段名 1 的值进行排序，如果字段名 1 的值相同，再按照字段名 2 的值进行排序，以此类推。

排序意味着数据与数据会进行比较，需要遵循一定的比较规则，具体比较规则取决于当前使用的校对集。默认情况下，数字和日期的排列顺序为从小到大；英文字母的排列顺序遵循 ASCII 值的次序，即从 A～Z。需要说明的是，按照指定字段进行排序时，如果指定字段中包含 NULL，NULL 会被当作最小值。

下面演示查询 my_goods 表中的数据，先按照 category_id 字段的值升序排序，再按照 price 字段的值降序排序，具体 SQL 语句及执行结果如下。

```
mysql> SELECT category_id, id, name, price FROM my_goods
    -> ORDER BY category_id, price DESC;
+-------------+----+----------------------+---------+
| category_id | id | name                 | price   |
+-------------+----+----------------------+---------+
|           3 |  2 | 钢笔 T1616           |   15.00 |
|           3 |  3 | 碳素笔 GP1008        |    1.00 |
|           3 |  1 | 2H 铅笔 S30804       |    0.50 |
|           6 |  5 | 华为 P50 智能手机    | 1999.00 |
|           8 |  6 | 桌面音箱 BMS10       |   69.00 |
|           9 |  7 | 头戴耳机 Star Y360   |  109.00 |
|          10 |  8 | 办公计算机 天逸 510Pro | 2000.00 |
|          12 |  4 | 超薄笔记本 Pro12     | 5999.00 |
|          15 |  9 | 收腰风衣中长款       |  299.00 |
|          16 | 10 | 薄毛衣联名款         |   48.00 |
```

```
+-------------+----+--------------------+--------+
10 rows in set (0.00 sec)
```

从上述查询结果可以看出，查询出了同一个分类 id 的商品，以及价格从高到低的商品信息。

■■■ **多学一招：按照中文拼音排序**

当使用 utf8mb4 字符集时，如果排序字段的值为中文，默认不会按照中文拼音首字母的顺序排序。在不改变数据表结构的情况下，若要强制字段按中文拼音首字母的顺序排序，可以使用 CONVERT(字段名 USING gbk)函数将字段的字符集指定为 gbk。

下面按照商品名称的中文拼音首字母的顺序排序，具体 SQL 语句及执行结果如下。

```
mysql> SELECT id, name FROM my_goods
    -> ORDER BY CONVERT(name USING gbk) ASC;
+----+--------------------+
| id | name               |
+----+--------------------+
|  1 | 2H 铅笔 S30804      |
|  8 | 办公计算机 天逸 510Pro |
| 10 | 薄毛衣联名款         |
|  4 | 超薄笔记本 Pro12     |
|  2 | 钢笔 T1616          |
|  5 | 华为 P50 智能手机    |
|  9 | 收腰风衣中长款       |
|  3 | 碳素笔 GP1008       |
|  7 | 头戴耳机 Star Y360   |
|  6 | 桌面音箱 BMS10       |
+----+--------------------+
10 rows in set (0.00 sec)
```

从上述查询结果可以看出，已经成功按照 name 字段的值的中文拼音首字母的顺序进行升序排序。

7.3.6　限量

查询数据时，使用 SELECT 语句可能会返回多条数据。如果只需要其中的一条或几条数据，可以对查询结果进行限量。

LIMIT 关键字可以指定查询结果从哪一条数据开始以及一共查询多少条数据，在 SELECT 语句中使用 LIMIT 的基本语法格式如下。

```
SELECT [查询选项] * | {字段名[, …]} FROM 数据表名称 [WHERE 条件表达式]
LIMIT [OFFSET, ] 记录数;
```

在上述语法格式中，OFFSET 为可选项，如果不指定 OFFSET 的值，默认值为 0，表示从第一条数据开始获取，OFFSET 的值为 1 则从第二条数据开始获取，以此类推；记录数表示查询结果中的最大条数限制，在记录数大于数据表记录数时，记录数以实际记录数为准。

下面演示如何使用限量查询，具体步骤如下。

① 查询 my_goods 数据表中价格最高的一件商品，具体 SQL 语句及执行结果如下。

```
mysql> SELECT id, name, price FROM my_goods
    -> ORDER BY price DESC LIMIT 1;
+----+--------------+--------+
```

```
| id | name         | price   |
+----+--------------+---------+
| 4  | 超薄笔记本 Pro12 | 5999.00 |
+----+--------------+---------+
1 row in set (0.00 sec)
```

② 查询 my_goods 数据表中从第一条数据开始的 5 条数据，具体 SQL 语句及执行结果如下。

```
mysql> SELECT id, name, price FROM my_goods LIMIT 0, 5;
+----+----------------+---------+
| id | name           | price   |
+----+----------------+---------+
| 1  | 2H 铅笔 S30804    |    0.50 |
| 2  | 钢笔 T1616       |   15.00 |
| 3  | 碳素笔 GP1008     |    1.00 |
| 4  | 超薄笔记本 Pro12   | 5999.00 |
| 5  | 华为 P50 智能手机  | 1999.00 |
+----+----------------+---------+
5 rows in set (0.00 sec)
```

在上述 SQL 语句中，LIMIT 关键字后的 0 表示第一条数据的偏移量，5 表示从第一（偏移量加 1）条数据开始获取 5 条数据。

7.4 联合查询

在数据库操作中，如果想同时查看两张数据表的数据，可以使用联合查询。联合查询是一种多表查询方式，它将多个查询结果集合并为一个结果集进行显示。本节将对联合查询进行讲解。

7.4.1 联合查询概述

联合查询是一种多表查询方式，它在保证多条 SELECT 语句的查询字段数相同的情况下，合并多个查询的结果。联合查询的语法格式如下。

```
SELECT *|{字段名[, …]} FROM 数据表名称 1 …
UNION [ALL|DISTINCT]
SELECT *|{字段名[, …]} FROM 数据表名称 2 …;
```

在上述语法格式中，UNION 是实现联合查询的关键字；ALL 关键字和 DISTINCT 关键字是联合查询的选项，其中，ALL 关键字表示保留所有的查询结果，DISTINCT 关键字为默认值，可以省略，表示去除查询结果中完全重复的数据，只保留一条数据。

需要注意的是，参与联合查询的 SELECT 语句的字段数必须一致，联合查询结果中的列来源于第一条 SELECT 语句的字段。即使 UNION 后的 SELECT 语句查询的字段与第一条 SELECT 语句查询的字段的表达含义或数据类型不同，MySQL 也仅会根据第一条 SELECT 语句查询的字段出现的顺序，对结果进行合并。

下面演示联合查询的使用。查询 my_goods 数据表中 category_id 为 9 的商品的 id、name 和 price 字段，以及 category_id 为 6 的商品的 id、name 和 keyword 字段，具体 SQL 语句及执行结果如下。

```
mysql> SELECT id, name, price FROM my_goods WHERE category_id=9
    -> UNION
    -> SELECT id, name, keyword FROM my_goods WHERE category_id=6;
+----+-------------------+---------+
| id | name              | price   |
+----+-------------------+---------+
|  7 | 头戴耳机 Star Y360 | 109.00  |
|  5 | 华为 P50 智能手机   | 电子产品 |
+----+-------------------+---------+
2 rows in set (0.01 sec)
```

从上述查询结果可以看出，联合查询结果中的列取自第一条 SELECT 语句的字段，即 id、name 和 price 字段，category_id 为 6 的商品的 keyword 字段的值合并到了 price 字段下。

7.4.2　联合查询并排序

若要对联合查询的数据排序，需要使用括号 "()" 对每一条 SELECT 语句进行标识，在 SELECT 语句内或在联合查询的最后添加 ORDER BY 语句。要让排序生效，必须要在 ORDER BY 后添加 LIMIT 限定联合查询返回结果集的数量；如果没有添加 LIMIT，则根据主键升序返回查询结果集。

LIMIT 后的记录数根据实际需求进行设置，若设置的记录数小于数据表记录数，则会以设置的记录数为准；若设置的记录数大于或等于数据表记录数，则会以数据表记录数为准。

下面演示使用联合查询对 my_goods 表中 category_id 为 3 的商品按价格升序排序，category_id 不为 3 的商品按价格降序排序，具体 SQL 语句及执行结果如下。

```
mysql> (SELECT id, name, price FROM my_goods WHERE category_id<>3
    -> ORDER BY price DESC LIMIT 7)
    -> UNION
    -> (SELECT id, name, price FROM my_goods WHERE category_id=3
    -> ORDER BY price ASC LIMIT 3);
+----+---------------------+---------+
| id | name                | price   |
+----+---------------------+---------+
|  4 | 超薄笔记本 Pro12     | 5999.00 |
|  8 | 办公计算机 天逸 510Pro | 2000.00 |
|  5 | 华为 P50 智能手机     | 1999.00 |
|  9 | 收腰风衣中长款        |  299.00 |
|  7 | 头戴耳机 Star Y360   |  109.00 |
|  6 | 桌面音箱 BMS10       |   69.00 |
| 10 | 薄毛衣联名款          |   48.00 |
|  1 | 2H 铅笔 S30804       |    0.50 |
|  3 | 碳素笔 GP1008        |    1.00 |
|  2 | 钢笔 T1616           |   15.00 |
+----+---------------------+---------+
10 rows in set (0.00 sec)
```

在上述 SQL 语句中，第一条 SELECT 语句获取 category_id 不为 3 的商品，并按价格降序排序，使用 LIMIT 限制记录数为 7 条；第二条 SELECT 语句获取 category_id 为 3 的商品，并按价格升序排序，使用 LIMIT 限制记录数为 3 条。

7.5 连接查询

在关系数据库中，要同时获得多张数据表中的数据，可以将多张数据表中相关联的字段进行连接，并对连接后的数据表进行查询，这种查询方式称为连接查询。在 MySQL 中，连接查询包括交叉连接查询、内连接查询和外连接查询。本节将对不同的连接查询进行讲解。

7.5.1 交叉连接查询

交叉连接查询返回的结果是被连接的两个数据表中所有数据行的乘积，例如，数据表 A 中有 3 个字段、4 条数据，数据表 B 中有 5 个字段、10 条数据，那么交叉连接后的结果是 40（4×10）条数据，每条数据有 8（3+5）个字段。

下面以商品表（g）和分类表（c）为例，使用交叉连接查询将商品信息与商品所属分类的信息显示在同一个结果中，其中，分类表和商品表之间是一对多的联系，即一个分类下可以有多个商品。商品表中的 cid 字段引用分类表中的主键 id 字段。交叉连接查询的示意如图 7-1 所示。

商品表（g）

id	name	cid
1	商品1	1
2	商品2	2
3	商品3	3

分类表（c）

id	name
1	分类1
2	分类2
4	分类4

查询结果

g.id	g.name	g.cid	c.id	c.name
1	商品1	1	1	分类1
1	商品1	1	2	分类2
1	商品1	1	4	分类4
2	商品2	2	1	分类1
2	商品2	2	2	分类2
2	商品2	2	4	分类4
3	商品3	3	1	分类1
3	商品3	3	2	分类2
3	商品3	3	4	分类4

图7-1 交叉连接查询的示意

图 7-1 中，商品表中定义了 3 个字段，其中，id 表示商品编号，name 表示商品名称，cid 表示商品分类。分类表中定义了 2 个字段，其中 id 表示分类编号，name 表示分类名称。由查询结果可知，商品表和分类表中的全部记录都显示在一个查询结果中，商品表中有 3 条记录，分类表中有 3 条记录，最后的查询结果有 9 条记录，每条记录中含有 5 个字段。

在 MySQL 中，交叉连接查询的语法格式如下。

```
SELECT *|{字段名[, …]} FROM 数据表名称1 CROSS JOIN 数据表名称2;
```

在上述语法格式中，CROSS JOIN 用于连接两个数据表。

上述语法格式也可以简写为如下形式。

```
SELECT *|{字段名[, …]} FROM 数据表名称1, 数据表名称2;
```

下面演示交叉连接查询的使用，具体步骤如下。

① 创建商品分类表，具体 SQL 语句如下。

```
CREATE TABLE my_goods_category (
  id int unsigned NOT NULL AUTO_INCREMENT COMMENT '分类id',
  parent_id int unsigned NOT NULL DEFAULT '0' COMMENT '上级分类id',
  name varchar(100) NOT NULL DEFAULT '' COMMENT '分类名称',
  sort int NOT NULL DEFAULT '0' COMMENT '排序',
```

```
 is_show tinyint unsigned NOT NULL DEFAULT '0' COMMENT ' 是否显示',
 create_time datetime NOT NULL DEFAULT CURRENT_TIMESTAMP
COMMENT '创建时间',
 update_time datetime DEFAULT NULL COMMENT '更新时间',
 PRIMARY KEY (id)
);
```

② 插入测试数据，具体 SQL 语句如下。

```
INSERT INTO my_goods_category VALUES
('1', '0', '办公', '0', '0', '2023-06-11 10:56:27', null),
('2', '1', '耗材', '0', '0', '2023-06-11 10:56:27', null),
('3', '2', '文具', '0', '0', '2023-06-11 10:56:27', null),
('4', '0', '电子产品', '0', '0', '2023-06-11 10:56:27', null),
('5', '4', '通信', '0', '0', '2023-06-11 10:56:27', null),
('6', '5', '手机', '0', '0', '2023-06-11 10:56:27', null),
('7', '4', '影音', '0', '0', '2023-06-11 10:56:27', null),
('8', '7', '音箱', '0', '0', '2023-06-11 10:56:27', null),
('9', '7', '耳机', '0', '0', '2023-06-11 10:56:27', null),
('10', '4', '计算机', '0', '0', '2023-06-11 10:56:27', null),
('11', '10', '台式计算机', '0', '0', '2023-06-11 10:56:27', null),
('12', '10', '笔记本计算机', '0', '0', '2023-06-11 10:56:27', null),
('13', '0', '服装', '0', '0', '2023-06-11 10:56:27', null),
('14', '13', '女装', '0', '0', '2023-06-11 10:56:27', null),
('15', '14', '风衣', '0', '0', '2023-06-11 10:56:27', null),
('16', '14', '毛衣', '0', '0', '2023-06-11 10:56:27', null);
```

③ 下面将商品分类表 my_goods_category 和商品表 my_goods 进行交叉连接查询，具体 SQL 语句及执行结果如下。

```
mysql> SELECT c.id cid, c.name cname, g.id gid, g.name gname
    -> FROM my_goods_category AS c
    -> CROSS JOIN my_goods AS g;
+-----+-------+-----+--------------------+
| cid | cname | gid | gname              |
+-----+-------+-----+--------------------+
|   1 | 办公  |  10 | 薄毛衣联名款         |
|   1 | 办公  |   9 | 收腰风衣中长款       |
|   1 | 办公  |   8 | 办公计算机 天逸 510Pro |
|   1 | 办公  |   7 | 头戴耳机 Star Y360  |
|   1 | 办公  |   6 | 桌面音箱 BMS10       |
|   1 | 办公  |   5 | 华为 P50 智能手机    |
|   1 | 办公  |   4 | 超薄笔记本 Pro12     |
|   1 | 办公  |   3 | 碳素笔 GP1008        |
|   1 | 办公  |   2 | 钢笔 T1616          |
|   1 | 办公  |   1 | 2H 铅笔 S30804       |
……因篇幅有限，此处省略其余查询结果
+-----+-------+-----+--------------------+
160 rows in set(0.00sec)
```

从上述查询结果可以看出，查询出的数据有 160 条（即 my_goods_category 表的记录数 16 和 my_goods 表的记录数 10 的乘积）。

需要说明的是，交叉连接查询没有实际数据价值，只是丰富了连接查询的完整性，在实际应用中应避免使用交叉连接查询，而是使用具体的条件对数据进行有目的的查询。

7.5.2　内连接查询

内连接查询是将一张数据表中的每一行数据按照连接条件与另外一张数据表进行匹配，如果匹配成功，则返回参与内连接查询的两张数据表中符合连接条件的数据，如果匹配失败，则不保留数据。

下面以商品表（g）和分类表（c）为例，使用内连接查询添加了商品分类的商品的信息。内连接查询的示意如图 7-2 所示。

商品表（g）

id	name	cid
1	商品1	1
2	商品2	2
3	商品3	3

分类表（c）

id	name
1	分类1
2	分类2
4	分类4

连接条件g.cid=c.id

g.id	g.name	g.cid	c.id	c.name
1	商品1	1	1	分类1
2	商品2	2	2	分类2

图7-2　内连接查询的示意

在图 7-2 中，商品表中 id 为 3 的商品，在分类表中不存在对应的 id 和 name，因此不在查询结果中。

在 MySQL 中，内连接查询的语法格式如下。

```
SELECT *|{字段名[, …]} FROM 数据表名称 1 [INNER] JOIN 数据表名称 2 ON 连接条件;
```

在上述语法格式中，[INNER] JOIN 用于连接两张数据表，其中，[INNER]可以省略，ON 用来设置内连接的连接条件。

下面将商品表 my_goods 和商品分类表 my_goods_category 进行内连接查询，具体 SQL 语句及执行结果如下。

```
mysql> SELECT g.id gid, g.name gname, c.id cid, c.name cname
    -> FROM my_goods g JOIN my_goods_category c
    -> ON g.category_id=c.id;
+------+---------------------+------+------------+
| gid  | gname               | cid  | cname      |
+------+---------------------+------+------------+
|    1 | 2H 铅笔 S30804       |    3 | 文具        |
|    2 | 钢笔 T1616           |    3 | 文具        |
|    3 | 碳素笔 GP1008        |    3 | 文具        |
|    4 | 超薄笔记本 Pro12      |   12 | 笔记本计算机 |
|    5 | 华为 P50 智能手机     |    6 | 手机        |
|    6 | 桌面音箱 BMS10        |    8 | 音箱        |
|    7 | 头戴耳机 Star Y360    |    9 | 耳机        |
|    8 | 办公计算机 天逸 510Pro |   10 | 计算机      |
|    9 | 收腰风衣中长款        |   15 | 风衣        |
|   10 | 薄毛衣联名款          |   16 | 毛衣        |
+------+---------------------+------+------------+
10 rows in set(0.00sec)
```

在上述 SQL 语句中，指定 my_goods 表的别名为 g，my_goods_category 表的别名为 c，只有 g 表的 category_id 与 c 表的 id 相等的数据才会被查询出来。

7.5.3　外连接查询

内连接查询的返回结果是符合连接条件的数据，然而有时除了要查询出符合连接条件的数据外，还需要查询出其中一张数据表中符合连接条件之外的其他数据，此时就需要使用外连接查询。

在 MySQL 中，外连接查询的语法格式如下。

```
SELECT 数据表名称.字段名[, …] FROM 数据表名称1 LEFT|RIGHT [OUTER] JOIN 数据表名称2 ON 连接条件;
```

在上述语法格式中，OUTER 关键字为可选项，可以省略。

外连接查询分为左外连接（LEFT JOIN）查询和右外连接（RIGHT JOIN）查询。一般称上述语法格式中的"数据表名称 1"为左表，"数据表名称 2"为右表。

使用左外连接查询和右外连接查询的区别如下。

① 左外连接查询：返回左表中的所有数据和右表中符合连接条件的数据。

② 右外连接查询：返回右表中的所有数据和左表中符合连接条件的数据。

下面分别对左外连接查询和右外连接查询进行讲解。

1. 左外连接查询

左外连接查询是用左表的数据匹配右表的数据，查询的结果包括左表中的所有数据，以及右表中符合连接条件的数据。如果左表的某条数据在右表中不存在，则右表中对应字段的值显示为 NULL。

下面以商品表（g）和分类表（c）为例，使用左外连接查询商品所属的分类信息，即使某件商品没有分类，也要包含在查询结果中。左外连接查询的示意如图 7-3 所示。

商品表（g）

id	name	cid
1	商品1	1
2	商品2	2
3	商品3	3

分类表（c）

id	name
1	分类1
2	分类2
4	分类4

连接条件 g.cid=c.id

g.id	g.name	g.cid	c.id	c.name
1	商品1	1	1	分类1
2	商品2	2	2	分类2
3	商品3	3	NULL	NULL

图7-3　左外连接查询的示意

图 7-3 中，商品表中 id 为 3 的商品没有分类，所以在查询结果中它的 c.id 和 c.name 字段的值显示为 NULL。

下面演示左外连接查询的实现。将 my_goods 表作为查询中的左表，查询评分为 5 的商品名称及其对应的分类名称，具体 SQL 语句及执行结果如下。

```
mysql> SELECT g.id gid, g.name gname, c.id cid, c.name cname
    -> FROM my_goods g LEFT JOIN my_goods_category c
    -> ON g.category_id=c.id AND g.score=5;
+-----+----------------------+------+-------+
| gid | gname                | cid  | cname |
+-----+----------------------+------+-------+
|   1 | 2H 铅笔 S30804        | NULL | NULL  |
|   2 | 钢笔 T1616            | NULL | NULL  |
|   3 | 碳素笔 GP1008         | 3    | 文具   |
|   4 | 超薄笔记本 Pro12      | NULL | NULL  |
|   5 | 华为 P50 智能手机     | 6    | 手机   |
|   6 | 桌面音箱 BMS10        | NULL | NULL  |
|   7 | 头戴耳机 Star Y360    | NULL | NULL  |
```

```
|      8 | 办公计算机 天逸510Pro   | NULL | NULL  |
|      9 | 收腰风衣中长款           | NULL | NULL  |
|     10 | 薄毛衣联名款             | NULL | NULL  |
+-------+--------------------+------+-------+
10 rows in set(0.00sec)
```

在上述 SQL 语句中，使用左外连接将 my_goods 表与 my_goods_category 表进行连接，并且分别为两个表指定了别名 g 和 c，在连接条件中，指定查询 g 表中 category_id 值与 c 表中 id 值相等、并且 g 表中 score 为 5 的数据。从查询结果可以看出，返回了 10 条数据，包括左表 my_goods 中 gname 字段和 gid 字段所有的数据，评分不为 5 的商品的分类名称都显示为 NULL。

2. 右外连接查询

右外连接查询是用右表的数据匹配左表的数据，查询的结果包括右表中的所有数据，以及左表中符合连接条件的数据。如果右表的某条数据在左表中不存在，则左表中对应字段的值显示为 NULL。

下面以商品表（g）和分类表（c）为例，使用右外连接查询商品分类下的商品信息，即使某个分类下没有商品，也要包含在查询结果中。右外连接查询的示意如图 7-4 所示。

商品表（g）				分类表（c）			连接条件g.cid=c.id				
id	name	cid		id	name		g.id	g.name	g.cid	c.id	c.name
1	商品1	1		1	分类1		1	商品1	1	1	分类1
2	商品2	2		2	分类2		2	商品2	2	2	分类2
3	商品3	3		4	分类4		NULL	NULL	NULL	4	分类4

图7-4 右外连接查询的示意

图 7-4 中，分类表中 id 为 4 的分类在商品表中没有对应的商品，所以在查询结果中它的 g.id、g.name 和 g.cid 字段的值显示为 NULL。

下面演示右外连接查询的实现。将 my_goods_category 表作为查询中的右表，查询评分为 5 的商品对应的分类名称，具体 SQL 语句及执行结果如下。

```
mysql> SELECT g.id gid, g.name gname, c.id cid, c.name cname
    -> FROM my_goods g RIGHT JOIN my_goods_category c
    -> ON c.id=g.category_id AND g.score=5;
+------+----------------+------+------------+
| gid  | gname          | cid  | cname      |
+------+----------------+------+------------+
| NULL | NULL           |    1 | 办公       |
| NULL | NULL           |    2 | 耗材       |
|    3 | 碳素笔GP1008    |    3 | 文具       |
| NULL | NULL           |    4 | 电子产品    |
| NULL | NULL           |    5 | 通信       |
|    5 | 华为P50 智能手机 |    6 | 手机       |
| NULL | NULL           |    7 | 影音       |
| NULL | NULL           |    8 | 音箱       |
| NULL | NULL           |    9 | 耳机       |
| NULL | NULL           |   10 | 计算机      |
| NULL | NULL           |   11 | 台式计算机   |
| NULL | NULL           |   12 | 笔记本计算机 |
```

```
| NULL | NULL              |    13 | 服装         |
| NULL | NULL              |    14 | 女装         |
| NULL | NULL              |    15 | 风衣         |
| NULL | NULL              |    16 | 毛衣         |
+------+-------------------+-------+------------+
16 rows in set(0.00sec)
```

在上述 SQL 语句中，使用右外连接将 my_goods 表与 my_goods_category 表进行连接，并且分别为两个表指定了别名 g 和 c，在连接条件中，指定查询 g 表中 category_id 值与 c 表中 id 值相等，并且 g 表中 score 为 5 的数据。从查询结果可以看出，返回了 16 条数据，包括右表 my_goods_category 中 cid 字段和 cname 字段所有的数据，评分不为 5 的商品名称都显示为 NULL。

多学一招：USING 关键字

使用连接查询时，如果数据表连接的字段同名，则连接时的匹配条件可以使用 USING 关键字表示，具体语法格式如下。

```
SELECT *|{字段名[, …]} FROM 数据表名称 1
[CROSS|INNER|LEFT|RIGHT] JOIN 数据表名称 2
USING(同名的连接字段列表);
```

在上述语法格式中，多个同名的连接字段之间使用逗号分隔。

下面使用 USING 关键字查询钢笔 T1616 所在的分类下有哪些商品，具体 SQL 语句及执行结果如下。

```
mysql> SELECT DISTINCT g1.id, g1.name FROM my_goods g1
    -> JOIN my_goods g2
    -> USING(category_id) WHERE g2.name='钢笔 T1616';
+----+---------------+
| id | name          |
+----+---------------+
|  1 | 2H 铅笔 S30804 |
|  2 | 钢笔 T1616     |
|  3 | 碳素笔 GP1008  |
+----+---------------+
3 rows in set(0.00sec)
```

需要注意的是，在实际开发中并不经常使用 USING 关键字，因为在设计数据表时，不能确定两张数据表中是否使用同名字段来保存相应的数据。

7.6　子查询

在多表查询中，有时可能需要使用多条 SQL 语句查询数据，当一条查询语句嵌套在另一条查询语句中，或者某条语句执行所需要的查询条件是另外一条 SELECT 语句的结果时，可以使用子查询实现。本节将会讲解子查询的使用。

7.6.1　子查询分类

在 MySQL 中，子查询也被称为嵌套查询。子查询的实际操作是将一条查询语句嵌套到另一条查询语句中作为一个条件，以便更准确地筛选出需要的数据，例如，在 SQL 语句 A（A 可以是 SELECT 语句、INSERT 语句、UPDATE 语句或 DELETE 语句）中嵌入查询语句 B，将查询语句 B 作为执行所需的条件或查询的数据源。

在含有子查询的语句中，MySQL 首先执行行子查询中的语句，然后将返回的结果作为外层 SQL 语句的过滤条件。当同一条 SQL 语句包含多层子查询时，会从最内层的子查询开始执行。

子查询的划分方式有多种，按功能划分，子查询可以分为标量子查询、列子查询、行子查询、表子查询和 EXISTS 子查询。下面对这 5 种子查询分别进行讲解。

1. 标量子查询

标量子查询是指子查询返回的结果为单个数据，即一行一列数据。标量子查询位于 WHERE 之后，通常与运算符 "=、<>、>、>=、<、<=" 结合使用。

在 SELECT 语句中使用标量子查询的语法格式如下。

```
SELECT *|{字段名[, …]} FROM 数据表名称
WHERE 字段名 {=|<>|>|>=|<|<=}
(SELECT 字段名 FROM 数据表名称 [WHERE] [GROUP BY] [HAVING]
[ORDER BY] [LIMIT]);
```

在上述语法格式中，标量子查询先利用运算符判断子查询语句返回的数据是否与指定的条件相匹配，再根据匹配结果完成相关的操作。

下面演示利用标量子查询的方式，从 my_goods_category 表中获取商品名称为钢笔 T1616 的分类名称，具体 SQL 语句及执行结果如下。

```
mysql> SELECT name FROM my_goods_category
    -> WHERE id=(SELECT category_id FROM my_goods
    -> WHERE name='钢笔T1616');
+------+
| name |
+------+
| 文具 |
+------+
1 row in set (0.01 sec)
```

从上述查询结果可以看出，商品名称为钢笔 T1616 的分类名称为文具。

2. 列子查询

列子查询是一种返回结果为一列多行数据的子查询。列子查询位于 WHERE 之后，通常与运算符 IN、NOT IN 结合使用，其中，IN 表示指定的条件是否在子查询返回的结果集中；NOT IN 表示指定的条件是否不在子查询返回的结果集中。

在 SELECT 语句中使用列子查询的语法格式如下。

```
SELECT *|{字段名[, …]} FROM 数据表名称
WHERE 字段名 {IN|NOT IN}
(SELECT 字段名 FROM 数据表名称 [WHERE] [GROUP BY] [HAVING] [ORDER BY] [LIMIT]);
```

在上述语法格式中，列子查询利用运算符 IN 或 NOT IN，判断指定的条件是否在子查询返回的结果集中，根据比较结果完成数据的查询。

下面演示利用列子查询的方式，从 my_goods_category 表中获取添加了商品的商品分类的名称。查询时先通过子查询返回 category_id 的值，然后使用 IN 关键字根据 category_id 的值查询商品分类名称的信息，具体 SQL 语句及执行结果如下。

```
mysql> SELECT name FROM my_goods_category
    -> WHERE id IN(SELECT DISTINCT category_id FROM my_goods);
+------------+
| name       |
+------------+
| 文具       |
| 笔记本计算机 |
| 手机       |
| 音箱       |
| 耳机       |
| 计算机     |
| 风衣       |
| 毛衣       |
+------------+
8 rows in set (0.00 sec)
```

从上述查询结果可以看出，"文具""笔记本计算机""手机""音箱""耳机""计算机""风衣""毛衣"这些商品分类中添加了商品信息。

3. 行子查询

行子查询是一种返回结果为一行多列数据的子查询。行子查询位于 WHERE 之后，通常与比较运算符、IN 和 NOT IN 结合使用。

在 SELECT 语句中使用行子查询的语法格式如下。

```
SELECT * | {字段名[, …]} FROM 数据表名称
WHERE (字段名1[, …]) {比较运算符|IN|NOT IN}
(SELECT 字段名[, …] FROM 数据表名称 [WHERE] [GROUP BY] [HAVING] [ORDER BY] [LIMIT]);
```

在上述语法格式中，行子查询利用比较运算符、IN 或 NOT IN 将子查询语句返回的数据与指定的条件进行比较，根据比较结果完成数据的查询，其中，运算符 IN 或 NOT IN 用于判断指定的条件是否在子查询返回的结果集中。行子查询需要指定多个字段组成查询匹配条件，字段的数量需要和外层 SELECT 语句中 WHERE 之后的字段的数量保持一致。

行子查询中不同比较运算符的行比较有表 7-25 所示的几种形式。

表 7-25　不同比较运算符的行比较

不同比较运算符的行比较	逻辑关系等价于
(a, b) = (x, y)	(a=x) AND (b=y)
(a, b) <=> (x, y)	(a<=>x) AND (b<=>y)
(a, b) <> (x, y)或(a, b) != (x, y)	(a<>x) OR (b<>y)
(a, b) > (x, y)	(a>x) OR ((a=x) AND (b>y))
(a, b) >= (x, y)	(a>x) OR ((a=x) AND(b>=y))
(a, b) < (x, y)	(a<x) OR ((a=x) AND(b<y))
(a, b) <= (x, y)	(a<x) OR ((a=x) AND(b<=y))

在表 7-25 中，a 和 b 对应外层 SELECT 语句中 WHERE 之后的字段；而 x 和 y 对应子查询中 SELECT 之后的字段，也就是子查询的返回字段。在进行相等比较（使用=或<=>）时，条件之间的逻辑关系为与（AND）；在进行不等比较（使用<>或!=）时，条件之间的逻辑关系为或（OR）；在进行其他方式比较（使用>、>=、<、<=）时，条件之间的逻辑关系包含与（AND）和或（OR）两种情况。

下面演示利用行子查询的方式，从 my_goods 表中获取价格最高且评分最低的商品信息。查询时先通过子查询返回 price 最高且 score 最低的商品的 price 和 score 的值，然后根据返回的值筛选出对应的商品信息，具体 SQL 语句及执行结果如下。

```
mysql> SELECT id, name, price, score, content FROM my_goods
    -> WHERE (price, score) = (SELECT MAX(price), MIN(score)
    -> FROM my_goods);
+----+----------------+---------+-------+---------+
| id | name           | price   | score | content |
+----+----------------+---------+-------+---------+
|  4 | 超薄笔记本 Pro12 | 5999.00 |  2.50 | 轻薄便携 |
+----+----------------+---------+-------+---------+
1 row in set (0.00 sec)
```

从上述查询结果可以看出，my_goods 数据表中 id 为 4 的商品价格最高且评分最低。

4. 表子查询

表子查询是一种返回结果为多行多列数据的子查询，其返回结果可以是一行一列、一列多行、一行多列或多行多列的数据。表子查询多位于 FROM 关键字之后。

在 SELECT 语句中使用表子查询的语法格式如下。

```
SELECT *|{字段名[, …]} FROM (表子查询) [AS] 别名
[WHERE] [GROUP BY] [HAVING] [ORDER BY] [LIMIT];
```

在上述语法格式中，FROM 关键字后跟的表子查询语句用来提供数据源，必须为表子查询设置别名，以便将查询结果作为一个数据表使用时，可以进行条件判断、分组、排序以及限量等操作。

下面演示利用表子查询的方式，从 my_goods 表中获取每个商品分类下价格最高的商品信息，所需字段包括 id、name、price、category_id，将此查询结果作为数据表 a。通过子查询获取 category_id 的值和 price 最高的值，并将此查询结果作为数据表 b，然后根据 category_id 和 price 的值筛选出与 a 表中 category_id 和 price 值相等的信息，具体 SQL 语句及执行结果如下。

```
mysql> SELECT a.id, a.name, a.price, a.category_id
    -> FROM my_goods a,
    -> (SELECT category_id, MAX(price) max_price FROM my_goods
    -> GROUP BY category_id) b
    -> WHERE a.category_id=b.category_id AND a.price=b.max_price;
+----+---------------------+---------+-------------+
| id | name                | price   | category_id |
+----+---------------------+---------+-------------+
|  2 | 钢笔 T1616           |   15.00 |           3 |
|  4 | 超薄笔记本 Pro12      | 5999.00 |          12 |
|  5 | 华为 P50 智能手机     | 1999.00 |           6 |
|  6 | 桌面音箱 BMS10       |   69.00 |           8 |
|  7 | 头戴耳机 Star Y360   |  109.00 |           9 |
|  8 | 办公计算机 天逸 510Pro | 2000.00 |          10 |
|  9 | 收腰风衣中长款        |  299.00 |          15 |
| 10 | 薄毛衣联名款          |   48.00 |          16 |
+----+---------------------+---------+-------------+
8 rows in set (0.00 sec)
```

从上述查询结果可以看出，利用表子查询的方式查询出了每个商品分类下价格最高的商品信息。

5．EXISTS 子查询

EXISTS 子查询用于判断子查询语句是否有返回的结果，若有结果则返回 1；否则返回 0。EXISTS 子查询位于 WHERE 之后。

在 SELECT 语句中使用 EXISTS 子查询的语法格式如下。

```
SELECT *|{字段名[, …]} FROM 数据表名称 WHERE
EXISTS(SELECT * FROM 数据表名称 [WHERE] [GROUP BY] [HAVING] [ORDER BY] [LIMIT]);
```

在上述语法格式中，使用 EXISTS 子查询时，会先执行外层查询语句，再根据 EXISTS 后面的子查询的查询结果，判断是否保留外层查询语句查询出的数据，如果 EXISTS 的判断结果为 1，则保留对应的数据，否则去除数据。由于 EXISTS 子查询的结果取决于子查询是否查询到了数据，而不取决于数据的内容，因此子查询的字段列表无关紧要，可以使用*代替。

当需要进行相反的操作时，也可以使用 NOT EXISTS 判断子查询的结果，如果没有返回结果，则 NOT EXISTS 返回 1，否则返回 0。

下面演示 EXISTS 子查询的使用方法。如果 my_goods_category 表中存在名称为"厨具"的分类，则将 my_goods 表中 id 等于 5 的商品名称修改为电饭煲，将其价格修改为 400，将其分类修改为厨具对应的 id，具体 SQL 语句及执行结果如下。

```
mysql> UPDATE my_goods SET name='电饭煲', price=400,
    -> category_id=(SELECT id FROM my_goods_category WHERE name='厨具')
    -> WHERE EXISTS(SELECT id FROM my_goods_category WHERE name='厨具')
    -> AND id=5;
Query OK, 0 rows affected (0.03 sec)
Rows matched: 0  Changed: 0  Warnings: 0
```

从上述查询结果可以看出，my_goods_category 表中不存在"厨具"分类，子查询无结果返回，则 EXISTS()的返回结果为 0。此时，UPDATE 语句的更新条件不满足，将不会更新 my_goods 中对应的数据。

7.6.2　子查询关键字

在子查询中，不仅可以使用比较运算符，还可以使用 MySQL 提供的一些特定关键字。常用的子查询关键字有 ANY 和 ALL。需要说明的是，带 ANY、ALL 关键字的子查询不能使用"<=>"运算符。另外，如果子查询结果中某条数据的值为 NULL，那么这条数据不参与匹配。

下面分别讲解 ANY 和 ALL 关键字与子查询的结合使用。

1．ANY 关键字结合子查询

ANY 关键字表示"任意一个"，必须和比较运算符一起使用，例如，ANY 和">"运算符一起使用时，表示大于任意一个。当 ANY 关键字结合子查询时，表示与子查询返回的任意值进行比较，只要符合 ANY 子查询结果中的任意一个，就返回 1，否则返回 0，例如，"值 1>ANY(子查询)"表示比较值 1 是否大于子查询返回的结果集中任意一个结果。ANY 关键字结合子查询的语法格式如下。

```
SELECT *|{字段名[, …]} FROM 数据表名称 WHERE 字段名 比较运算符
ANY(SELECT 字段名 FROM 数据表名称 [WHERE] [GROUP BY] [HAVING] [ORDER BY] [LIMIT]);
```

在上述语法格式中，当比较运算符为"="时，其执行的效果等价于 IN 关键字执行的效果。

下面演示 ANY 关键字结合子查询的使用方法。若要从 my_goods_category 表中获取价格小于 200 的商品的分类名称，需要先使用子查询获取 price 小于 200 的 category_id 的值，然后使

用 ANY 根据 category_id 的值与 my_goods_category 表中的 id 值进行比较，筛选出符合条件的 name 值，具体 SQL 语句及执行结果如下。

```
mysql> SELECT name FROM my_goods_category WHERE id=
    -> ANY(SELECT DISTINCT category_id FROM my_goods WHERE price<200);
+------+
| name |
+------+
| 文具 |
| 音箱 |
| 耳机 |
| 毛衣 |
+------+
4 rows in set (0.00 sec)
```

从上述查询结果可以看出，价格小于 200 的商品的分类名称有"文具""音箱""耳机""毛衣"。

若将上述 SQL 语句中的"="运算符替换为"<>"运算符，则可以获取 my_goods_category 表中全部的分类名称，具体 SQL 语句及执行结果如下。

```
mysql> SELECT name FROM my_goods_category WHERE id<>
    -> ANY(SELECT DISTINCT category_id FROM my_goods WHERE price<200);
+------------+
| name       |
+------------+
| 办公       |
| 耗材       |
| 文具       |
| 电子产品   |
| 通信       |
| 手机       |
| 影音       |
| 音箱       |
| 耳机       |
| 计算机     |
| 台式计算机 |
| 笔记本计算机 |
| 服装       |
| 女装       |
| 风衣       |
| 毛衣       |
+------------+
16 rows in set (0.00 sec)
```

在上述 SQL 语句中，外层 SELECT 语句用于获取 name 的值，ANY 结合子查询的结果返回值为 3、8、9、16，而 my_goods_category 表的 id 值范围为 1～16。my_goods_category 表的 id 值只要与 ANY 子查询结果中的一个不等，就表示匹配成功，因此最后查询的结果为 my_goods_category 表中全部的分类名称。

2. ALL 关键字结合子查询

ALL 关键字表示"所有"。当 ALL 关键字结合子查询时，表示与子查询返回的所有值进行比较，只有全部符合 ALL 子查询的结果时，才返回 1，否则返回 0，例如，"值 1>ALL(子查询)"表示比较值 1 是否大于子查询返回的结果集中所有结果。ALL 关键字结合子查询的语法格式如下。

```
SELECT *|{字段名[, …]} FROM 数据表名称 WHERE 字段名 比较运算符
ALL(SELECT 字段名 FROM 数据表名称 [WHERE] [GROUP BY] [HAVING] [ORDER BY] [LIMIT]);
```

下面演示 ALL 关键字结合子查询的使用方法。从 my_goods 表中获取 category_id 为 3 并且商品价格全部小于 category_id 为 8 的商品的价格的信息,包括 id、name、price、keyword 字段的值。查询时可以先通过子查询返回 category_id 为 8 的 price 的值,然后根据返回的值筛选出 category_id 等于 3 并且 price 的值全部小于返回值的商品信息,具体 SQL 语句及执行结果如下。

```
mysql> SELECT id, name, price, keyword FROM my_goods
    -> WHERE category_id=3 AND price<
    -> ALL(SELECT DISTINCT price FROM my_goods WHERE category_id=8);
+----+---------------+-------+---------+
| id | name          | price | keyword |
+----+---------------+-------+---------+
|  1 | 2H 铅笔 S30804 |  0.50 | 文具     |
|  2 | 钢笔 T1616     | 15.00 | 文具     |
|  3 | 碳素笔 GP1008  |  1.00 | 文具     |
+----+---------------+-------+---------+
3 rows in set (0.01 sec)
```

从上述查询结果可以看出,my_goods 数据表中 category_id 为 3,且商品价格全部小于 category_id 为 8 的商品的价格的信息分别对应 id 的值为 1、2、3 的商品。

▌ 多学一招:SOME 关键字

MySQL 中还有一个 SOME 关键字,它的功能与 ANY 关键字的完全相同。之所以 MySQL 添加 SOME 关键字,是因为虽然 SOME 和 ANY 在语法含义上相同,但 NOT SOME 和 NOT ANY 在语法含义上不同,前者仅用于否定部分内容,而后者用于否定全部内容,其语法含义相当于 NOT ALL 的。

7.7　外键约束

在设计数据库时,为了保证多个相关联的数据表中数据的一致性和完整性,可以为数据表添加外键约束。例如,学生表和专业表之间就存在一对多的联系,学生表中有专业 id 字段,如果在学生表中添加了专业表中不存在的专业 id,此时就会出现学生信息没有对应专业信息的情况;如果为学生表中的专业 id 设置外键约束,则可以对相关的操作产生约束,使学生表中只能插入专业表中已存在的专业 id。下面对外键约束的使用进行详细讲解。

7.7.1　外键约束概述

外键约束是指在一张数据表中引用另一张数据表中的一列或多列,被引用的列应该设置了主键约束或唯一约束,从而保证数据的一致性和完整性。在使用了外键约束时,被引用的表称为主表,外键所在的表称为从表。

下面演示学生表 student 和专业表 majors 数据之间的关联。为学生表的 mid 字段添加外键约束,引用专业表 majors 的主键字段 id,如图 7-5 所示。

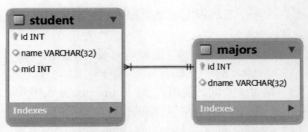

图7-5　学生表student和专业表majors数据之间的关联

在图 7-5 中，majors 表为主表，student 表为从表，从表通过外键字段 mid 引用主表中的主键字段 id，从而建立了两张数据表的数据之间的关联。

需要注意的是，建立外键约束的数据表必须使用 InnoDB 存储引擎，不能为临时表，因为在 MySQL 中只有 InnoDB 存储引擎才允许使用外键，外键所在列的数据类型必须和主表中主键对应列的数据类型相同。

7.7.2　添加外键约束

在 MySQL 中，外键约束可以在创建数据表时添加，也可以在修改数据表时添加。通过 FOREIGN KEY 可以添加外键约束，具体语法格式如下。

```
# 在创建数据表时添加外键约束
CREATE TABLE 数据表名称 (
  字段名 1 数据类型,
  …
  [CONSTRAINT [外键约束名称]] FOREIGN KEY(外键字段名) REFERENCES 主表(主键字段名)
  [ON DELETE {RESTRICT|CASCADE|SET NULL|NO ACTION|SET DEFAULT}]
  [ON UPDATE {RESTRICT|CASCADE|SET NULL|NO ACTION|SET DEFAULT}]
);
# 在修改数据表时添加外键约束
ALTER TABLE 从表名称
ADD [CONSTRAINT [外键约束名称]] FOREIGN KEY(外键字段名) REFERENCES 主表(主键字段名)
[ON DELETE {CASCADE|SET NULL|NO ACTION|RESTRICT|SET DEFAULT}]
[ON UPDATE {CASCADE|SET NULL|NO ACTION|RESTRICT|SET DEFAULT}];
```

在上述语法格式中，关键字 CONSTRAINT 用于定义外键约束名称，如果省略外键约束名称，MySQL 将会自动生成外键约束名称。FOREIGN KEY 表示外键约束。REFERENCES 用于指定外键引用哪个表的主键。

ON DELETE 与 ON UPDATE 用于设置当主表中的数据被删除或修改时，从表中对应数据的处理办法。ON DELETE 与 ON UPDATE 的各参数的具体说明如表 7-26 所示。

表 7-26　ON DELETE 与 ON UPDATE 的各参数的具体说明

参数	说明
RESTRICT	默认值，拒绝主表删除或更新外键关联字段
CASCADE	在主表中删除或更新数据时，自动删除或更新从表中对应的数据
SET NULL	在主表中删除或更新数据时，使用 NULL 值替换从表中对应的数据（不适用于设置了非空约束的字段）
NO ACTION	拒绝主表删除或更新外键关联字段
SET DEFAULT	为字段设置默认值，但 InnoDB 存储引擎目前不支持

下面以 student 数据表和 majors 数据表为例，演示如何在创建数据表时添加外键约束，具体步骤如下。

① 创建 majors 数据表，将 majors 数据表作为主表，具体 SQL 语句如下。

```
mysql> CREATE TABLE majors(
    ->   id INT PRIMARY KEY AUTO_INCREMENT,
    ->   name VARCHAR(32) NOT NULL UNIQUE
    -> );
```

② 创建 student 数据表，在创建时添加外键约束，具体 SQL 语句如下。

```
mysql> CREATE TABLE student(
    ->   id INT PRIMARY KEY AUTO_INCREMENT,
    ->   name VARCHAR(32) NOT NULL,
    ->   mid INT NOT NULL,
    ->   CONSTRAINT m_id FOREIGN KEY(mid) REFERENCES majors(id)
    ->   ON DELETE RESTRICT ON UPDATE CASCADE
    -> );
```

在上述 SQL 语句中，在创建 student 数据表时添加外键约束，当主表 majors 进行删除操作且从表 student 中的外键字段含有数据时，拒绝主表 majors 执行删除操作；利用 ON UPDATE 指定当主表 majors 进行更新操作时，从表 student 中的外键字段也执行更新操作。

7.7.3　外键约束的表的数据操作

当数据表建立外键约束后，外键就会对主表和从表中的数据产生约束效果。数据的插入、更新和删除操作都会受到一定的约束。下面分别讲解关联表中数据的添加、更新和删除。

1.　添加数据

一个设置了外键约束的从表在添加数据时，外键字段的数据会受到主表数据的约束。若要为两个数据表添加数据，需要先为主表添加数据，再为从表添加数据，且从表中的外键字段不能添加主表中不存在的数据。

下面演示在主表 majors 未添加数据时，向从表 student 中添加一条学生姓名为 Tom、专业 id 为 1 的数据，具体 SQL 语句及执行结果如下。

```
mysql> INSERT INTO student (id, name, mid) VALUES(1, 'Tom', 1);
ERROR 1452 (23000): Cannot add or update a child row: a foreign key constraint fails
(`mydb`.`student`, CONSTRAINT `m_id` FOREIGN KEY (`mid`) REFERENCES `majors` (`id`) ON
DELETE RESTRICT ON UPDATE CASCADE)
```

从上述执行结果可以看出，向从表中添加 mid 为 1 的数据时，会出现错误，这是因为从表中的外键字段添加的数据必须选取主表中相关联字段已经存在的数据。

下面先向主表插入数据，再向从表插入数据，具体 SQL 语句及执行结果如下。

```
mysql> INSERT INTO majors VALUES(1, '计算机'), (2, '前端');
Query OK, 2 rows affected (0.01 sec)
Records: 2 Duplicates: 0 Warnings: 0
mysql> INSERT INTO student VALUES
    -> (1, 'Tom', 1), (2, 'Jack', 1), (3, 'Alen', 2);
Query OK, 3 rows affected (0.01 sec)
Records: 3 Duplicates: 0 Warnings: 0
```

从上述执行结果可以看出，当主表中含有 id 为 1、2 的数据后，从表中才能添加 id 对应的专业的学生信息。

2．更新数据

对于建立外键约束的关联表来说，若对主表进行更新操作，从表将按照其建立外键约束时设置的 ON UPDATE 参数自动执行相应的操作，例如，当 ON UPDATE 参数设置为 CASCADE 时，如果在主表中更新数据，则会自动更新从表中对应的数据。

下面演示将 majors 数据表中计算机的 id 修改为 3，并且在修改前后分别查询 student 数据表中的数据，具体 SQL 语句和执行结果如下。

```
# 修改前查询 student 数据表中的数据
mysql> SELECT name, mid FROM student;
+------+-----+
| name | mid |
+------+-----+
| Tom  |  1  |
| Jack |  1  |
| Alen |  2  |
+------+-----+
3 rows in set (0.00 sec)
mysql> UPDATE majors SET id=3 WHERE name='计算机';
Query OK, 1 row affected (0.01 sec)
Rows matched: 1 Changed: 1 Warnings: 0
# 修改后查询 student 数据表中的数据
mysql> SELECT name, mid FROM student;
+------+-----+
| name | mid |
+------+-----+
| Tom  |  3  |
| Jack |  3  |
| Alen |  2  |
+------+-----+
3 rows in set (0.00 sec)
```

从上述查询结果可以看出，将 majors 数据表中计算机的 id 修改为 3 后，student 数据表中 Tom 和 Jack 的 mid 的值同时被修改为 3。

3．删除数据

对于建立外键约束的关联表来说，若对主表进行删除数据操作，从表将按照其建立外键约束时设置的 ON DELETE 参数自动执行相应的操作，例如，当 ON DELETE 参数设置为 RESTRICT 时，如果主表进行删除数据操作，同时从表 student 中的外键字段含有数据时，MySQL 就会拒绝主表删除数据操作。

下面演示删除 majors 表的数据，具体 SQL 语句和执行结果如下。

```
mysql> DELETE FROM majors WHERE id=3;
ERROR 1451 (23000): Cannot delete or update a parent row: a foreign key constraint
fails (`mydb`.`student`, CONSTRAINT `m_id` FOREIGN KEY (`mid`) REFERENCES `majors` (`id`)
ON DELETE RESTRICT ON UPDATE CASCADE)
```

从上述执行结果可以看出，删除 majors 中 id 为 3 的数据时，由于从表 student 中含有专业 id 等于 3 的学生信息，会出现错误提示信息。

如果要删除设置了 ON DELETE RESTRICT 约束的主表数据，一定要先删除从表中对应的数据，具体 SQL 语句和执行结果如下。

```
mysql> DELETE FROM student WHERE mid=3;
Query OK, 2 row affected(0.00sec)
mysql> DELETE FROM majors WHERE id=3;
Query OK, 1 row affected(0.00sec)
```

从上述执行结果可以看出，删除 student 数据表中的数据后，majors 数据表中的数据才可以删除。

7.7.4　删除外键约束

在实际开发中，根据业务逻辑的需求，若要解除两张数据表之间的关联，可以使用 ALTER TABLE 语句的 DROP 子句删除外键约束，其语法格式如下。

```
ALTER TABLE 从表名称 DROP FOREIGN KEY 外键约束名称；
```

需要注意的是，删除字段的外键约束后，并不会自动删除字段的索引。

下面演示如何删除学生表和专业表之间的外键约束，具体 SQL 语句及执行结果如下。

```
mysql> ALTER TABLE student DROP FOREIGN KEY m_id;
Query OK, 0 rows affected (0.01 sec)
Records: 0 Duplicates: 0 Warnings: 0
```

删除 student 数据表的外键约束后，查看 student 数据表的表结构，具体 SQL 语句及执行结果如下。

```
mysql> DESC student mid;
+-------+--------+------+-----+---------+-------+
| Field | Type   | Null | Key | Default | Extra |
+-------+--------+------+-----+---------+-------+
| mid   | int    | NO   | MUL | NULL    |       |
+-------+--------+------+-----+---------+-------+
1 row in set (0.00 sec)
```

从上述查询结果可以看出，删除 student 数据表的外键约束后，该字段的 Key 列的值为 MUL，表示该字段还存在外键索引。

要删除外键约束索引，可以使用 ALTER TABLE 语句的 DROP 子句，具体语法格式如下。

```
ALTER TABLE 数据表名称 DROP KEY 外键索引名称；
```

下面演示如何删除 student 数据表的外键约束索引，具体 SQL 语句及执行结果如下。

```
mysql> ALTER TABLE student DROP KEY m_id;
Query OK, 0 rows affected (0.02 sec)
Records: 0 Duplicates: 0 Warnings: 0
```

上述操作执行成功后，读者可再次利用 DESC 查看已删除的外键字段，会发现 Key 列的值为空。另外，读者也可以尝试使用 SHOW CREATE TABLE 语句查看 student 表的详细结构，会发现 student 表中的外键约束以及普通索引已经全部删除。

本章小结

本章首先讲解了数据表的联系、数据库设计范式以及数据进阶操作，接着讲解了联合查询、连接查询和子查询，最后讲解了外键约束。通过学习本章的内容，读者会对 MySQL 有更深层次的认识，并掌握 MySQL 多表操作的相关知识，多表操作在以后的项目开发中会频繁使用。

课后练习

一、填空题

1. 为了使查询结果满足用户的要求，可以使用_____关键字对查询结果进行排序。

2. "LIMIT 2,2"表示从第_____条记录开始，获取 2 条记录。

3. 条件表达式_____用于获取 id 大于或等于 3 且小于或等于 11 的数据。

4. 使用列子查询时，在 WHERE 后面使用_____关键字判断某个字段的值是否在指定集合中。

5. 左外连接查询使用_____关键字实现。

二、判断题

1. 查询数据时，使用 ORDER BY 关键字对查询结果进行排序。（　　　）

2. 更新数据时，可以通过 LIMIT 限制更新的记录数。（　　　）

3. "LIMIT 3"中的 3 表示偏移量，用于设置从第 3 条记录开始查询。（　　　）

4. 外键是指在一个表中引用另一个表中的一列或多列。（　　　）

5. 对于分组数据的排序，只需在分组字段后添加 ASC 或 DESC 即可。（　　　）

三、选择题

1. 下列选项中，关于数据库范式说法正确的有（　　　）。（多选）

A. 第一范式遵从原子性和唯一性，且字段不可再分

B. 第二范式要求非主键字段需要依赖主键

C. 第三范式要求非主键字段不能相互依赖

D. 逆规范化会使数据表变得复杂，降低查询效率

2. 下列选项中，对 "SELECT * FROM book LIMIT 5,10;" 的描述正确的是（　　　）。

A. 获得第 6 条到第 10 条数据　　　　　　B. 获得第 5 条到第 10 条数据

C. 获得第 6 条到第 15 条数据　　　　　　D. 获得第 5 条到第 15 条数据

3. 假设 A 表有 4 条数据，B 表有 5 条数据，两个数据表交叉连接查询的结果有（　　　）数据。

A. 4 条　　　　　　B. 20 条　　　　　　C. 9 条　　　　　　D. 5 条

4. 下列选项中，表示多个条件要同时满足查询条件才成立的关键字是（　　　）。

A. NOT　　　　　　B. OR　　　　　　C. AND　　　　　　D. 以上都不对

5. 下列选项中，关于联合查询的说法错误的是（　　　）。

A. 联合查询默认情况下仅将查询结果简单地合并到一起

B. 将所有的查询结果合并到一起，并去除相同的数据

C. 查询结果集中的字段名称总是与第一条 SELECT 语句中的字段名称相同

D. 每条 SELECT 语句必须拥有相同数量的字段和相似的数据类型

四、简答题

1. 请简述 WHERE 与 HAVING 的区别。

2. 请简述并举例说明什么是外键。

第 8 章

MySQL进阶

学习目标

◆ 了解事务的概念，能够说出什么是事务和事务的 4 个特性。

◆ 掌握事务处理，能够使用事务处理复杂的数据操作。

◆ 掌握事务保存点的基本使用方法，能够在事务中正确使用保存点。

◆ 了解视图的概念，能够说出视图的优点。

◆ 掌握视图的创建，能够根据需求创建视图。

◆ 掌握视图的管理，能够修改视图和删除视图。

◆ 掌握视图数据操作，能够通过视图查询、添加、修改和删除数据。

◆ 掌握数据备份和数据还原，能够通过命令备份数据和还原数据。

◆ 掌握用户的管理方法，能够创建用户和删除用户。

◆ 掌握权限的管理方法，能够为其他用户授予权限和回收权限。

◆ 了解索引的概念，能够说出索引的分类。

◆ 掌握索引的创建方法，能够根据需求创建索引。

◆ 了解分区技术，能够说出数据分区的实现原理。

◆ 掌握创建分区的语法格式，能够创建分区。

◆ 了解存储过程的概念，能够说出使用存储过程的优点。

◆ 掌握存储过程的创建和调用，能够创建和调用存储过程。

◆ 了解触发器的概念，能够说出使用触发器的优点和缺点。

◆ 掌握触发器的创建和使用，能够给数据表创建触发器。

前面的章节已经讲解了 MySQL 的基本操作，包括数据的增加、删除、修改、查询等操作。在实际开发中，有时还需要利用事务保证一组 SQL 语句同时执行成功或失败、利用视图满足不同的查询需求、利用索引提高数据库的查询效率等，这就需要学习 MySQL 中的一些进阶技术。本章将对 MySQL 中的事务、视图、数据备份和数据还原、用户与权限、索引、分区技术、存储过程和触发器等进行详细讲解。

8.1   事务

在实际开发中，对于复杂的数据操作过程，通常需要使用一组 SQL 语句来完成。为了保证这一组 SQL 语句同时执行成功或失败，需要用到事务（Transaction）。本节将对事务的相关内容进行详细讲解。

8.1.1   事务概述

在现实生活中，人们经常会进行转账操作。转账可以分为转入和转出两部分，只有这两部分都完成才认为转账成功。在数据库中，转账操作是通过两条 SQL 语句实现的，如果其中任意一条 SQL 语句没有执行成功，会导致进行转账操作的两个账户的金额不正确。为了防止上述情况的发生，就需要使用 MySQL 中的事务。

在 MySQL 中，事务是针对数据库的一组操作，它可以由一条或多条 SQL 语句组成，且每条 SQL 语句是相互依赖的。事务执行的过程中，只要有一条 SQL 语句执行失败或发生错误，其他语句就都不会执行，也就是说，要么事务的执行成功，要么数据库的状态退回到执行事务前的状态。

MySQL 中的事务必须满足 4 个特性，分别是原子性（Atomicity）、一致性（Consistency）、隔离性（Isolation）和持久性（Durability）。下面对这 4 个特性进行解释，具体如下。

（1）原子性

原子性是指一个事务必须被视为一个不可分割的最小工作单元，只有事务中所有的数据操作都执行成功，整个事务才算执行成功。事务中如果有任何一条 SQL 语句执行失败，已经执行成功的 SQL 语句也必须撤销，数据库的状态退回到执行事务前的状态。

（2）一致性

一致性是指在使用事务时，无论执行成功还是失败，都要使数据库处于一致的状态，保证数据库不会返回到一个未处理的事务中。MySQL 中事务的一致性主要由日志机制实现，通过日志记录数据库的所有变化，为事务恢复提供跟踪记录。

（3）隔离性

隔离性是指当一个事务在执行时，不会受到其他事务的影响。隔离性保证了未完成事务的所有操作与数据库系统的隔离，直到事务执行完成才能看到事务的执行结果。当多个用户并发访问数据库时，数据库为每一个用户开启的事务，不会被其他事务干扰，多个事务之间相互隔离。

（4）持久性

持久性是指事务一旦提交，其对数据库的修改就是永久性的。需要注意的是，事务不能做到百分之百的持久性，只能从事务本身的角度来保证持久性，而如果一些外部原因（如硬盘损坏等）导致数据库发生故障，那么数据库中的所有数据都有可能会丢失。

8.1.2   事务处理

默认情况下，用户执行的每一条 SQL 语句都会被当成单独的事务自动提交。要将一组 SQL 语句作为一个事务，则需要先开启事务，开启事务的语句如下。

```
START TRANSACTION;
```

上述语句执行后，每一条 SQL 语句不再自动提交，而需要手动提交。只有手动提交后，事务中的操作才会生效，手动提交事务的语句如下。

```
COMMIT;
```

如果不想提交当前事务，可以将事务取消（即回滚事务），回滚事务的语句如下。

```
ROLLBACK;
```

需要注意的是，ROLLBACK 只针对未提交的事务回滚，已提交的事务无法回滚。当执行 COMMIT 或 ROLLBACK 后，当前事务就会自动结束。

为了让读者更好地理解事务，下面通过转账案例演示如何执行事务，具体步骤如下。

① 创建用户表并插入数据，具体 SQL 语句如下。

```
mysql> CREATE TABLE my_user(
    ->   id INT UNSIGNED PRIMARY KEY AUTO_INCREMENT COMMENT '用户id',
    ->   name VARCHAR(100) NOT NULL UNIQUE DEFAULT '' COMMENT '用户名',
    ->   money DECIMAL(10,2) UNSIGNED NOT NULL DEFAULT 0 COMMENT '金额'
    -> );
mysql> INSERT INTO my_user(id, name, money) VALUES
    -> (1, 'Alex', 1000), (2, 'Bill', 1000);
```

② 查询用户表中的数据，具体 SQL 语句及执行结果如下。

```
mysql> SELECT name, money FROM my_user;
+------+---------+
| name | money   |
+------+---------+
| Alex | 1000.00 |
| Bill | 1000.00 |
+------+---------+
2 rows in set (0.01 sec)
```

③ 开启事务，使用 UPDATE 语句将 Alex 的 100 元转给 Bill，提交事务，具体 SQL 语句如下。

```
# 开启事务
mysql> START TRANSACTION;
# Alex 的金额减少 100 元
mysql> UPDATE my_user SET money=money-100 WHERE name='Alex';
# Bill 的金额增加 100 元
mysql> UPDATE my_user SET money=money+100 WHERE name='Bill';
# 提交事务
mysql> COMMIT;
```

④ 使用 SELECT 语句查询 Alex 和 Bill 的金额，具体 SQL 语句及执行结果如下。

```
mysql> SELECT name, money FROM my_user;
+------+---------+
| name | money   |
+------+---------+
| Alex |  900.00 |
| Bill | 1100.00 |
+------+---------+
2 rows in set (0.00 sec)
```

从上述查询结果可以看出，通过事务成功地完成了转账。

⑤ 测试事务的回滚。开启事务后，将 Bill 的金额减少 100 元，查询 Bill 的金额，具体 SQL

语句及执行结果如下。

```
# 开启事务
mysql> START TRANSACTION;
# Bill 的金额减少 100 元
mysql> UPDATE my_user SET money=money-100 WHERE name='Bill';
# 查询 Bill 的金额
mysql> SELECT name, money FROM my_user WHERE name='Bill';
+------+---------+
| name | money   |
+------+---------+
| Bill | 1000.00 |
+------+---------+
1 row in set (0.00 sec)
```

从上述查询结果可以看出，Bill 的金额是 1000 元。

⑥ 回滚事务后查询 Bill 的金额，具体 SQL 语句及执行结果如下。

```
# 回滚事务
mysql> ROLLBACK;
# 查询 Bill 的金额
mysql> SELECT name, money FROM my_user WHERE name='Bill';
+------+---------+
| name | money   |
+------+---------+
| Bill | 1100.00 |
+------+---------+
1 row in set (0.00 sec)
```

从上述查询结果可以看出，Bill 的金额恢复成了 1100 元，说明事务回滚成功。

8.1.3　事务保存点

在回滚事务时，事务内所有的操作都将撤销。如果希望只撤销一部分，可以使用事务保存点来实现。在事务中设置保存点的语句如下。

```
SAVEPOINT 保存点名称;
```

设置保存点后，可以将事务回滚到指定保存点。将事务回滚到指定保存点的语句如下。

```
ROLLBACK TO SAVEPOINT 保存点名称;
```

如果不再需要使用某个保存点，可以将这个保存点删除。删除保存点的语句如下。

```
RELEASE SAVEPOINT 保存点名称;
```

在一个事务中可以创建多个保存点，在提交事务后，事务中的保存点就会被删除。另外，在事务回滚至某个保存点后，在该保存点之后创建的保存点都会消失。

为了让读者更好地理解事务保存点，下面演示事务保存点的使用，具体步骤如下。

① 查询 Alex 的金额，具体 SQL 语句及执行结果如下。

```
mysql> SELECT name, money FROM my_user WHERE name='Alex';
+------+--------+
| name | money  |
+------+--------+
| Alex | 900.00 |
+------+--------+
1 row in set (0.00 sec)
```

② 开启事务，将 Alex 的金额扣除 100 元，创建保存点 S1，具体 SQL 语句及执行结果如下。

```
# 开启事务
mysql> START TRANSACTION;
# 将 Alex 的金额扣除 100 元
mysql> UPDATE my_user SET money=money-100 WHERE name='Alex';
# 创建保存点 S1
mysql> SAVEPOINT S1;
```

③ 查询 Alex 的金额，具体 SQL 语句及执行结果如下。

```
mysql> SELECT name, money FROM my_user WHERE name='Alex';
+------+--------+
| name | money  |
+------+--------+
| Alex | 800.00 |
+------+--------+
1 row in set (0.00 sec)
```

从上述查询结果可以看出，创建保存点 S1 时，Alex 的金额是 800。

④ 再将 Alex 的金额扣除 50 元，具体 SQL 语句及执行结果如下。

```
mysql> UPDATE my_user SET money=money-50 WHERE name='Alex';
```

⑤ 查询 Alex 的金额，具体 SQL 语句及执行结果如下。

```
mysql> SELECT name, money FROM my_user WHERE name='Alex';
+------+--------+
| name | money  |
+------+--------+
| Alex | 750.00 |
+------+--------+
1 row in set (0.00 sec)
```

⑥ 将事务回滚到保存点 S1，查询 Alex 的金额，具体 SQL 语句及执行结果如下。

```
# 将事务回滚到保存点 S1
mysql> ROLLBACK TO SAVEPOINT S1;
# 查询 Alex 的金额
mysql> SELECT name,money FROM my_user WHERE name='Alex';
+------+--------+
| name | money  |
+------+--------+
| Alex | 800.00 |
+------+--------+
1 row in set (0.00 sec)
```

从上述查询结果可以看出，Alex 的金额为 800，只减少了 100 元，说明当前恢复到了保存点 S1 时的状态。

⑦ 再次回滚事务，查询 Alex 的金额，具体 SQL 语句及执行结果如下。

```
# 再次回滚事务
mysql> ROLLBACK;
# 查询 Alex 的金额
mysql> SELECT name,money FROM my_user WHERE name='Alex';
+------+--------+
| name | money  |
+------+--------+
| Alex | 900.00 |
```

```
+------+--------+
1 row in set (0.00 sec)
```

从上述查询结果可以看出，Alex 的金额与事务开启时的金额相同，说明恢复到了事务开启时的状态。

8.2　视图

在前面的学习中，操作的数据表都是真实存在的。在数据库中还有一种虚拟表，它的表结构和真实数据表的相同，但是它不存放数据，它的数据从真实表中获取，这种表被称为视图。本节对视图进行详细讲解。

8.2.1　视图概述

视图是一种虚拟表，视图的结构和数据来源于数据库中的数据表。从概念上讲，数据库中的数据表被称为基本表。通过视图不仅可以看到基本表中的数据，还可以对基本表中的数据进行添加、修改和删除操作。

通常情况下，数据库会保存基本表的定义和数据。和基本表不同的是，数据库只保存视图的定义，而不保存视图对应的数据。视图对应的数据都保存在基本表中，若基本表中的数据发生了变化，通过视图查询出来的数据也会发生变化。若通过视图修改数据，基本表中的数据也会发生变化。

与直接操作基本表相比，视图具有以下优点。

（1）简化查询语句

视图不仅可以简化用户对数据的理解，还可以简化用户对数据的操作。例如，在日常开发中经常使用一个比较复杂的语句进行查询，此时就可以将该语句定义为视图，从而避免大量重复且复杂的查询操作。

（2）安全性

通过视图可以很方便地进行权限控制，指定某个用户只能查询和修改指定数据，例如，不负责处理工资单的员工，不能查看员工的工资信息。

（3）数据独立性

视图可以帮助用户屏蔽数据表结构变化带来的影响，例如，数据表增加字段，不会影响基于该数据表创建的视图。

8.2.2　创建视图

在 MySQL 中，使用 CREATE VIEW 语句来创建视图。创建视图的语法格式如下。

```
CREATE VIEW 视图名称 AS 查询语句;
```

在上述语法格式中，视图的结构和数据均来源于查询语句。

需要注意的是，使用 SHOW TABLES 语句查看数据表时，查询结果中会包含数据表和视图。因此，在同一个数据库中，为了区分数据表和视图，在创建视图时，视图名称和数据表名称不能相同，建议在给视图命名时添加"view_"前缀或"_view"后缀。

为了让读者更好地理解视图，下面演示视图的使用，具体步骤如下。

① 创建视图 view_student，查询专业表和学生表的数据，具体 SQL 语句如下。

```
mysql> CREATE VIEW view_student AS
    -> SELECT s.id,s.name,m.name AS major FROM majors AS m
    -> LEFT JOIN student AS s ON m.id=s.mid;
```

② 查看 mydb 数据库中所有的数据表，具体 SQL 语句及执行结果如下。

```
mysql> SHOW TABLES;
+----------------+
| Tables_in_mydb |
+----------------+
| goods          |
| majors         |
  ......
| student        |
| view_student   |
+----------------+
27 rows in set (0.01 sec)
```

从上述查询结果可以看出，mydb 数据库中的视图 view_student 已创建成功。

③ 查询 view_student 视图，具体 SQL 语句及执行结果如下。

```
mysql> SELECT * FROM view_student;
+----+------+-------+
| id | name | major |
+----+------+-------+
|  3 | Alen | 前端  |
+----+------+-------+
1 row in set (0.00 sec)
```

从上述查询结果可以看出，使用 SELECT 语句查询 view_student 视图，可以查询到该视图对应的数据表中的数据。

8.2.3 视图管理

视图管理分为查看视图、修改视图和删除视图，其中，查看视图的语法和查看数据表的语法相同。下面将重点讲解修改视图和删除视图。

在 MySQL 中，使用 ALTER VIEW 语句可以修改视图，使用 DROP VIEW 语句可以删除视图，修改视图和删除视图的语法格式如下。

```
# 修改视图
ALTER VIEW 视图名称 AS 查询语句;
# 删除视图
DROP VIEW [IF EXISTS] 视图名称;
```

下面演示视图的修改和删除，具体步骤如下。

① 修改 view_student 视图，去掉查询语句中的 id 字段，具体 SQL 语句如下。

```
mysql> ALTER VIEW view_student AS
    -> SELECT s.name, m.name AS major FROM majors AS m
    -> LEFT JOIN student AS s ON m.id=s.mid;
```

② 查看修改后的 view_student 视图，具体 SQL 语句及执行结果如下。

```
mysql> SELECT * FROM view_student;
+------+-------+
| name | major |
+------+-------+
```

```
| Alen | 前端  |
+------+-------+
1 row in set (0.00 sec)
```

从上述查询结果可以看出，view_student 视图中不包含 id 字段。

③ 删除 view_student 视图，具体 SQL 语句及执行结果如下。

```
mysql> DROP VIEW view_student;
Query OK, 0 rows affected (0.01 sec)
```

从上述执行结果可以看出，view_student 视图已经被删除成功。

④ 检查 view_student 视图是否已被删除，具体 SQL 语句及执行结果如下。

```
mysql> SELECT * FROM view_student;
ERROR 1146 (42S02): Table 'mydb.view_student' doesn't exist
```

从上述执行结果可以看出，view_student 视图已不存在，说明视图删除成功。

8.2.4 视图数据操作

视图是虚拟表，不保存数据。通过视图进行数据操作时，实际上操作的是基本表中的数据。通常对基于单表的视图进行数据操作，主要的操作包括查询数据、添加数据、修改数据和删除数据。

下面演示对视图进行数据操作，具体步骤如下。

① 创建 view_student 视图，具体 SQL 语句如下。

```
mysql> CREATE VIEW view_student AS
    -> SELECT id, name, mid FROM student;
```

② 通过视图添加数据，数据对应的姓名为 Sun、专业 id 为 2，具体 SQL 语句如下。

```
mysql> INSERT INTO view_student VALUES(NULL, 'Sun', 2);
```

③ 通过视图查询数据，具体 SQL 语句及执行结果如下。

```
mysql> SELECT * FROM view_student;
+----+------+-----+
| id | name | mid |
+----+------+-----+
|  3 | Alen |  2  |
|  4 | Sun  |  2  |
+----+------+-----+
2 rows in set (0.00 sec)
```

从上述查询结果可以看出，姓名为 Sun、专业 id 为 2 的数据添加成功。

④ 通过视图修改数据，将专业 id 为 4 的数据的 name 字段修改为 Sun1，具体 SQL 语句如下。

```
mysql> UPDATE view_student SET name='Sun1' WHERE id=4;
```

⑤ 通过视图查询数据，具体 SQL 语句及执行结果如下。

```
mysql> SELECT * FROM view_student;
+----+------+-----+
| id | name | mid |
+----+------+-----+
|  3 | Alen |  2  |
|  4 | Sun1 |  2  |
+----+------+-----+
2 rows in set (0.00 sec)
```

从上述查询结果可以看出，专业 id 为 4 的数据的 name 字段已被修改为 Sun1。

⑥ 通过视图删除数据，具体 SQL 语句如下。

```
mysql> DELETE FROM view_student WHERE id=4;
```

⑦ 通过视图查询数据，具体 SQL 语句及执行结果如下。

```
mysql> SELECT * FROM view_student;
+----+------+-----+
| id | name | mid |
+----+------+-----+
|  3 | Alen |   2 |
+----+------+-----+
1 row in set (0.00 sec)
```

从上述查询结果可以看出，通过视图成功删除了专业 id 为 4 的数据。

8.3　数据备份和数据还原

在操作数据库时，难免会发生一些意外情况导致数据丢失，例如，突然停电、管理员的误操作等都有可能导致数据丢失。为了保证数据的安全，可以对数据库中的数据进行定期备份，遇到意外情况，可以通过备份数据将数据还原，从而最大限度地降低损失。本节对数据备份和数据还原进行讲解。

8.3.1　数据备份

在 MySQL 的 bin 目录中提供了 mysqldump 命令行工具。该工具用于将数据库的数据导出成 SQL 脚本，实现数据的备份。

使用 mysqldump 命令备份数据库或数据表时，不需要登录 MySQL，直接在命令提示符窗口执行命令即可。mysqldump 命令可以备份单个数据库或数据表、备份多个数据库和备份所有数据库。下面对这些备份数据的方式进行讲解。

1. 备份单个数据库或数据表

使用 mysqldump 命令备份单个数据库或数据表的语法格式如下。

```
mysqldump -uusername -ppassword 数据库名称 [数据表名称 1 [数据表名称 2 …]] > filename.sql
```

在上述语法格式中，-u 后面的 username 表示登录的用户名；-p 后面的 password 表示密码；数据表名称可以指定一个或多个，多个数据表名称之间使用空格分隔，如果不指定数据表名称则备份整个数据库。

为了保证用户信息的安全，通常在命令提示符窗口中省略-p 后面的密码。在命令执行后，用户根据提示信息输入密码，此时的密码会显示为"*"，以保证密码的安全。

mysqldump 命令会将结果直接输出，为了保存输出结果，通常使用输出重定向，即在 filename.sql 前加上">"，filename.sql 表示备份文件的名称，文件名称可以使用绝对路径。

2. 备份多个数据库

使用 mysqldump 命令备份多个数据库的语法格式如下。

```
mysqldump -uusername -ppassword --database 数据库名称 1 [数据库名称 2 …] > filename.sql
```

在上述语法格式中，--database 表示备份数据库，该参数后面应至少指定一个数据库名称，多个数据库名称之间使用空格分隔。

3. 备份所有数据库

使用 mysqldump 命令备份所有数据库的语法格式如下。

```
mysqldump -uusername -ppassword --all-databases > filename.sql
```

在上述语法格式中，--all-databases 表示备份所有数据库。

在备份数据的 3 种方式中，mysqldump 命令的使用方式比较类似，下面以备份单个数据库为例演示 mysqldump 命令的使用，具体步骤如下。

① 在命令提示符窗口中将目录切换到 C:\web\mysql8.0\bin 目录下，具体命令如下。

```
cd C:\web\mysql8.0\bin
```

② 备份 mydb 数据库，具体命令如下。

```
mysqldump -uroot -p mydb > D:\mydb.sql
```

输入上述命令并按"Enter"键后，需要在"Enter password:"后面输入 root 用户的登录密码，上述命令运行成功后，会在 D 盘根目录下生成 mydb.sql 备份文件。

打开 mydb.sql，可以看到图 8-1 所示的内容。

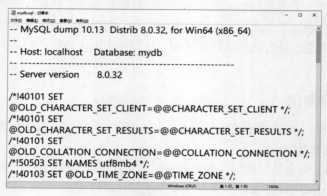

图8-1   mydb.sql的内容

从输出结果可以看出，mydb.sql 中会包含 MySQL dump 版本、MySQL 服务器版本、主机名、备份的数据库名称，以及一些 SQL 语句（其中以"/*!"开头、"*/"结尾的语句都是可执行的 MySQL 注释，这些语句可以被特定版本的 MySQL 执行，但在其他数据库管理系统中将被作为注释忽略）。

8.3.2   数据还原

在数据备份后，当数据丢失、损坏或需要迁移时，数据就可以通过备份文件还原。数据还原有两种常用的方式，分别是使用 mysql 命令还原数据和使用 source 命令还原数据。下面对这两种方式分别进行讲解。

1. 使用 mysql 命令还原数据

使用 mysql 命令还原数据的基本语法格式如下。

```
mysql -uusername -ppassword [数据库名称] < filename.sql
```

在上述语法格式中，username 表示登录的用户名，password 表示密码，"< filename.sql"表示使用输入重定向读取 SQL 脚本还原数据。如果 filename.sql 文件中包含创建数据库和选择数据库的语句，则不需要指定数据库名称，否则，需要指定数据库名称并确保该名称对应的数据库存在。

下面演示如何将 mydb 数据库的备份数据还原到 mydb2 数据库中，具体步骤如下。

① 登录 MySQL，创建 mydb2 数据库后退出 MySQL，具体 SQL 语句如下。

```
mysql> CREATE DATABASE mydb2;
mysql> exit;
```

② 还原数据，具体 SQL 语句如下。

```
mysql -uroot -p mydb2 < D:\mydb.sql
```

在上述命令中，"D:\mydb.sql" 文件是 mysqldump 导出的 SQL 脚本。

还原数据后，登录 MySQL，查看 mydb2 数据库中的数据是否已经正确还原。

2. 使用 source 命令还原数据

source 命令是 MySQL 客户端提供的命令。使用 source 命令还原数据时，需要登录 MySQL，在登录后的状态下执行该命令。

使用 source 命令还原数据的语法格式如下。

```
source 文件路径
```

上述语法格式比较简单，只需要在 source 后面指定导入的文件路径即可。

下面演示如何使用 source 命令将 mydb 数据库的备份数据还原到 mydb3 数据库中，具体步骤如下。

① 登录 MySQL，创建 mydb3 数据库，具体 SQL 语句如下。

```
mysql> CREATE DATABASE mydb3;
```

② 还原数据，具体 SQL 语句如下。

```
mysql> source D:/mydb.sql
```

还原数据后，查看 mydb3 数据库中的数据是否已经正确还原。

8.4　用户与权限

在前面的章节中讲述的都是使用 root 用户操作数据库，而在实际工作中，为了保证数据库的安全，数据库管理员通常会给需要操作数据库的人员创建用户名和密码，并分配可操作的权限，让其仅能在自己拥有的权限范围内操作数据库。下面对 MySQL 中的用户与权限进行详细讲解。

8.4.1　用户管理

用户是数据库的使用者和管理者。在 MySQL 中可以创建不同的用户，并可以控制不同用户对数据库和数据表的访问权限。当一些用户不再需要操作数据库时，可以将这些用户删除。下面对创建用户和删除用户进行讲解。

1. 创建用户

在 MySQL 中，使用 CREATE USER 语句创建用户的语法格式如下。

```
CREATE USER [IF NOT EXISTS] 账户名[, 账户名 …][IDENTIFIED BY '密码']
```

在上述语法格式中，使用 CREATE USER 语句可以一次创建多个用户，每个账户名对应一个用户，多个账户名之间使用逗号分隔。账户名的格式为 "用户名@主机名"，其中，用户名是登录 MySQL 服务器时使用的，用户名不超过 32 个字符且区分大小写；主机名是登录 MySQL 服务器时所使用的地址，主机名可以是 IP 地址或字符串，例如，"localhost" 表示本地主机地址。如果允许任意主机连接 MySQL 服务器，则主机名可以使用通配符 "%" 或 """（空字符串）表示。

下面演示如何创建用户，具体步骤如下。

① 创建 test1 用户，可以从任意主机登录，具体 SQL 语句如下。

```
mysql> CREATE USER 'test1' IDENTIFIED BY '123456';
```

② 创建 test2 用户，只能通过指定的主机登录 MySQL 服务器，具体 SQL 语句如下。

```
mysql> CREATE USER 'test2'@'127.0.0.1' IDENTIFIED BY '123456';
```

③ 使用 SELECT 语句查询 mysql 数据库下的 user 表，查看创建的 test1 用户和 test2 用户，具体 SQL 语句及执行结果如下。

```
mysql> SELECT host, user FROM mysql.user;
+-----------+------------------+
| host      | user             |
+-----------+------------------+
| %         | test1            |
| 127.0.0.1 | test2            |
| localhost | mysql.infoschema |
| localhost | mysql.session    |
| localhost | mysql.sys        |
| localhost | root             |
+-----------+------------------+
6 row in set (0.00 sec)
```

从上述查询结果可以看出，user 表中新增了 test1 用户和 test2 用户。test1 用户的 host 列的值为"%"，表示 test1 用户可以通过任意主机登录 MySQL 服务器；test2 用户的 host 列的值为"127.0.0.1"，表示 test2 用户可以通过 IP 地址是 127.0.0.1 的主机登录 MySQL 服务器。

2. 删除用户

如果某个用户不再需要管理数据库，就可以将其删除，删除用户的语法格式如下。

```
DROP USER [IF EXISTS] 账户名[, 账户名 …];
```

在上述语法格式中，使用 DROP USER 语句可以同时删除一个或多个用户。删除用户时，该用户对应的权限会被自动删除。关于权限的内容会在 8.4.2 小节中进行讲解，此处读者了解即可。

下面演示如何删除 test2 用户，具体 SQL 语句及执行结果如下。

```
mysql> DROP USER IF EXISTS 'test2'@'127.0.0.1';
Query OK, 0 rows affected (0.01 sec)
```

从上述执行结果可以看出，test2 用户已经删除成功。

需要说明的是，当使用 DROP USER 语句删除已经在其他命令提示符窗口中登录的用户时，该用户不会立即被强制退出 MySQL。只有在该用户主动退出 MySQL 后，删除用户的操作才会生效。另外，删除用户时该用户创建的数据库或数据表不会被删除。

8.4.2 权限管理

创建用户后，可以给用户授予操作指定数据库或数据表的权限，当用户不需要操作指定数据库或数据表时，可以将这些授予的权限回收。下面对授予权限和回收权限进行讲解。

1. 授予权限

在 MySQL 中，使用 GRANT 语句给用户授予权限的语法格式如下。

```
GRANT 权限类型 [(字段列表)][, 权限类型 [(字段列表)] …]
ON [目标类型] 权限级别 TO 账户名[, 账户名 …]
```

在上述语法格式中，权限类型是指要授予的权限。常见的权限有数据库权限、数据库对象权限和结构权限，使用 ALL PRIVILEGES 表示授予所有权限；字段列表用于指定授予列权限的列名；目标类型的可选值有 3 个，分别是 TABLE、FUNCTION 和 PROCEDURE，它们分别表示给数据表、自定义函数和存储过程授予权限，默认值为 TABLE；权限级别是指权限可以被应用在哪些数据库的内容中，设置权限级别的方式有 6 种，具体如下。

① *：给默认数据库授予权限，如果没有默认数据库，则会发生错误。

② *.*：全局权限，可以给任意数据库中的任意内容授予权限。

③ 数据库名称.*：数据库权限，可以给指定数据库下的任意内容授予权限。

④ 数据库名称.数据表名称：数据表权限，可以给指定数据库中的指定数据表授予权限。

⑤ 数据表名称：列权限，给指定数据库中的指定数据表的指定字段授予权限时，需要在字段列表中指定列名称。

⑥ 数据库名称.存储过程：存储过程权限，可以给指定数据库中的指定存储过程授予权限。

下面演示如何给用户授予权限，具体步骤如下。

① 给 test1 用户授予 mydb2 数据库的所有权限，具体 SQL 语句和执行结果如下。

```
mysql> GRANT ALL PRIVILEGES ON mydb2.* TO 'test1'@'%';
Query OK, 0 rows affected(0.00 sec)
```

从上述执行结果可以看出，给 test1 用户授予了 mydb2 数据库的所有权限。

② 在 mysql.db 数据表中查看 test1 用户的权限，具体 SQL 语句及执行结果如下。

```
mysql> SELECT user, db, select_priv, insert_priv, update_priv, delete_priv
    -> FROM mysql.db WHERE user='test1';
+-------+-------+-------------+-------------+-------------+-------------+
| user  | db    | select_priv | insert_priv | update_priv | delete_priv |
+-------+-------+-------------+-------------+-------------+-------------+
| test1 | mydb2 | Y           | Y           | Y           | Y           |
+-------+-------+-------------+-------------+-------------+-------------+
1 row in set (0.00 sec)
```

从上述查询结果可以看出，test1 用户拥有 mydb2 数据库的所有权限。

通过给用户授予权限可以看出，在实际开发中，数据库管理员应该对数据库的安全问题负责，保持认真的工作态度和严谨的工作方式，体现出保护数据的职业素养。

2．回收权限

在 MySQL 中，为了保证数据库的安全，需要将用户不应拥有的权限回收。例如，数据库管理员发现某个用户不应拥有删除数据的权限，就应该及时将该权限回收。MySQL 提供了 REVOKE 语句用于回收指定用户的权限，具体语法格式如下。

```
REVOKE [IF EXISTS] 权限类型 [(字段列表)][, 权限类型 [(字段列表)] …]
ON [目标类型] 权限级别 FROM 账户名[, 账户名 …]
```

在上述语法格式中，权限类型、目标类型、权限级别与 GRANT 语句中的取值相同，这里不一一赘述了。

下面演示如何回收 test1 用户对 mydb2 数据库的权限，具体 SQL 语句及执行结果如下。

```
mysql> REVOKE ALL ON mydb2.* FROM 'test1'@'%';
Query OK, 0 rows affected(0.00 sec)
```

上述 SQL 语句执行成功后，test1 用户对 mydb2 数据库的权限被全部回收，该用户不能再操作 mydb2 数据库。

8.5　索引

在现实生活中，为了能够在书中快速找到想要的内容，通常会通过目录进行查找。在 MySQL 中，为了在大量数据中快速找到指定的数据，可以使用索引。本节对索引进行详细讲解。

8.5.1　索引概述

索引是一种特殊的数据结构，它可以将数据表中的某个或某些字段与记录的位置建立一个对应关系，并按照一定的顺序排序好，类似于书中的目录，它的作用就是快速定位到指定字段的位置。

根据创建索引方式的不同，可以将索引分为 5 种，具体描述如下。

① 普通索引：MySQL 数据库的基本索引类型，使用 KEY 或 INDEX 定义，用于提高数据的访问速度，不需要添加任何限制条件。

② 唯一索引：使用 UNIQUE INDEX 定义，用于防止用户添加重复的值，创建唯一索引的字段需要添加唯一约束。

③ 主键索引：使用 PRIMARY KEY 定义，是一种特殊的唯一索引，用于根据主键自身的唯一性标识每条记录，防止添加主键索引的字段值重复或为 NULL。另外，如果 InnoDB 存储引擎的数据表中数据的保存顺序与主键索引字段的顺序一致时，可将这种主键索引称为"聚簇索引"。一般聚簇索引指的都是表的主键，一张数据表中只能有一个聚簇索引。

④ 全文索引：使用 FULLTEXT INDEX 定义，用于提高数据量较大的字段的查询速度。使用全文索引的字段的类型必须是 CHAR、VARCHAR 或 TEXT 中的一种。在 MySQL 中，只有 MyISAM 存储引擎和 InnoDB 存储引擎支持全文索引。

⑤ 空间索引：使用 SPATIAL INDEX 定义，用于提高系统获取空间数据的效率。使用空间索引的字段的类型必须是空间数据类型，并且字段不能为空。空间数据类型用于存储位置、大小、形状以及自身分布特征的数据。在 MySQL 中，只有 MyISAM 存储引擎和 InnoDB 存储引擎支持空间索引。

根据创建索引的字段个数不同，可以将索引分为单列索引和复合索引，具体描述如下。

① 单列索引：在数据表的单个字段上创建的索引，可以是普通索引、唯一索引、主键索引或者全文索引，只要保证该索引对应表中一个字段即可。

② 复合索引：在数据表的多个字段上创建的索引，通过多个字段快速定位到要查询的数据，缩小查询的范围，当查询条件中使用了这些字段中的第一个字段时，下一个字段才有可能被匹配。

复合索引中字段的设置顺序遵循"最左前缀"原则，也就是在创建复合索引时，要把使用频率最高的字段放在索引字段列表的最左边。当查询条件中使用了这些字段中的第一个字段时，该复合索引才会被使用，例如，给 my_goods 数据表的 name 字段和 keyword 字段创建复合索引，当查询条件中使用了 name 字段时，该复合索引才会被使用。

8.5.2　创建索引

在 MySQL 中，既可以在创建数据表时创建索引，也可以在修改数据表时创建索引。在创建数据表和修改数据表时创建索引的基本语法格式如下。

```
# 在创建数据表时创建索引
CREATE [TEMPORARY] TABLE [IF NOT EXISTS] 数据表名称 (
  字段名 数据类型 [字段属性]
  ...
  PRIMARY KEY [索引类型] (字段列表) [索引选项],
  | {INDEX | KEY} [索引名称] [索引类型] (字段列表) [索引选项],
  | UNIQUE [INDEX|KEY] [索引名称] [索引类型] (字段列表) [索引选项],
  | {FULLTEXT | SPATIAL} [INDEX | KEY] [索引名称] (字段列表) [索引选项]
) [表选项];
# 在修改数据表时创建索引
ALTER TABLE 数据表名称
ADD PRIMARY KEY [索引类型] (字段列表) [索引选项]
| ADD {INDEX|KEY} [索引名称] [索引类型] (字段列表) [索引选项]
| ADD UNIQUE [INDEX|KEY] [索引名称] [索引类型] (字段列表) [索引选项]
| ADD {FULLTEXT|SPATIAL} [INDEX|KEY] [索引名称] (字段列表) [索引选项];
```

下面演示如何为 student 数据表中的 name 字段创建普通索引，具体 SQL 语句及执行结果如下。

```
mysql> ALTER TABLE student ADD INDEX name_index(name);
Query OK, 0 rows affected (0.00 sec)
Records:0 Duplicates:0 Warnings:0
```

在上述语句中，INDEX 表示创建的索引为普通索引，name_index 表示为索引定义的名称，name 表示给 student 数据表中的 name 字段创建索引。

索引创建完成后，使用 SHOW CREATE TABLE 语句查看指定表中创建的索引信息，具体 SQL 语句及执行结果如下。

```
mysql> SHOW CREATE TABLE student\G
****************************1.row****************************
      Table: student
Create Table: CREATE TABLE `student` (
  ……此处省略字段的创建信息
  PRIMARY KEY (`id`),
  KEY `name_index` (`name`)
) ENGINE=InnoDB AUTO_INCREMENT=5 DEFAULT CHARSET=utf8mb4 COLLATE=utf8mb4_0900_ai_ci
1 row in set (0.00 sec)
```

在上述执行结果中，KEY 后的 name_index 就是创建的普通索引的名称。

8.6 分区技术

当数据表的数据量过大时，可以使用 MySQL 本身支持的分区技术提高数据库的整体性能。本节将对分区技术进行详细讲解。

8.6.1 分区技术概述

分区技术是指在操作数据表时根据给定的算法，将数据在逻辑上分到多个区域中存储。在分区中还可以设置子分区，将数据存储到更加具体的区域内，例如，大量的水果（数据）分别存储在多个仓库（分区）中，在仓库中又可以划分出固定的区域（子分区）来存放不同种类的水果（数据）。

使用分区技术可以将一张数据表中的数据存储在不同的物理磁盘中，相比使用单个磁盘或文件系统存储，使用这种存储方式能够存储更多的数据，得到更高的查询吞吐量。如果在 WHERE 子句中包含分区条件，系统只需扫描相关的一个或多个分区而不需扫描全表，从而提高了查询效率。

8.6.2 创建分区

在创建数据表时创建分区的语法格式如下。

```
CREATE TABLE 数据表名称
[(字段与索引列表)][表选项]
PARTITION BY 分区算法(分区字段)[PARTITIONS 分区数量]
[SUBPARTITION BY 子分区算法(子分区字段)[SUBPARTITIONS 子分区数量]]
[(
  PARTITION 分区名 [VALUES 分区选项][其他选项]
  [(SUBPARTITION 子分区名 [子分区其他选项])],
  …
)];
```

在上述语法格式中，表选项后面的 PARTITION BY 关键字表示创建分区。一个数据表能够包含的分区的最大数量为 1024；分区文件的序号默认从 0 开始，当有多个分区时依次递增 1。分区算法有 4 种，分别为 LIST、RANGE、HASH 和 KEY，每种算法对应的分区字段不同，具体语法格式如下。

```
RANGE|LIST{(表达式) | COLUMNS(字段列表)}
HASH(表达式)
KEY [ALGORITHM={1 | 2}](字段列表)
```

在上述语法格式中，KEY 算法的 ALGORITHM 选项用于指定 key-hashing 函数的算法，值为 1 适用于 MySQL 5.1；默认值为 2，适用于 MySQL 5.5 及以后的版本。另外，子分区算法只支持 HASH 和 KEY。

当使用 RANGE 算法时，必须使用 LESS THAN 关键字定义分区选项；当使用 LIST 算法时，必须使用 IN 关键字定义分区选项，具体语法格式如下。

```
#RANGE 算法的分区选项
PARTITION 分区名 VALUES LESS THAN {(表达式 | 值列表) | MAXVALUE}
#LIST 算法的分区选项
PARTITION 分区名 VALUES IN (值列表)
```

在上述语法格式中，分区名要符合 MySQL 标识符的命名规则，分区名不区分大小写；值列表用于指定字段或表达式的值，当有多个值时使用逗号分隔。

下面演示分区的创建，具体步骤如下。

① 创建 LIST 分区，具体 SQL 语句及执行结果如下。

```
mysql> CREATE TABLE mydb.p_list (
    ->   id INT AUTO_INCREMENT COMMENT 'ID编号',
    ->   name VARCHAR(50) COMMENT '姓名',
    ->   dpt INT COMMENT '部门编号',
    ->   KEY (id)
    -> )
```

```
    -> PARTITION BY LIST(dpt)(
    ->   PARTITION p1 VALUES IN (1, 3),
    ->   PARTITION p2 VALUES IN (2, 4)
    -> );
Query OK, 0 rows affected (0.03 sec)
```

在上述 SQL 语句中，给 mydb.p_list 数据表中的 dpt 字段进行分区，当该字段的值为 1 或 3 时，将对应的记录存储在名为 p1 的分区中；当该字段的值为 2 或 4 时，将对应的记录存储在名为 p2 的分区中。

② 将分区创建完成后，可以在 MySQL 的数据文件 data\mydb 目录下看到对应的分区数据文件，具体文件名称如下。

```
p_list#p#p1.ibd
p_list#p#p2.ibd
```

在上述文件名称中，p_list 是建立分区的数据表名称，p1 和 p2 是分区的名称。

8.7　存储过程

在 MySQL 中，用户通过创建存储过程可以将代码封装起来实现指定的功能，还可以实现代码的重复调用。本节将对存储过程进行详细讲解。

8.7.1　存储过程概述

存储过程是一组为了完成特定功能的 SQL 语句集合，用户通过创建存储过程可以将经常使用的 SQL 语句封装起来，这样可以避免编写相同的 SQL 语句。

使用存储过程的优点如下。

① 执行效率高。普通 SQL 语句每次调用时都要先编译再执行，存储过程只需要在第一次调用时编译一次，再次调用时不需重复编译，和普通 SQL 语句相比，存储过程的执行效率更高。

② 能够降低网络流量。存储过程编译好后会保存在数据库中，在远程调用时，不需要依次执行每条 SQL 语句，调用一次存储过程即可，减少客户端和服务器端的数据传输，降低网络流量。

③ 复用率高。存储过程往往是针对一个特定功能编写的一组 SQL 语句，当再次需要完成这个特定功能时，直接调用该功能对应的存储过程即可。

④ 可维护性高。当功能需求发生一些小的变化时，可以在已创建的存储过程的基础上进行修改，花费的时间相对较少。

⑤ 安全性高。一般情况下，完成特定功能的存储过程只能由特定用户使用，具有身份限制，可避免未被授权的用户访问存储过程，确保数据库的安全。

8.7.2　创建和调用存储过程

使用 CREATE PROCEDURE 语句可以创建存储过程，基本语法格式如下。

```
CREATE PROCEDURE
[IF NOT EXISTS] 存储过程名称 ([[ IN | OUT | INOUT ] 参数名称 参数类型[, …]])
BEGIN
    过程体
END
```

在上述语法格式中，存储过程的参数是可选的，如果参数有多个，每个参数之间使用逗号分隔。参数名称前有 IN、OUT、INOUT 这 3 个选项，用于指定参数的来源和用途，各选项的具体含义如下。

① IN：表示输入参数，该参数在调用存储过程时传入。

② OUT：表示输出参数，初始值为 NULL，表示将存储过程中的值保存到 OUT 指定的参数中，返回给调用者。

③ INOUT：表示输入输出参数，既可以作为输入参数也可以作为输出参数。

存储过程中可能会包含多条 SQL 语句，每条 SQL 语句都有语句结束符 ";"，MySQL 遇到语句结束符 ";" 会自动执行 SQL 语句，但存储过程只有在被调用时才需要执行其中的 SQL 语句，这就需要在创建存储过程时修改语句结束符。修改语句结束符的语法格式如下。

```
DELIMITER 新语句结束符
    存储过程
新语句结束符
DELIMITER ;
```

在上述语法格式中，"DELIMITER 新语句结束符" 语句将 MySQL 的语句结束符设置为新语句结束符，存储过程被新语句结束符标识，新语句结束符推荐使用系统非内置的符号，如 $$。使用 DELIMITER 设置了新语句结束符后，存储过程中就可以使用分号结束符，MySQL 不会自动执行存储过程函数中的 SQL 语句。

需要注意的是，存储过程创建完成后，需要使用 "DELIMITER ;" 将语句结束符修改回原来的 ";"，DELIMITER 与 ";" 之间有一个空格，若无空格则修改无效。

下面演示存储过程的创建和调用，具体步骤如下。

① 在 mydb 数据库中创建存储过程，具体 SQL 语句及执行结果如下。

```
mysql> DELIMITER $$        # 将语句结束符从分号临时修改为$$（可以自定义）
mysql> CREATE PROCEDURE proc (IN gid INT)
    -> BEGIN
    ->   SELECT id, name FROM my_goods where id > gid;
    -> END
    -> $$
Query OK, 0 rows affected (0.00 sec)
mysql> DELIMITER ;         # 将语句结束符恢复为分号
```

在上述语句中，创建了一个名称为 proc 的存储过程，该存储过程的参数名称为 gid，参数类型为 INT，过程体中使用 SELECT 语句查询 my_goods 数据表中 id 大于 gid 的数据。

② 调用名称为 proc 的存储过程，具体 SQL 语句及执行结果如下。

```
mysql> CALL proc(9);
+----+------------+
| id | name       |
+----+------------+
| 10 | 薄毛衣联名款 |
+----+------------+
1 row in set (0.00 sec)
Query OK, 0 rows affected (0.03 sec)
```

上述执行结果包含两行描述信息，其中，"1 row in set (0. 00 sec)" 是执行过程体内的 SQL 语句的描述信息；"Query OK, 0 rows affected (0. 03 sec)" 是调用存储过程的结果描述信息。

8.8　触发器

在 MySQL 中，有时需要在特定时机自动执行一些操作，这可以通过触发器来实现。本节将对触发器进行详细讲解。

8.8.1　触发器概述

触发器与存储过程有些相似，它与存储过程的区别在于存储过程需要使用 CALL 语句调用才会执行，而触发器在预先定义好的事件发生时自动执行。

创建触发器时需要让触发器与数据表相关联，当数据表发生指定事件（如 INSERT、DELETE 等操作）时，就会自动执行触发器中提前定义好的 SQL 语句。触发器经常用于在向数据表插入数据时强制检验数据的合法性，保证数据的安全。

使用触发器的优点是可以通过数据库中的相关数据表实现同步更改或删除操作，并且触发器可以对数据进行安全检验，保证数据安全。使用触发器的缺点是当数据表结构需要调整时，需要同时修改触发器以确保功能的一致性，增加了维护的复杂程度。

8.8.2　创建和使用触发器

创建触发器时需要指定触发器要操作的数据表，且该数据表不能是临时表或视图。创建触发器的语法格式如下。

```
CREATE TRIGGER [IF NOT EXISTS] 触发器名称 触发时机 触发事件
ON 数据表名称 FOR EACH ROW
触发程序
```

在上述语法格式中，触发器名称在当前数据库中必须唯一；触发时机指触发器的执行时间，触发时机有两个可选值，具体介绍如下。

① BEFORE：表示在触发事件之前执行触发程序。

② AFTER：表示在触发事件之后执行触发程序。

触发事件表示执行触发器的操作类型，触发事件有 3 个可选值，具体介绍如下。

① INSERT：表示在添加数据时执行触发器中的触发程序。

② UPDATE：表示修改表中某一行数据时执行触发器中的触发程序。

③ DELETE：表示删除表中某一行数据时执行触发器中的触发程序。

"ON 数据表名称 FOR EACH ROW"用于指定触发器的操作对象；触发程序是指触发器执行的 SQL 语句，如果要执行多条 SQL 语句，需要使用 BEGIN…END 语句中的 BEGIN 和 END 作为触发程序的开始和结束。

当在触发程序中操作数据时，可以使用 NEW 和 OLD 两个关键字来表示新数据和旧数据，例如，当需要访问新插入数据的某个字段时，可以使用"NEW.字段名"的方式；当修改数据表的某条记录后，可以使用"OLD.字段名"访问修改之前的字段值。NEW 和 OLD 两个关键字的具体作用如表 8-1 所示。

需要注意的是，在 INSERT 类型的触发器中没有 OLD 关键字，这是因为添加数据时不存在旧数据；在 DELETE 类型的触发器中没有 NEW 关键字，这是因为删除数据后没有新数据。OLD 关键字获取的字段值全部为只读形式的字段值，不能对其进行更新操作。

表 8-1   NEW 和 OLD 两个关键字的具体作用

触发事件	NEW 和 OLD 两个关键字的具体作用
INSERT	NEW 表示将要添加或者已经添加的数据
UPDATE	NEW 表示将要修改或者已经修改的数据，OLD 表示修改之前的数据
DELETE	OLD 表示将要删除或者已经删除的数据

下面演示触发器的使用方法，具体步骤如下。

① 创建 my_shopcart 购物车表，具体 SQL 语句如下。

```
CREATE TABLE my_shopcart (
id INT UNSIGNED PRIMARY KEY AUTO_INCREMENT COMMENT '购物车 id',
user_id INT UNSIGNED NOT NULL DEFAULT 0 COMMENT '用户 id',
goods_id INT UNSIGNED NOT NULL DEFAULT 0 COMMENT '商品 id',
goods_price DECIMAL(10,2) UNSIGNED NOT NULL DEFAULT 0 COMMENT '单价',
goods_num INT UNSIGNED NOT NULL DEFAULT 0 COMMENT '购买件数',
is_select TINYINT UNSIGNED NOT NULL DEFAULT 0 COMMENT '是否选中',
create_time DATETIME NOT NULL DEFAULT CURRENT_TIMESTAMP COMMENT '创建时间',
update_time DATETIME DEFAULT NULL COMMENT '更新时间'
);
```

② 为 my_shopcart 购物车表创建触发器，具体 SQL 语句及执行结果如下。

```
mysql> DELIMITER $$
mysql> CREATE TRIGGER insert_tri BEFORE INSERT
    -> ON my_shopcart FOR EACH ROW
    -> BEGIN
    ->   DECLARE stocks INT DEFAULT 0;
    ->   SELECT stock INTO stocks FROM my_goods WHERE id=new.goods_id;
    ->   IF stocks <=new.goods_num THEN
    ->     SET new.goods_num :=stocks;
    ->     UPDATE my_goods SET stock=0 WHERE id=new.goods_id;
    ->   ELSE
    ->     UPDATE my_goods SET stock=stocks-new.goods_num WHERE
    ->     id=new.goods_id;
    ->   END IF;
    -> END;
    -> $$
Query OK, 0 rows affected (0.01 sec)
mysql> DELIMITER ;
```

在上述 SQL 语句中，创建了名称为 insert_tri 的触发器，触发器中定义了触发器的触发时机是 BEFORE，触发事件是 INSERT，操作的数据表是 my_shopcart，当该数据表发生 INSERT 事件后执行触发程序。触发程序判断购物车表中的购买件数是否大于或等于 my_goods 商品表中商品的库存，若是则将购物车表中的购买件数修改为此商品的最大库存，同时将 my_goods 表中商品的库存修改为 0；若不是则将 my_goods 表中商品的库存修改为商品原有的库存减购买件数。

③ 查看 my_goods 表中商品编号为 1 的商品的库存，具体 SQL 语句及执行结果如下。

```
mysql> SELECT id, stock FROM my_goods WHERE id=1;
+----+-------+
| id | stock |
+----+-------+
|  1 | 500   |
```

```
+----+-------+
1 row in set (0.00 sec)
```

④ 向购物车表 my_shopcart 中插入数据，自动执行触发器，具体 SQL 语句及执行结果如下。

```
mysq1> INSERT INTO my_shopcart
    -> (user_id, goods_id, goods_num, goods_price)
    -> VALUES(3, 1, 1000, 0.50);
Query OK, 1 row affected (0.00 sec)
```

上述 SQL 语句用于向购物车表添加商品，商品 id 为 1，购买件数为 1000，单价是 0.50。上述语句执行完成，会执行触发器，修改商品表的库存。

⑤ 查看 my_goods 表和 my_shopcart 表在执行触发器后商品信息的变化，具体 SQL 语句及执行结果如下。

```
mysql> SELECT id, stock FROM my_goods WHERE id=1;
+----+-------+
| id | stock |
+----+-------+
| 1  |   0   |
+----+-------+
1 row in set (0.00 sec)
mysql> SELECT id, user_id, goods_id, goods_num, goods_price
    -> FROM my_shopcart;
+----+---------+----------+-----------+-------------+
| id | user_id | goods_id | goods_num | goods_price |
+----+---------+----------+-----------+-------------+
| 1  |    3    |    1     |    500    |    0.50     |
+----+---------+----------+-----------+-------------+
```

从上述查询结果可以看出，当向 my_shopcart 购物车表中添加了一条数据后，商品表中商品的库存也发生了变化。由于添加到购物车表的购买件数大于商品表中商品的库存，所以将商品表 my_goods 中 id 为 1 的商品的 stock 值设置为 0，同时将购物车表 my_shopcart 中 goods_num 的值修改为 stock 字段对应的值 500。

本章小结

本章讲解了 MySQL 中的一些进阶技术，主要内容包括事务、视图、数据备份和数据还原、用户与权限、索引、分区技术、存储过程和触发器等内容。通过学习本章的内容，读者应掌握事务的使用、数据的备份和还原以及用户与权限的管理，能够在以后的实际开发中解决实际问题。

课后练习

一、填空题

1. 手动提交事务的语句是_____。
2. 在已经存在的数据表上创建索引的语句是_____。
3. 将表中多个字段组合在一起创建的索引被称为_____。
4. 开启事务的语句是_____。
5. 创建存储过程的语句是_____。

二、判断题

1. 触发器必须手动触发才会执行。（　　　）
2. 视图的结构和数据来源于数据库中真实存在的表。（　　　）
3. MySQL 的数据表中只能有一个唯一索引。（　　　）
4. 视图是一个或多个表中导出来的虚拟表。（　　　）
5. 存储过程是一组为了完成特定功能的 SQL 语句集合。（　　　）

三、选择题

1. 下列选项中，可将事务中的相关操作取消的是（　　　）。
   A. 提交　　　　　　　B. 回滚　　　　　　　C. 撤销　　　　　　　D. 恢复
2. 下列选项中，关于事务的说法正确的有（　　　）。（多选）
   A. 事务是针对数据库的一组操作
   B. 事务中的语句要么都执行，要么都不执行
   C. 事务提交后其中的操作才会生效
   D. 提交事务后对数据的修改是临时的
3. 下列选项中，关于存储过程的描述错误的是（　　　）。
   A. 存储过程名称不区分大小写　　　　　　B. 存储过程名称区分大小写
   C. 存储过程名称不能与内置函数重名　　　D. 存储过程的参数名不能与字段名相同
4. 下列选项中，只能创建在 CHAR、VARCHAR 或 TEXT 类型的字段上的索引是（　　　）。
   A. 唯一索引　　　　　B. 单列索引　　　　　C. 全文索引　　　　　D. 空间索引
5. 下列选项中，关于视图的说法错误的是（　　　）。
   A. 视图是数据表的一个可视化的图表
   B. 视图是一个虚拟的表
   C. 视图的表结构和基本表的结构一致
   D. 在视图中可以进行数据的操作

四、简答题

1. 简述索引的分类。
2. 简述事务的 4 个特性。

五、程序题

创建 class 数据表，表中包含学生姓名、性别、入学时间等字段；为 class 数据表创建视图，视图中包含姓名、性别、入学时间等字段。

第 9 章

使用PHP操作MySQL

拓展阅读

在学习了 MySQL 的基础知识后，读者还要学习如何使用 PHP 操作 MySQL。本章将对使用 PHP 操作 MySQL 的相关内容进行详细讲解。

9.1 PHP 中常用的数据库扩展

PHP 作为一门编程语言，其本身并不具备操作数据库的功能。如果想要使用 PHP 操作数据库，就需要借助 PHP 中的数据库扩展。PHP 中常用的数据库扩展有 MySQLi 扩展和 PDO 扩展，它们各自的说明如下。

1. MySQLi 扩展

MySQLi 扩展是 PHP 中专门用于与 MySQL 数据库进行交互的扩展，它是 PHP 早期版本中的 MySQL 扩展的增强版，不仅包含所有 MySQL 扩展的功能函数，还可以使用 MySQL 新版本中的高级特性，例如，多语言执行和事务的执行，采用预处理方式解决 SQL 注入问题等。MySQLi 扩展只支持 MySQL 数据库，如果不考虑使用其他数据库，该扩展是一个非常好的选择。

2. PDO 扩展

PDO（PHP Data Objects，PHP 数据对象）提供了一个统一的 API（Application Program Interface，应用程序接口），只要修改其中的数据源名称（Data Source Name，DSN），就可以实现 PHP 与不同类型数据库服务器之间的交互。PDO 扩展解决了 PHP 早期版本中不同数据库扩展的 API 互不兼容的问题，提高了程序的可维护性和可移植性。

PHP 中的数据库扩展就像一座桥梁，连接着 PHP 程序和数据库。桥梁为人们的出行提供了便利，类似地，数据库扩展提供了丰富的功能和方法，使得在程序中操作数据库更加简单、高效。在使用数据库扩展操作数据库时，可能会遇到各种意想不到的问题，为了解决这些问题，我们需要不断学习，深入研究。

9.2　初识 MySQLi 扩展

MySQLi 扩展提供了大量的函数来操作 MySQL，使得在 PHP 程序中操作数据库变得轻松、便捷。下面将对 MySQLi 扩展的使用进行详细讲解。

9.2.1　开启 MySQLi 扩展

PHP 中的 MySQLi 扩展默认没有开启，使用时需要开启。在 PHP 的配置文件 php.ini 中找到 ";extension= mysqli" 配置项，删除前面的分号 ";"，即可开启 MySQLi 扩展。修改后的配置如下。

```
extension=mysqli
```

修改配置后，保存配置文件并重新启动 Apache 使配置生效。可通过 phpinfo()函数查看 MySQLi 扩展是否开启成功，如果看到 MySQLi 扩展的相关信息，说明开启成功，具体如图 9-1 所示。

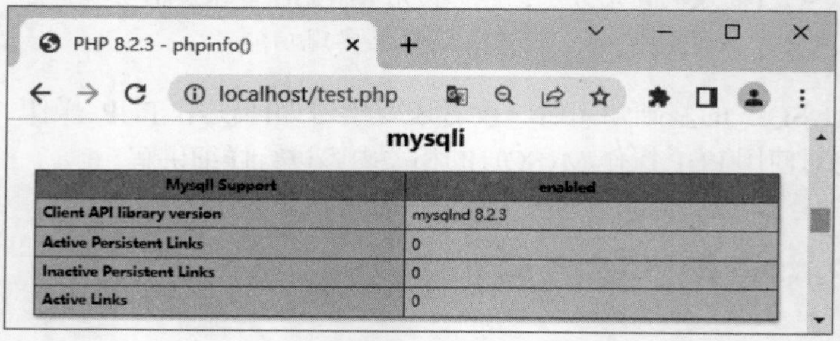

图9-1　查看MySQLi扩展是否开启成功

9.2.2　MySQLi 扩展的常用函数

MySQLi 扩展内置了用于实现连接数据库、设置客户端字符集等功能的函数。MySQLi 扩展的常用函数如表 9-1 所示。

表 9-1　MySQLi 扩展的常用函数

函数	描述
mysqli_connect(string $hostname, string $username, string $password, string $database, int $port, string $socket)	连接数据库，连接成功返回数据库连接对象，连接失败返回 false
mysqli_connect_error()	获取连接时的错误信息，返回带有错误描述的字符串
mysqli_select_db(mysqli $mysql, string $database)	选择数据库，若成功返回 true，失败返回 false
mysqli_set_charset(mysqli $mysql, string $charset)	设置客户端字符集，若成功返回 true，失败返回 false
mysqli_query(mysqli $mysql, string $query)	执行数据库查询，写操作返回 true，读操作返回结果集对象，失败返回 false
mysqli_insert_id(mysqli $mysql)	获取上一次插入操作产生的 id
mysqli_affected_rows(mysqli $mysql)	获取执行 SQL 语句所影响的行数

续表

函数	描述
mysqli_num_rows(mysqli_result $result)	获取结果中的行数
mysqli_fetch_assoc(mysqli_result $result)	获取一行结果并以关联数组方式返回
mysqli_fetch_row(mysqli_result $result)	获取一行结果并以索引数组方式返回
mysqli_fetch_all(mysqli_result $result, int $mode)	获取所有的结果，并以数组方式返回
mysqli_fetch_array(mysqli_result $result, int $mode)	从结果集中获取一行结果作为索引数组或关联数组
mysqli_free_result(mysqli_result $result)	释放结果集
mysqli_errno(mysqli $mysql)	返回最近函数的错误编号
mysqli_error(mysqli $mysql)	返回最近函数的错误信息
mysqli_report(int $flags)	开启或禁用 MySQL 内部错误报告
mysqli_close(mysqli $mysql)	关闭数据库连接

9.3 使用 MySQLi 扩展操作数据库

使用 MySQLi 扩展操作数据库时，首先需要连接数据库；连接数据库后，可以进行错误处理和设置字符集等初始化操作；然后使用 MySQLi 扩展提供的方法来操作数据，例如，添加数据、更新数据、删除数据和查询数据；完成数据库操作后，需要关闭数据库连接以释放资源。下面对使用 MySQLi 扩展操作数据库的内容进行详细讲解。

9.3.1 连接数据库

使用 MySQLi 扩展操作数据库之前，需要连接数据库。使用 mysqli_connect()函数连接数据库的语法格式如下。

```
mysqli_connect(
    string $hostname,        // 主机名或 IP 地址
    string $username,        // 用户名
    string $password,        // 密码
    string $database,        // 数据库名称
    int $port,               // 端口号
    string $socket           // socket 通信（适用于 Linux 环境）
)
```

在上述语法格式中，mysqli_connect()函数共有 6 个可选参数，当省略参数时，将自动使用 php.ini 中配置的默认值。若数据库连接成功，则返回一个数据库连接对象；若数据库连接失败，则返回 false 并显示 Fatal error 类型的错误信息。

下面演示如何使用 mysqli_connect()函数连接数据库，具体步骤如下。

① 登录 MySQL 数据库后，选择 mydb 数据库，具体 SQL 语句如下。

```
mysql> USE mydb;
Database changed
```

② 在 mydb 数据库中删除并重新创建 student 数据表，具体 SQL 语句如下。

```
DROP TABLE student;
CREATE TABLE student (
  id int NOT NULL AUTO_INCREMENT,
```

```
    name varchar(32) NOT NULL,
    age int NOT NULL,
    PRIMARY KEY (id)
) ENGINE=InnoDB DEFAULT CHARSET=utf8;
```

③ 向 student 数据表中插入数据，具体 SQL 语句如下。

```
INSERT INTO `student` VALUES ('1', 'Tom', '18'), ('2', 'Jack', '20'),
('3', 'Alex', '16'), ('4', 'Andy', '19');
```

④ 创建 connect.php，使用 mysqli_connect()函数连接数据库，具体代码如下。

```php
1    <?php
2    // 连接数据库
3    $link = mysqli_connect('localhost', 'root', '123456', 'mydb', '3306');
4    // 查看连接结果
5    echo $link ? '数据库连接成功' : '数据库连接失败';
```

上述代码用于连接主机名是 localhost、用户名是 root、密码是 123456 的 MySQL 服务器，选择的数据库是 mydb，端口号是 3306，$link 是返回的数据库连接对象。

通过浏览器访问 connect.php，数据库连接成功的提示信息如图 9-2 所示。

图9-2　数据库连接成功的提示信息

从图 9-2 可以看出，页面中输出"数据库连接成功"的提示信息。如果将函数的密码参数修改为"123"，此时的密码是错误的，数据库会连接失败，提示信息如图 9-3 所示。

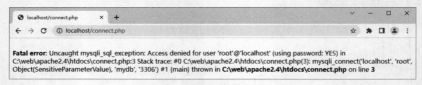

图9-3　数据库连接失败的提示信息

从图 9-3 可以看出，当使用错误的密码连接数据库时，网页会出现 Fatal error 类型的错误信息，提示应使用正确的密码连接数据库。

9.3.2　错误处理

当数据库连接失败时，mysqli_connect()函数会返回很长的错误提示信息，这些错误提示信息的可读性比较差。为此，在数据库连接失败时可使用 mysqli_connect_error()函数获取连接时的错误提示信息。mysqli_connect_error()函数没有参数，它的返回值是一个带有错误描述的字符串（如果没有发生错误，返回值为 NULL）。

修改 connect.php 中连接数据库的代码，使用 mysqli_connect_error()函数获取错误信息，具体代码如下。

```php
1    <?php
2    // 禁用 MySQL 内部错误报告
3    mysqli_report(MYSQLI_REPORT_OFF);
4    // 连接数据库
5    $link = @mysqli_connect('localhost', 'root', '123', 'mydb');
```

```
6    if (!$link) {
7        exit('mysqli connection error: ' . mysqli_connect_error());
8    }
```

在上述代码中，第 3 行代码使用 mysqli_report()函数禁用 MySQL 内部错误报告；第 5 行代码使用 "@" 屏蔽 mysqli_connect()函数的错误提示信息。当数据库连接对象\$link 的值为 false 时，执行第 7 行代码，停止脚本运行，同时使用 mysqli_connect_error()函数获取连接时错误信息并输出。第 5 行代码连接数据库时使用错误的密码 "123"，运行程序后的输出结果如图 9-4 所示。

图9-4 运行程序后的输出结果

从图 9-4 的输出结果可以看出，网页显示了数据库连接失败的错误提示信息。为了不影响后面的使用，需要将连接数据库的代码中的密码修改为 123456。

9.3.3 设置字符集

数据库连接成功后，还需要设置字符集，以确保 PHP 与 MySQL 使用相同的字符集。使用 mysqli_set_charset()函数设置字符集的语法格式如下。

```
mysqli_set_charset(mysqli $mysql, string $charset )
```

在上述语法格式中，mysqli_set_charset()函数共有 2 个参数：\$mysql 表示数据库连接对象；\$charset 是要设置的字符集，设置成功返回 true，设置失败返回 false。

在 connect.php 的现有代码后面，使用 mysqli_set_charset()函数设置字符集，具体代码如下。

```
1    if (!mysqli_set_charset($link, 'utf8mb4')) {
2        exit(mysqli_error($link));
3    }
```

在上述代码中，使用 mysqli_set_charset()函数设置字符集为 utf8mb4，使用 mysqli_error()函数获取代码执行失败时的错误信息。

> **⚠️注意**　为了避免中文乱码问题，需要保证 PHP 脚本文件、Web 服务器返回的编码、网页的<meta>标签、PHP 访问 MySQL 使用的字符集是统一的。

9.3.4 添加、更新和删除数据

MySQLi 扩展提供了 mysqli_query()函数来执行 SQL 语句，其基本语法格式如下。

```
mysqli_query(
    mysqli $mysql,
    string $query,
)
```

在上述语法格式中，\$mysql 表示数据库连接对象；\$query 表示要执行的 SQL 语句。当函数执行写操作时，执行成功返回 true，执行失败返回 false。当函数执行读操作时，返回值是结果集对象，关于结果集的处理会在 9.3.5 小节中讲解。

下面演示如何使用 mysqli_query()函数实现添加数据、更新数据和删除数据操作，具体内容如下。

1. 添加数据

在 connect.php 中实现添加数据操作，具体代码如下。

```
1   // 添加数据的 SQL 语句
2   $query = 'INSERT INTO student VALUES(NULL, \'Bob\', 20)';
3   // 执行添加数据操作
4   $result = mysqli_query($link, $query);
5   if (!$result) {
6       exit(mysqli_error($link));
7   }
8   echo '添加数据的id值: ' . mysqli_insert_id($link); // 获取添加数据的自增id
```

在上述代码中，第 4 行代码通过 mysqli_query()函数执行添加数据的 SQL 语句，如果执行 SQL 语句时出现错误，则使用 mysqli_error()函数获取错误信息；执行完成后，通过 mysqli_insert_id()函数获取添加数据的自增 id。

通过浏览器访问 connect.php，添加数据的结果如图 9-5 所示。

图9-5 添加数据的结果

从图 9-5 可以看出，网页输出了最新添加数据的 id 值。

脚本执行完成后，通过命令提示符窗口登录 MySQL，查询 student 数据表中的数据，验证数据是否添加成功，具体 SQL 语句及执行结果如下。

```
mysql> SELECT * FROM student;
+----+------+-----+
| id | name | age |
+----+------+-----+
|  1 | Tom  |  18 |
|  2 | Jack |  20 |
|  3 | Alex |  16 |
|  4 | Andy |  19 |
|  5 | Bob  |  20 |
+----+------+-----+
5 row in set (0.00 sec)
```

从上述查询结果可以看出，显示了 id 值为 5 的记录，说明数据添加成功。

2. 更新数据

在 connect.php 中实现更新数据操作，将 student 数据表中 id 值为 5 的 age 字段的值修改为 21，具体代码如下。

```
1   // 更新数据的 SQL 语句
2   $query = 'UPDATE student SET age=21 WHERE id=5';
3   // 执行更新数据操作
4   $result = mysqli_query($link, $query);
5   if (!$result) {
6       exit(mysqli_error($link));
7   }
8   // 返回结果
9   echo mysqli_affected_rows($link);
```

在上述代码中，执行更新数据的 SQL 语句后，第 9 行代码通过 mysqli_affected_rows()函数获取受影响的行数。运行上述代码后输出的受影响的行数为 1。

更新数据后，通过命令提示符窗口登录 MySQL，查询 student 数据表中 id 值为 5 的数据，验证更新后的数据是否正确，具体 SQL 语句及执行结果如下。

```
mysql> SELECT * FROM student WHERE id=5;
+----+------+-----+
| id | name | age |
+----+------+-----+
|  5 | Bob  |  21 |
+----+------+-----+
1 rows in set(0.00sec)
```

从上述查询结果可以看出，age 字段的值从原来的 20 改为了 21，说明数据更新成功。

3. 删除数据

在 connect.php 中实现删除数据，将 student 数据表中 id 值大于 4 的数据删除，具体代码如下。

```
1   // 删除数据的 SQL 语句
2   $query = 'DELETE FROM student WHERE id>4';
3   // 执行删除数据操作
4   $result = mysqli_query($link, $query);
5   if (!$result) {
6       exit(mysqli_error($link));
7   }
8   // 返回结果
9   echo mysqli_affected_rows($link);
```

删除数据后，通过命令提示符窗口登录 MySQL，查询 student 数据表中的数据，验证数据是否删除成功，具体 SQL 语句及执行结果如下。

```
mysql> SELECT * FROM student;
+----+------+-----+
| id | name | age |
+----+------+-----+
|  1 | Tom  |  18 |
|  2 | Jack |  20 |
|  3 | Alex |  16 |
|  4 | Andy |  19 |
+----+------+-----+
4 rows in set(0.00sec)
```

从上述查询结果可以看出，没有 id 值大于 4 的记录，说明数据删除成功。

9.3.5　查询数据

使用 mysqli_query() 函数执行读操作时，返回值是结果集对象，需要对结果集做进一步处理，获取结果集中的数据。

使用 mysqli_fetch_assoc() 函数、mysqli_fetch_row() 函数和 mysqli_fetch_array() 函数都可以实现获取结果集中的一行结果的操作。下面演示在 connect.php 中使用 mysqli_fetch_assoc() 函数查询 student 数据表中的所有数据，具体代码如下。

```
1   // 查询数据的 SQL 语句
2   $query = 'SELECT * FROM student';
3   // 执行查询数据的操作
```

```
4    $result = mysqli_query($link, $query);
5    if (!$result) {
6        exit(mysqli_error($link));
7    }
8    // 处理结果集
9    $lists = [];
10   while ($row = mysqli_fetch_assoc($result)) {
11       $lists[] = $row;
12   }
13   // 释放结果集资源
14   mysqli_free_result($result);
```

在上述代码中，第 10～12 行代码使用 while 语句和 mysqli_fetch_assoc()函数将结果集中的每一行数据取出来保存到$lists 变量中。

将查询出来的结果展示在页面中，具体代码如下。

```
1    echo '<table><tr><th>id</th><th>姓名</th><th>年龄</th></tr>';
2    foreach ($lists as $val) {
3        echo "<tr><td>{$val['id']}</td><td>{$val['name']}</td><td>{$val['age']}</td></tr>";
4    }
5    echo '</table>';
```

在上述代码中，第 2～4 行代码使用 foreach 语句将 $lists 中的内容遍历并输出。

通过浏览器访问 connect.php，查询数据的结果如图 9-6 所示。

如果想要获取所有的结果，可以通过 mysqli_fetch_all()函数来实现，下面修改 connect.php 中的第 8～12 行代码，示例代码如下。

图9-6　查询数据的结果

```
1    // 获取所有的结果
2    $data = mysqli_fetch_all($result, MYSQLI_ASSOC);
3    // 输出结果
4    var_dump($data);
```

在上述代码中，$data 中存入了一个包含所有行的二维数组，其中每一行记录都是一个数字，使用 var_dump()函数可以查看该二维数组的结构。

9.3.6　关闭数据库连接

在不需要使用数据库连接时，需要关闭数据库连接。使用 mysqli_close()函数关闭数据库连接的语法格式如下。

```
mysqli_close(mysqli $mysql)
```

在上述语法格式中，$mysql 表示数据库连接对象，传入要关闭的数据库连接对象，即可关闭已经打开的数据库连接。

在 connect.php 的现有代码后面，使用 mysqli_close()函数关闭数据库连接，具体代码如下。

```
mysqli_close($link);
```

上述代码使用 mysqli_close()函数关闭了数据库连接。关闭数据库连接后，$link 将不能继续使用。

9.4 项目实战——新闻管理系统

在学习了使用 PHP 操作 MySQL 的基本知识后，本节将实现一个项目——新闻管理系统。本项目将会实现新闻管理系统的数据库设计，根据需求实现新闻的添加、删除和修改的功能。

9.4.1 项目展示

新闻管理系统的主要功能包括添加新闻、修改新闻、删除新闻、新闻列表展示、新闻信息展示、分页查询等。新闻列表页面的显示效果如图 9-7 所示。

图9-7 新闻列表页面的显示效果

在图 9-7 中，顶部有一个导航栏，导航栏中包含"首页"栏目和"添加新闻"栏目。

在导航栏的下方是内容区域。内容区域分为左右两栏，左栏用于显示新闻列表，右栏用于显示"关于我们"的信息。

单击新闻列表页面中的新闻标题，会跳转到对应的新闻详情页面，具体如图 9-8 所示。

图9-8 新闻详情页面

单击导航栏中的"添加新闻"按钮，会跳转到添加新闻页面，具体如图 9-9 所示。

图9-9　添加新闻页面

单击新闻列表中的"修改"按钮，会跳转到修改新闻页面，具体如图 9-10 所示。

图9-10　修改新闻页面

9.4.2　功能介绍

新闻管理系统的功能介绍如下。

① 新闻列表页面：新闻列表页面展示新闻标题、新闻内容、作者名称和发表时间，每条新闻的标题右侧都有"修改"按钮和"删除"按钮。单击"删除"按钮会删除该条新闻，单击"修改"按钮可以修改该条新闻，单击新闻标题会跳转到对应的新闻详情页面。新闻列表分页展示。

② 新闻详情页面：显示新闻的详细信息，主要包括新闻标题、发表时间、新闻内容。

③ 添加新闻功能：在添加新闻页面输入新闻标题、作者和新闻内容后，单击"添加"按钮完成新闻的添加。

④ 修改新闻功能：在修改新闻页面会显示要修改的新闻数据，修改后单击"修改"按钮，完成修改操作。

9.4.3　数据库设计

新闻管理系统需要保存新闻的详细信息和作者信息。创建 news 数据库，在 news 数据库中创建新闻表（news）和作者表（author），新闻表用来保存新闻的详细信息，作者表用来保存作者信息。新闻表和作者表的表结构如表 9-2 和表 9-3 所示。

表 9-2　新闻表的表结构

字段	数据类型	说明
id	INT	自增 id
title	VARCHAR(50)	新闻标题
content	TEXT	新闻内容
a_id	INT	作者 id
publish	INT	发表时间

表 9-3　作者表的表结构

字段	数据类型	说明
id	INT	自增 id
name	VARCHAR(50)	作者名称

本章小结

本章主要讲解了 PHP 中常用的数据库扩展、MySQLi 扩展的常用函数、如何使用 MySQLi 扩展操作数据库以及新闻管理系统的项目实战。通过学习本章的内容，读者应能够熟练使用 PHP 操作 MySQL 数据库，将所学的知识运用到实际项目中，积累项目开发经验。

课后练习

一、填空题

1. PHP 操作 MySQL 数据库的扩展有_____扩展和 PDO 扩展。
2. 开启 MySQLi 扩展时，在 php.ini 中找到_____并删除分号即可。
3. MySQLi 扩展中使用_____函数连接数据库。
4. 使用_____函数来关闭数据库连接。
5. 使用_____函数来获取上一次插入操作产生的 id。

二、判断题

1. 目前 PDO 扩展只可以操作 MySQL 数据库。（　　）
2. 3306 是 MySQL 服务的默认端口号。（　　）
3. 使用 MySQLi 扩展操作数据库时，关闭数据库连接后，数据库连接对象将不能继续

使用。（　　　）

4. mysqli_fetch_assoc()函数用于获取一行结果并以索引数组方式返回。（　　　）

5. mysqli_error()函数返回最近函数的错误信息。（　　　）

三、选择题

1. 下列选项中，能够获取连接数据库的错误信息的函数是（　　　）。

　　A. mysqli_connect_error()　　　　　　B. mysqli_errno()

　　C. mysqli_error()　　　　　　　　　　D. mysqli_close()

2. 下列选项中，可以开启 MySQLi 扩展的配置项是（　　　）。

　　A. extension=mysqli　　　　　　　　B. extension=pdo_mysql

　　C. extension=pdo_oci　　　　　　　　D. extension=pdo_pgsql

3. 下列选项中，用于释放结果集的函数是（　　　）。

　　A. mysqli_error()　　　　　　　　　　B. mysqli_close()

　　C. mysqli_free_result()　　　　　　　D. mysqli_errno()

4. 下列选项中，与数据库操作无关的扩展有（　　　）。（多选）

　　A. cURL 扩展　　　B. GD 扩展　　　C. PDO 扩展　　　D. MySQLi 扩展

四、简答题

1. 简述 mysqli_fetch_row()、mysqli_fetch_assoc()、mysqli_fetch_array()、mysqli_fetch_all() 这 4 个函数的相同点和不同点。

2. 请简要说明在 PHP 中使用 MySQLi 扩展操作 MySQL 数据库的 3 个基本步骤。

五、编程题

1. 假设 MySQL 数据库安装在端口号为 3307、IP 地址为 127.0.0.1 的服务器上，其用户名是 php、密码是 123456，现有一个名称为 data 的数据库，请使用 MySQLi 扩展中的函数编写程序，实现输出 data 数据库中所有数据表的功能。

2. 假设存在一个本地 MySQL 数据库，用户名是 root，密码为空，请分析以下代码能否执行成功。如果能，请列出运行结果；如果不能，请说出不能的理由。

```php
<?php
mysqli_connect('localhost', 'root', '123456');
$res = mysqli_query('SHOW DATABASES');
while ($rows = mysqli_fetch_row($res)) {
    echo $rows[' Database'] . '<br>';
}
```

第 10 章

PHP面向对象程序设计

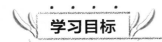
学习目标

◆ 了解面向对象的概念，能够说出面向过程与面向对象的区别、类与对象的概念以及面向对象的三大特性。

◆ 掌握类的定义和实例化，能够定义类和实例化类。

◆ 掌握类成员的定义，能够在类中定义类成员。

◆ 掌握对象的克隆方法，能够根据需求克隆对象。

◆ 掌握访问控制修饰符的使用方法，能够正确使用访问控制修饰符。

◆ 掌握$this 的使用方法，能够在类中使用$this 访问实例成员。

◆ 掌握构造方法和析构方法的使用方法，能够使用这两个方法完成对象的初始化和销毁。

◆ 掌握类常量和静态成员的使用方法，能够在类中定义类常量和静态成员。

◆ 掌握继承的使用方法，能够实现类的继承和有限继承。

◆ 掌握重写的使用方法，能够实现对类成员的重写。

◆ 掌握静态延迟绑定，能够根据需求访问类的静态成员。

◆ 掌握 final 关键字的使用方法，能够使用 final 关键字定义最终类和类成员。

◆ 掌握抽象类和抽象方法的概念，并能够根据实际需求使用抽象类和抽象方法。

◆ 掌握接口的实现方法，能够定义和实现接口。

◆ 掌握接口的继承方法，能够根据实际需求使用接口的继承。

◆ 掌握 Trait 的使用方法，能够在开发中使用 Trait 实现代码复用。

◆ 掌握 Iterator 的使用方法，能够使用 Iterator 遍历对象。

◆ 掌握 Generator 的使用方法，能够高效地遍历包含大量数据的对象。

◆ 掌握命名空间的使用方法，能够定义、访问和导入命名空间。

◆ 掌握异常处理方法，能够在程序中抛出和捕获异常，并实现多异常捕获处理。

拓展阅读

　　随着 PHP 的不断发展，PHP 对面向对象程序设计的支持越来越完善，使得 PHP 能够处理更多复杂的需求。对 PHP 开发者来说，PHP 面向对象程序设计是必备的重要技能之一。本章将对 PHP 面向对象程序设计进行详细讲解。

10.1   初识面向对象

在生活中，人们所面对的事物（如计算机、电视机、自行车等）都可以称为对象。在面向对象程序设计（Object-Oriented Programming，OOP）中，由事物和对事物的处理这些内容所组成的整体被称为对象，本节将对面向对象进行详细讲解。

10.1.1   面向过程与面向对象的区别

在学习面向对象之前，应该了解什么是面向过程。面向过程是指将要实现的功能分解成具体的步骤，通过函数依次实现这些步骤，使用功能时按规定好的顺序调用函数即可。在前面的章节中都是基于面向过程的思想进行编程的。

面向对象则是一种更符合人类思维习惯的编程思想，它分析现实生活中不同事物的各种形态，在程序中使用对象来映射现实中的事物，是对现实世界的抽象。

面向过程主要侧重于完成任务所经历的每一个步骤；而面向对象主要侧重于用什么对象解决什么问题，每一个对象中都包含若干属性和方法。假设有一个学生对象$student，下面通过代码演示该对象的使用。

```
// 输出学生对象的姓名
echo $student->name;          // 获取学生对象的 name 属性
// 让学生对象打招呼
$student->sayHello();         // 调用学生对象的 sayHello() 方法
```

面向对象是把要解决的问题，按照一定规则划分为多个独立的对象，通过调用对象的方法来解决问题。通常程序中可能包含多个对象，需要多个对象的相互配合来实现应用程序的功能。例如，老师布置作业，学生做作业，老师批改作业，最后输出学生的作业成绩，若用面向对象的思想表示这一系列过程，则具体代码如下。

```
// 老师布置作业
$work = $teacher->createWork();
// 学生做作业
$result = $student->doWork($work);
// 老师批改作业
$score = $teacher->check($result);
// 输出学生的作业成绩
echo $student->name . '的作业成绩为：' . $score;
```

通过上述代码可以很直观地看到对象与对象之间做了什么事情，代码的可读性很强。并且当应用程序功能发生变动时，只需要修改对应对象即可，从而使代码更容易维护。

10.1.2   面向对象中的类与对象

面向对象的思想力图使程序对事物的描述与该事物在现实中的形态一致，为了做到这一点，面向对象的思想提出了两个概念，即类（Class）与对象（Object）。

在面向对象中，类是对某一类事物的抽象描述，类中包含该类事物的一些基本特征。对象用于表示现实中该类事物的个体。对象是根据类创建的，类是对象的模板，通过一个类可以创建多个对象。

为了方便读者理解，下面演示类与对象的关系，如图 10-1 所示。

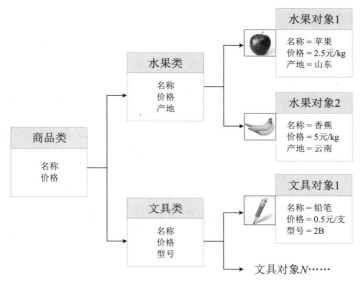

图10-1　类与对象的关系

在图 10-1 中，有商品类、水果类和文具类这 3 个类，其中水果类和文具类都拥有"名称" "价格"两个属性。此外，水果类拥有"产地"属性，文具类拥有"型号"属性。苹果、香蕉是水果类的对象，铅笔是文具类的对象。从水果与苹果、香蕉的关系和文具与铅笔的关系可以看出类与对象之间的关系。

10.1.3　面向对象的三大特性

面向对象的三大特性是封装、继承和多态，下面进行简要介绍。

1．封装

封装是面向对象的核心思想，它是指将对象的一部分属性和方法封装起来，不需要让外界知道具体实现细节，同时对外提供可以操作的接口。封装的优势是让对象的使用者不必研究对象的内部原理即可轻松地使用对象提供的功能。

2．继承

继承是面向对象中实现代码复用的重要特性。继承描述了类与类之间的关系，将类分为父类和子类，子类通过继承可以直接使用父类的成员，或者对父类的功能进行扩展。继承的优势是它不仅增强了代码的复用性，提高了程序的开发效率，而且为程序的修改和补充提供了便利。

3．多态

多态是指同名的操作可作用于多种类型的对象上并获取不同的结果。不同的对象，对于同名的操作所表现的行为是不同的。多态的优势是它可以让不同的对象拥有相同的操作接口，降低了使用者的学习成本。

10.2　类与对象的使用

在 10.1 节中，介绍了面向对象程序设计中的两个核心概念，即类与对象。那么如何使用类与对象呢？本节将对类与对象的使用进行详细讲解。

10.2.1 类的定义

类由 class 关键字、类名和类成员组成。定义类的语法格式如下。

```
class 类名
{
    类成员
}
```

在上述语法格式中，"{}"中的内容是类成员（具体内容会在 10.2.3 小节讲解）。

在定义类时，类名需要遵循以下规则。

① 类名不区分大小写，如 Student、student 表示同一个类。

② 推荐使用大驼峰法命名类，即将每个单词的首字母大写，如 Student。

③ 类名要"见其名知其意"，如 Student 表示学生类，Teacher 表示教师类。

下面演示如何定义 Person 类，具体代码如下。

```
class Person
{
}
```

在上述代码中，定义了 Person 类，该类是一个空的类，没有类成员。

10.2.2 类的实例化

若要使用类的功能，需要根据类创建对象，这个操作称为类的实例化。通过类的实例化创建的对象称为类的实例（Instance）。

在 PHP 中使用 new 关键字创建类的实例，语法格式如下。

```
$对象名 = new 类名([参数1, 参数2, …]);
```

在上述语法格式中，"$对象名"是类的实例，new 关键字表示要创建新的对象，类名是要实例化的类的名称，类名后面的参数是可选的（将在 10.2.7 小节中进行详细讲解）。

下面演示如何实例化 Person 类，具体代码如下。

```
$person = new Person();    // 实例化 Person 类
var_dump($person);         // 输出结果: object(Person)#1 (1) {}
```

在上述代码中，实例化 Person 类后，使用 var_dump()输出$person 对象，可以从输出结果中查看对象的类型。

多学一招：instanceof 运算符

使用 PHP 中的 instanceof 运算符可以判断对象是不是某个类的实例，具体语法格式如下。

```
$对象名 instanceof 类名
```

在上述语法格式中，instanceof 左侧是某个类的实例，右侧是类名。如果判断成立，判断结果为 true；否则，判断结果为 false。需要注意的是，对于一个子类对象，如果右侧是父类的类名，判断结果也为 true。

下面演示 instanceof 运算符的使用，示例代码如下。

```
1  class Other                          // 定义 Other 类
2  {
3  }
4  class Person                         // 定义 Person 类
5  {
```

```
6   }
7   $person = new Person();
8   var_dump($person instanceof Person);        // 输出结果: bool(true)
9   var_dump($person instanceof Other);         // 输出结果: bool(false)
```

在上述代码中，定义了 Other 类和 Person 类，第 8 行代码用于判断对象$person 是否为 Person
类的实例，第 9 行代码用于判断对象$person 是否为 Other 类的实例。从输出结果可以看出，
$person 是 Person 类的实例，不是 Other 类的实例。

10.2.3　类成员

类成员定义在类名后的"{}"中。类成员包括属性和方法：属性类似于变量，用于描述对
象的特征，如人的姓名、年龄等；方法类似函数，用于描述对象的行为，如说话、走路等。
在类中定义类成员的语法格式如下。

```
class 类名
{
    访问控制修饰符 $属性名 = 属性值;                    // 定义属性
    访问控制修饰符 function 方法名([参数1，参数2，…])    // 定义方法
    {
        方法体
    }
}
```

在上述语法格式中，属性值可以省略，如果省略属性值，属性的默认值为 NULL。访问控
制修饰符用于控制类成员是否允许被外界访问，默认使用 public（访问控制修饰符的相关内容
会在 10.2.5 小节中详细讲解）。
定义类成员后，在创建类的对象时，程序会依据类成员创建对象成员。对象成员又称为实
例成员。使用对象成员访问符"->"可以访问对象成员，具体语法格式如下。

```
$对象名->属性名;                    // 访问属性
$对象名->方法名();                  // 访问方法（调用方法）
```

在上述语法格式中，访问方法时，在方法名后面加上小括号表示调用方法。由于方法和函
数类似，所以习惯上将访问方法称为调用方法。
下面演示类成员的使用。定义 Person 类，在类中定义属性$name 和方法 speak()，实例化
Person 类后访问对象的属性和方法，具体代码如下。

```
1   class Person
2   {
3       public $name = '未命名';            // 定义属性
4       public function speak()             // 定义方法
5       {
6           echo 'The person is speaking.';
7       }
8   }
9   $person = new Person();                 // 实例化 Person 类
10  echo $person->name;                     // 获取属性值，输出结果: 未命名
11  $person->name = '张三';                 // 修改属性值
12  echo $person->name;                     // 获取属性值，输出结果: 张三
13  $person->speak();                       // 输出结果: The person is speaking.
```

在上述代码中，第 3 行代码用于为$name 属性设置初始值，第 10 行代码用于访问属性$name，

第 11 行代码用于将属性$name 的值修改为张三，第 13 行代码用于调用 speak()方法。

10.2.4　对象的克隆

在 PHP 中，当把一个值为对象的变量赋值给另一个变量时，并不会得到两个同样的对象，而是让两个变量引用了同一个对象。这样的机制有利于节省内存空间。

如果想要获取多个相同的对象，并且让其中一个对象的成员发生改变时不影响其他对象的成员，可以通过对象的克隆（Clone）来实现。

对象的克隆使用 clone 关键字实现，具体语法格式如下。

```
$对象名 2 = clone $对象名 1;
```

在上述语法格式中，基于对象"$对象名 1"克隆出了对象"$对象名 2"。

为了直观地表明对象的变量赋值和对象的克隆的区别，下面对二者分别进行代码演示。

① 对象的变量赋值的示例代码如下。

```
1  class Person
2  {
3      public $age = 1;
4  }
5  $object1 = new Person();
6  $object2 = $object1;
7  $object1->age = 10;
8  var_dump($object1->age);   // 输出结果: int(10)
9  var_dump($object2->age);   // 输出结果: int(10)
```

在上述代码中，第 5 行代码实例化 Person 类得到对象$object1；第 6 行代码将对象$object1 赋值给$object2；第 7 行代码将对象$object1 的 age 属性值修改为 10；第 8、9 行代码查看对象$object1 和$object2 中的 age 属性值，会发现它们都变为了 10。由此可见，$object1 和$object2 是同一个对象。

② 对象的克隆的示例代码如下。

```
1  class Person
2  {
3      public $age = 1;
4  }
5  $object1 = new Person();
6  $object2 = clone $object1;
7  $object1->age = 10;
8  var_dump($object1->age);   // 输出结果: int(10)
9  var_dump($object2->age);   // 输出结果: int(1)
```

在上述代码中，第 6 行代码使用 clone 关键字克隆对象$object1；第 7 行代码通过对象$object1 将 age 属性的值修改为 10；第 8 行代码查看对象$object1 中的 age 属性值，输出结果为 10；第 9 行代码查看对象$object2 中的 age 属性值，输出结果为 1。由此可见，$object1 和$object2 是不同的两个对象。

▎▎多学一招: 魔术方法

魔术方法不需要手动调用，它会在某一刻自动执行，使用魔术方法可以为程序的开发带来极大便利。PHP 有很多魔术方法，常见的魔术方法如表 10-1 所示。

表 10-1 常见的魔术方法

魔术方法	描述
__get()	当调用一个未定义或无权访问的属性时自动调用此方法
__set()	当给一个未定义或无权访问的属性赋值时自动调用此方法
__isset()	当在一个未定义或无权访问的属性上执行 isset()操作时调用此方法
__unset()	当在一个未定义或无权访问的属性上执行 unset()操作时调用此方法
__construct()	构造方法,当一个对象被创建时自动调用此方法
__destruct()	析构方法,在对象被销毁前(即从内存中清除前)自动调用此方法
__toString()	将一个类当成字符串调用时会调用此方法
__invoke()	当以调用函数的方式调用一个对象时会被自动调用
__sleep()	用于清理对象,在 serialize()序列化前执行
__wakeup()	用于预先准备对象需要的资源,在 unserialize()反序列化前执行
__call()	在对象中调用一个不可访问的方法时会被调用
__callStatic()	当在静态上下文中调用一个不可访问的方法时会被调用,该方法需要声明为 static(静态)方法
__clone()	实现对象的克隆

在实现对象的克隆时,如果想要对新对象的某些属性进行初始化,可以通过__clone()魔术方法来实现。例如在 Person 类中使用__clone()魔术方法,示例代码如下。

```
class Person
{
    public function __clone()
    {
        echo '__clone()魔术方法被执行了';
    }
}
```

在上述示例代码中,在克隆 Person 类的对象时,会自动执行__clone()魔术方法。

10.2.5 访问控制修饰符

访问控制修饰符用于控制类成员是否允许被外界访问。访问控制修饰符有 3 个,分别是 public(公有修饰符)、protected(保护成员修饰符)和 private(私有修饰符)。访问控制修饰符的作用范围如表 10-2 所示。

表 10-2 访问控制修饰符的作用范围

访问控制修饰符	同一个类内	子类	类外
public	允许访问	允许访问	允许访问
protected	允许访问	允许访问	不允许访问
private	允许访问	不允许访问	不允许访问

为了方便读者理解访问控制修饰符,下面演示访问控制修饰符的使用方法,具体代码如下。

```
1  class User
2  {
3      public $name = '张三';              // 姓名
4      protected $phone = '400-123456';    // 电话
5      private $money = '5000';            // 存款
6  }
7  $user = new User();
8  echo $user->name;                       // 输出结果: 张三
```

```
9   echo $user->phone;                          // 报错
10  echo $user->money;                          // 报错
```

在上述代码中，第 1～6 行代码定义了 User 类，其中，第 3 行代码定义了一个公有属性$name，第 4 行代码定义了一个受保护属性$phone，第 5 行代码定义了一个私有属性$money；第 7 行代码实例化 User 类；第 8～10 行代码访问属性。从输出结果可以看出，只有公有属性$name 可以在类外被访问。

> **注意**　在定义类时，属性前必须有访问控制修饰符，否则会报错；如果没有为方法指定访问控制修饰符，则默认为 public。

10.2.6　类中的$this

访问实例成员时，应使用类实例化后的对象进行访问。如果想在类的方法中访问实例成员，则可以使用特殊变量$this 实现。$this 代表当前对象，使用它能够在类的方法中访问实例成员。

下面通过代码验证$this 是否代表当前对象，具体代码如下。

```
1   class User
2   {
3       public function check($user)
4       {
5           return $this === $user;
6       }
7   }
8   $user = new User();
9   var_dump($user->check($user));              // 输出结果: bool(true)
```

上述代码的输出结果为 bool(true)，表示$this 代表当前对象。

下面演示$this 的使用方法，具体代码如下。

```
1   class User
2   {
3       public $name = '张三';                   // 姓名
4       protected $phone = '400-123456';         // 电话
5       private $money = '5000';                 // 存款
6       public function getAll()
7       {
8           echo $this->name, ' ';
9           echo $this->phone, ' ';
10          echo $this->money, ' ';
11      }
12  }
13  $user = new User();
14  $user->getAll(); // 输出结果: 张三 400-123456 5000
```

在上述代码中，第 8～10 行代码使用$this 访问类中的属性。通过输出结果可以看出，在方法中使用$this 可以直接访问实例成员。

10.2.7　构造方法

构造方法是一种特殊的方法，用于在创建对象时进行初始化操作，例如为对象的属性进行赋值、设定默认值等。构造方法在创建对象时自动调用，无须手动调用。

每个类都有一个构造方法，如果没有显式地为类定义构造方法，PHP 会自动生成一个没有参数且没有任何操作的默认构造方法；如果显式地为类定义了构造方法，默认构造方法将不存在。

定义构造方法的语法格式如下。

```
访问控制修饰符 function __construct([参数1, 参数2, …])
{
    方法体
}
```

在上述语法格式中，构造方法的默认访问控制修饰符是 public；构造方法中的参数是完成对象初始化所需的数据，在创建对象时，可以根据不同的需求传入不同的参数；构造方法的方法体用于完成初始化操作。

下面演示构造方法的使用方法，具体代码如下。

```
1  class User
2  {
3      public $name;
4      public function __construct($name = 'user')
5      {
6          $this->name = $name;
7      }
8  }
9  $obj1 = new User();
10 $obj2 = new User('Tom');
11 echo $obj1->name;          // 输出结果: user
12 echo $obj2->name;          // 输出结果: Tom
```

在上述代码中，第 4～7 行代码定义构造方法，构造方法的参数$name 的默认值是 user；第 6 行代码初始化成员属性$name；第 9 行代码实例化 User 类时不传递参数；第 10 行代码实例化 User 类时传递参数 Tom。从上述示例代码的输出结果可以看出，不传递参数时，属性$name 的值为默认值 user；传递参数 Tom 时，属性$name 的值为 Tom。

10.2.8　析构方法

析构方法在对象被销毁之前自动调用，用于执行一些指定功能或操作，例如，关闭文件、释放结果集等。在使用 unset()释放对象或者 PHP 脚本运行结束自动释放对象时，析构方法会自动调用。

定义析构方法的语法格式如下。

```
访问控制修饰符 function __destruct([参数1, 参数2, …])
{
    方法体
}
```

在上述语法格式中，方法体用于完成对象的销毁。

下面演示析构方法的使用方法，具体代码如下。

```
1  class User
2  {
3      public function __destruct()
4      {
5          echo '执行了析构方法';
6      }
7  }
8  $obj = new User();
9  unset($obj);               // 输出结果: 执行了析构方法
```

在上述代码中，第 9 行代码使用 unset() 释放对象，此时就会自动调用析构方法。由于 PHP 脚本运行结束时也会自动释放对象，所以即使省略第 9 行代码，也会输出"执行了析构方法"。

10.3　类常量和静态成员

在类中不仅可以定义属性和方法，还可以定义类常量和静态成员。通过类可以直接访问类常量和静态成员。本节将对类常量和静态成员进行详细讲解。

10.3.1　类常量

在 PHP 中，通过类常量可以在类中保存一些不变的值。在类中使用 const 关键字可以定义类常量，基本语法格式如下。

```
访问控制修饰符 const 类常量名称 = '常量值';
```

类常量名称通常使用大写字母表示，当省略类常量名称前的访问控制修饰符时，默认使用 public 作为访问控制修饰符。通过"类名::类常量名称"的方式可以访问类常量，其中"::"为范围解析运算符。

下面演示在类中定义类常量并通过类访问类常量，具体代码如下。

```
1  class Student
2  {
3      const SCHOOL = '某学校';      // 定义类常量
4  }
5  echo Student::SCHOOL;            // 访问类常量
```

在上述代码中，第 3 行代码定义了类常量 SCHOOL，第 5 行代码使用"::"访问类常量。

10.3.2　静态成员

如果想让类中的某个成员只保存一份，并且可以通过类直接访问，则可以将这个成员定义为静态成员。静态成员包括静态属性和静态方法。静态成员使用 static 关键字修饰。定义静态成员的语法格式如下。

```
public static $属性名;          // 定义静态属性
public static 方法名() {}       // 定义静态方法
```

在上述语法格式中，属性名和方法名前面添加 static 关键字，表示这个属性和方法是静态成员。在类外访问静态成员时，不需要创建对象，直接通过类名即可访问，具体语法格式如下。

```
类名::$属性名;                  // 访问静态属性
类名::方法名();                 // 访问静态方法（调用静态方法）
```

在类内可以使用 self 或 static 关键字配合"::"访问静态成员，self 和 static 关键字在类的内部代替类名，当类名发生变化时，不需要修改类的内部代码。在类内访问静态成员的语法格式如下。

```
self::$属性名;                  // 使用 self 访问静态属性
self::方法名();                 // 使用 self 访问静态方法（调用静态方法）
static::$属性名;                // 使用 static 访问静态属性
static::方法名();               // 使用 static 访问静态方法（调用静态方法）
```

关于 self 或 static 的区别会在 10.4.4 小节中讲解。

为了让读者更好地理解静态成员的使用方法，下面演示静态成员的定义和访问，具体代码如下。

```
1   class Student
2   {
3       public static $age = '18';
4       public static function show()
5       {
6           echo self::$age;        // 在类内使用 self 关键字访问静态属性
7           echo static::$age;      // 在类内使用 static 关键字访问静态属性
8       }
9   }
10  Student::$age;                  // 在类外访问静态属性
11  Student::show();                // 在类外访问静态方法
```

在上述代码中，第 10 行代码在类外访问静态属性，输出结果为 18；第 11 行代码在类外访问静态方法，在静态方法中使用 self 和 static 关键字在类内访问静态属性，输出结果为 1818。

10.3.3　【案例】封装数据库操作类

1. 需求分析

在第 9 章使用 MySQLi 扩展操作数据库时，是使用面向过程的思想来实现的。本案例将使用面向对象的思想来实现数据库操作类的封装，简化数据库的初始化操作，实现读写操作的封装。

2. 实现思路

① 创建 Sql.php 文件，用来封装数据库操作类。
② 创建构造方法，初始化数据库信息。
③ 创建 connect()方法连接数据库。
④ 封装执行读写操作的方法。
⑤ 在浏览器中查看运行结果。

3. 代码实现

本书在配套源码包中提供了本案例的详细开发文档和完整代码，读者可以参考并进行学习。

10.4　继承

在实际开发中，为了防止相同功能的重复定义，PHP 提供了继承功能。本节将对继承的相关内容进行详细讲解。

10.4.1　继承的实现

在生活中，继承一般是指子女继承父辈的财产。在 PHP 中，类的继承是指在一个现有类的基础上构建一个新类，构建出来的新类被称作子类或派生类，现有类被称作父类或基类，子类自动拥有父类所有可继承的属性和方法。当子类和父类有同名的类成员时，子类的类成员会覆盖父类的类成员。

使用 extends 关键字实现子类与父类之间的继承，其语法格式如下。

```
class 子类名 extends 父类名
{
}
```

需要注意的是，PHP 只允许类单继承，即每个子类只能继承一个父类，不能同时继承多个父类。为了让读者更好地理解继承，下面演示继承的实现，具体代码如下。

```
1   // 定义父类 People 类
2   class People
3   {
4       public $name;
5       public function say()
6       {
7           echo $this->name . 'is speaking';
8       }
9   }
10  // 定义子类 Man 类，该子类继承 People 类
11  class Man extends People
12  {
13      public function __construct($name)
14      {
15          $this->name = $name;
16      }
17  }
18  $man = new Man('Tom');
19  echo $man->name;          // 输出结果：Tom
20  $man->say();              // 输出结果：Tom is speaking
```

在上述代码中，第 11 行代码的 Man 类通过 extends 关键字继承 People 类，继承后，Man 类是 People 类的子类；第 19 行代码用于输出从父类继承的$name 的值；第 20 行代码用于调用从父类继承的 say()方法。

10.4.2　有限继承

有限继承是指子类在继承父类时，受访问控制修饰符的限制，不能继承父类的所有内容，而只能继承父类的部分内容。有限继承的内容如表 10-3 所示。

表 10-3　有限继承的内容

访问控制修饰符	属性	方法
public	可以继承	可以继承
protected	可以继承	可以继承
private	可以继承	不能继承

为了帮助读者更好地理解有限继承，下面演示有限继承的使用方法，具体步骤如下。

① 定义 People 类，具体代码如下。

```
class People
{
    public $name = 'Tom';              // 公有属性
    protected $age = '20';             // 受保护属性
    private $money = '5000';           // 私有属性
    public function showName()         // 公有方法
    {
        echo $this->name;
    }
    protected function showAge()       // 受保护方法
    {
```

```
        echo $this->age;
    }
    private function showMoney()          // 私有方法
    {
        echo $this->money;
    }
}
```

在上述代码中，People 类中定义了公有属性$name 和公有方法 showName()、受保护属性$age 和受保护方法 showAge()、私有属性$money 和私有方法 showMoney()。

② 定义 Man 类继承 People 类，具体代码如下。

```
class Man extends People
{
    public function getProtected()
    {
        echo $this->showAge();
    }
    public function getPrivate()
    {
        echo $this->money;
        $this->showMoney();
    }
}
```

在上述代码中，定义了 Man 类继承 People 类。在 Man 类中定义 getProtected()方法用来访问父类的受保护方法 showAge()；定义 getPrivate()方法用来访问父类的私有属性$money 和私有方法 showMoney()。

③ 实例化 Man 类，查看输出结果，具体代码如下。

```
1   $man = new Man();
2   var_dump($man);
```

上述第 2 行代码执行后，输出结果如下。

```
object(Man)#1(3) {
    ["name"]=>string(3)"Tom"
    ["age":protected]=>string(2)"20"
    ["money":"People":private]=>string(4)"5000"
}
```

从上述输出结果可以看出，Man 类继承了 People 类的公有属性$name、受保护属性$age 和私有属性$money。

④ 通过 Man 类对象调用公有方法 showName()、getProtected()和 getPrivate()，具体代码如下。

```
1   $man->showName();                    // 输出结果: Tom
2   $man->getProtected();                // 输出结果: 20
3   $man->getPrivate();                  // 报错
```

上述第 3 行代码执行后程序会报错，错误信息如下。

```
Warning:Undefined property:Man::$money in…
Fatal error:Uncaught Error:Call to private method People::showMoney()
from scope Man in…
```

在上述错误信息中，访问私有属性$money 时会出现变量未定义的错误信息，调用私有方法 showMoney()时会出现不能调用私有方法的错误信息。由此可以得出，私有属性可以被继承，但是无法在子类内部访问；私有方法不能被继承。

10.4.3 重写

重写是指在子类中重写父类的同名成员。在重写父类的属性时，子类的属性会直接覆盖父类的属性，父类的属性将不再存在；在重写父类的方法时，子类的方法和父类的方法同时存在，重写的方法的访问权限必须和父类的方法的访问权限一致或更加开放。通过重写父类的方法可以实现扩展或修改业务逻辑的目的。

下面演示重写的使用方法，具体步骤如下。

① 定义 People 类，具体代码如下。

```php
class People
{
    public $name = 'People';
    public function show()
    {
        echo __CLASS__;
    }
    public function say()
    {
        echo __CLASS__ . ' say';
    }
}
```

在上述代码中，定义了 People 类。该类中定义了公有属性$name，公有方法 show()和 say()，在方法中使用 PHP 内置的魔术常量__CLASS__返回当前被调用的类名。

② 定义 Man 类继承 People 类，具体代码如下。

```php
class Man extends People
{
    public $name = 'Man';
    public function show()
    {
        echo __CLASS__;
    }
    public function say()
    {
        echo __CLASS__ . ' say';
    }
}
```

在上述代码中，Man 类继承了 People 类，Man 类中定义了与父类同名的公有属性$name，公有方法 show()和 say()。

③ 实例化 Man 类，调用 show()方法和 say()方法，具体代码如下。

```php
$man = new Man();
var_dump($man);          // 输出结果: object(Man)#1(1){["name"]=>string(3)"Man"}
$man->show();            // 输出结果: Man
$man->say();             // 输出结果: Man say
```

在上述代码中，调用 show()方法和 say()方法时，会实现方法的重写。

将 Man 类中 say()方法的访问控制修饰符修改为 protected，再次运行程序时会报错，具体错误信息如下。

```
Fatal error: Access level to Man::say() must be public (as in class People) in…
```

由上述错误信息可知，Man 类 say()方法的访问权限必须和 People 类中 say()方法的一致。

子类在重写父类后，既继承了父类的功能，又根据需求重新实现了父类的某个方法，还通过重写实现了父类的扩展和创新。在日常生活中，如果现有的经验或方法存在弊端，我们也需要打破陈规，勇于创新。

多学一招：parent 关键字

子类在重写父类的方法后，如果想继续使用父类的方法，可以使用 parent 关键字配合范围解析运算符调用父类的方法，具体语法格式如下。

```
parent::父类的方法();
```

下面演示如何在子类中调用父类的方法，示例代码如下。

```
class Man extends People
{
    public function show()
    {
        parent::show();
    }
}
```

在上述代码中，show()方法中使用了 parent 关键字调用父类的方法，当调用 show()方法时，实际上调用的是父类的方法。

10.4.4　静态延迟绑定

静态绑定是指在访问静态成员时，访问本类的静态成员。类可以自下而上调用父类的方法，如果需要在父类中根据不同的子类调用子类的方法，就需要实现静态延迟绑定。所谓静态延迟绑定是在访问静态成员时，访问实际运行的类的静态成员，而不是访问原本定义的类的静态成员。

静态绑定使用 self 关键字来实现；静态延迟绑定使用 static 关键字来实现，只适用于对静态属性和静态方法进行延迟绑定。静态延迟绑定的示例代码如下。

```
1  class People
2  {
3      public static $name = 'People';
4      public static function showName()
5      {
6          echo self::$name;        // 静态绑定
7          echo static::$name;      // 静态延迟绑定
8      }
9  }
10 class Man extends People
11 {
12     public static $name = 'Man';
13 }
14 People::showName();                // 输出结果：PeoplePeople
15 Man::showName();                   // 输出结果：PeopleMan
```

在上述代码中，第 6 行代码使用 self 关键字实现静态绑定，第 7 行代码使用 static 关键字实现静态延迟绑定，第 10～13 行代码定义 Man 类继承 People 类并重写静态属性$name。在第 14 行代码通过 People 类调用静态方法、第 15 行代码通过 Man 类调用父类的静态方法时，static 代表的是当前调用类，在输出结果时，静态属性$name 的值是 Man。

10.4.5　final 关键字

面向对象中的继承使类和类成员变得非常灵活，但有时不希望类和类成员在使用的过程中发生改变，可以在这些内容前面添加 final 关键字，表示这些内容不能被修改。使用 final 关键字修饰类和类成员的基本语法格式如下。

```
final class 类名                        // 最终类
{
    final public const 常量名 = 常量值;    // 最终常量
    final public function 方法名(){}       // 最终方法
}
```

在上述语法格式中，使用 final 关键字修饰类，表示该类不能被继承，只能被实例化，这样的类被称为最终类；使用 final 关键字修饰常量，表示该类的子类不能重写（即上文提及的不能被修改）这个常量，这样的常量被称为最终常量；使用 final 关键字修饰方法，表示该类的子类不能重写这个方法，这样的方法被称为最终方法。

下面演示 final 关键字的使用，具体代码如下。

```
1   class Person
2   {
3       final public const AGE = 18;        // 最终常量
4       final public function show()         // 最终方法
5       {
6       }
7   }
8   final class Student extends Person
9   {
10      public const AGE = 20;              // 报错
11      public function show()              // 报错
12      {
13      }
14  }
```

在上述代码中，第 1～7 行代码定义 Person 类，第 3 行代码定义最终常量 AGE，第 4～6 行代码定义最终方法 show()，第 8～14 行代码定义 Student 类继承 Person 类，第 10 行代码重写常量 AGE，第 11 行代码重写 show()方法。

运行程序后会报错，第 10 行代码的错误信息是 "Fatal error: Student::AGE cannot override final constant Person::AGE in…"，表示不能重写 Person 类的最终常量；第 11 行代码的错误信息是 "Fatal error: Cannot override final method Person::show() in…"，表示不能重写 Person 类的最终方法。

如果给上述第 1 行代码添加 final 关键字，表示 Person 类是最终类，运行程序后，会提示 Student 类不能继承最终类 Person 的错误信息。

10.5　抽象类和抽象方法

抽象类是一种特殊的类，它用于定义某种行为，具体的实现需要由子类完成。例如，完成跑步有多种方式，如基础跑、长距离跑、减速跑等，此时，可以定义跑步类为抽象类，将基础跑这些方式定义为抽象方法。

使用 abstract 关键字可以定义抽象类和抽象方法，基本语法格式如下。

```
abstract class 类名                          // 定义抽象类
{
    public abstract function 方法名();        // 定义抽象方法
}
```

从上述语法格式可以看出，抽象类和抽象方法的定义都很简单。在使用 abstract 修饰类或方法时应注意以下 6 点。

① 抽象方法是特殊的方法，只有方法定义，没有方法体。

② 含有抽象方法的类必须被定义成抽象类。

③ 抽象类中可以有非抽象方法、属性和常量。

④ 抽象类不能被实例化，只能被继承。

⑤ 子类实现抽象类中的抽象方法时，子类的方法的访问权限必须与抽象类中的一致或者比抽象类中的更开放。

⑥ 子类继承抽象类时必须实现抽象方法，否则必须定义成抽象类，由下一个继承类来实现。

为了让读者更好地理解抽象类和抽象方法，下面演示抽象类和抽象方法的使用方法，具体代码如下。

```
1   abstract class Human
2   {
3       protected abstract function eat();
4   }
5   abstract class Man extends Human {}
6   class Boy extends Man
7   {
8       public function eat()
9       {
10          echo 'eat';
11      }
12  }
```

上述代码中，第 1～4 行代码定义 Human 抽象类，抽象类中定义了抽象方法 eat()，该方法的访问控制修饰符是 protected；第 5 行代码定义了 Man 抽象类继承 Human 抽象类，由于该类没有实现抽象方法，因此 Man 类也必须定义成抽象类；第 6～12 行代码定义了 Boy 类继承 Man 类；第 8～11 行代码实现抽象方法 eat() 的具体功能，eat() 方法的访问控制修饰符是 public。通过上述代码可以看出，实现抽象方法时，需要保证实现方法和抽象方法的访问权限一致，或实现方法的访问权限比抽象方法的更加开放。

10.6　接口

在项目开发中，经常需要定义方法来描述类的一些行为特征，但是这些行为特征又有不同的特点，例如，人类的行为特征是说话、吃饭、行走，某些动物的行为特征是鸣叫、进食、跳跃等。在 PHP 中，可以利用接口定义不同的行为，提高程序的灵活性。本节将对接口进行详细讲解。

10.6.1　接口的实现

接口用于指定某个类必须实现的功能，通过 interface 关键字来定义。在接口中，所有的方法只能是公有的，不能使用 final 关键字修饰，具体语法格式如下。

```
interface 接口名
{
    const 常量名 = '';                      // 接口常量
    public function 方法名();               // 接口方法
}
```

从上述语法格式可以看出，接口与类有相似的结构，但是接口不能被实例化。接口有两类成员，分别是接口常量和接口方法。实现接口的类可以访问接口常量，但不可以在类中定义同名常量。接口方法为抽象方法且没有方法体，在定义接口中的抽象方法时，由于所有的方法都是抽象的，因此在定义时可以省略 abstract 关键字。

接口的方法体没有具体实现，因此，需要通过某个类使用 implements 关键字来实现接口，具体语法格式如下。

```
class 类名 implements 接口名
{
}
```

下面演示接口的定义和实现，具体代码如下。

```
1   interface Human
2   {
3       const NAME = '';                    // 接口常量
4       public function eat();              // 接口方法
5   }
6   class Man implements Human
7   {
8       public function eat()               // 实现接口方法
9       {
10      }
11  }
```

在上述代码中，第 3 行代码定义了接口常量 NAME；第 4 行代码定义了接口方法；第 6～11 行代码通过 Man 类实现 Human 接口，并在 Man 类中实现接口方法。

10.6.2　接口的继承

在 PHP 中，为了让接口更具有结构性，接口可以被继承，从而实现接口的成员扩展。虽然 PHP 中子类只能继承一个父类，也就是只能实现单继承，但是接口和类不同，接口可以实现多继承，即可以一次继承多个接口。

接口的继承使用 extends 关键字实现，在实现多继承时用逗号把继承的接口相分隔即可，具体语法格式如下。

```
interface A {}
interface B {}

// 接口继承
interface C extends A {}

// 接口多继承
interface D extends A, B {}
```

下面演示接口继承的使用方法，具体代码如下。

```
interface Human
{
```

```
    public function walk();
    public function talk();
}
interface Animal
{
    public function eat();
    public function drink();
}
interface Monkey extends Human, Animal
{
    public function sleep();
}
```

上述代码定义了两个接口 Human 和 Animal，并定义 Monkey 接口继承这两个接口。

10.7　Trait 代码复用

由于 PHP 的类是单继承的，为了减少单继承的限制，PHP 提供了一种代码复用的方法——Trait。使用 Trait 能够使类自由地复用属性和方法，用于解决为了复用而不得不使用继承的问题。本节将对 Trait 进行讲解。

10.7.1　Trait 的实现

Trait 的结构类似于类的结构，Trait 中可以定义属性和方法，但不能定义常量。定义 Trait 的语法格式如下。

```
trait 名字
{
    属性和方法
}
```

在 Trait 中定义属性和方法后，需要在类中引入 Trait，实现 Trait 复用。使用 use 关键字可以引入 Trait，引入多个 Trait 时，多个 Trait 之间使用逗号分隔。在类中引入 Trait 的语法格式如下。

```
class 类名
{
    use trait 名字;
    use trait 名字1, trait 名字2;
}
```

在上述语法格式中，通过 use 关键字引入 Trait，多个 Trait 之间使用逗号分隔。

10.7.2　Trait 同名方法的处理

当一个类中使用了多个 Trait，并且这些 Trait 中有同名方法时，那么在类中调用该方法时，会出现命名冲突问题。为了解决这个问题，可以用关键字替代方法或给方法设置别名。insteadof 关键字用于替代某个 Trait 的方法，as 关键字用于给某个 Trait 的方法设置别名。

下面演示如何在两个 Trait 中含有同名属性或方法时，通过替代和设置别名的方式完成方法的调用，示例代码如下。

```
1  trait T1
2  {
3      public function eat()
4      {
```

```
5          echo 'T1, eat';
6      }
7  }
8  trait T2
9  {
10     public function eat()
11     {
12         echo 'T2, eat';
13     }
14 }
15 class Person
16 {
17     use T1, T2 {
18         T1::eat insteadof T2;
19         T2::eat as show;
20     }
21 }
22 $person = new Person();
23 $person->eat();          // 输出结果: T1, eat
24 $person->show();         // 输出结果: T2, eat
```

在上述代码中，定义了两个 Trait，分别为 T1 和 T2。在 Person 类中引入 T1 和 T2，由于 T1 和 T2 中有同名的 eat()方法，所以第 18 行代码使用 insteadof 关键字使 T1 的 eat()方法替代 T2 的 eat()方法，第 19 行代码使用 as 关键字为 T2 的 eat()方法设置别名 show。当调用 eat()方法时，实际执行 T1 中的 eat()方法；当调用 show()方法时，实际执行 T2 中的 eat()方法。

10.7.3　Trait 优先级

当类之间有继承关系并且引入了 Trait 时，Trait 在引入过程中可能与类本身或类的父类拥有同名成员。当出现同名属性时，必须保证同名同值，否则程序报错；当出现同名方法时，系统会认定该方法是重写的，方法调用的优先级为"子类 ＞Trait＞ 父类"。

下面演示子类、Trait 和父类中存在同名方法时方法调用的优先级，具体代码如下。

```
1  trait Eat
2  {
3      public function eat()
4      {
5          echo 'Eat::eat';
6      }
7  }
8  class Human
9  {
10     public function eat()
11     {
12         echo 'Human::eat';
13     }
14 }
15 class Man extends Human
16 {
17     use Eat;
18     public function eat()
19     {
20         echo 'Man::eat';
```

```
21        }
22  }
23  $man = new Man();
24  $man->eat(); // 输出结果：Man::eat
```

在上述代码中，分别定义了 Eat Trait、Human 类和 Man 类，其中 Man 类继承 Human 类并引入 Eat Trait，且定义了同名 eat()方法。第 23～24 行代码实例化 Man 类并调用了 eat()方法。从输出结果可以看出，优先调用了 Man 类的 eat()方法。如果将 Man 类的 eat()方法删除，则第 24 行代码输出结果为 Eat::eat，说明调用的是 Trait 中的 eat()方法；如果想要使用父类的方法，则可使用 parent 关键字进行调用。

10.8　Iterator 迭代器

Iterator（迭代器）是一个接口，它能够修改 foreach 语句的内部运行机制。当使用 foreach 语句遍历实现了 Iterator 接口的类的对象时，原有的遍历机制会被替代，改为根据 Iterator 接口的抽象方法来进行迭代操作。

Iterator 内置了 5 个抽象方法，实现 Iterator 接口的类必须实现这 5 个抽象方法。Iterator 内置的 5 个抽象方法如下所示。

① current()：返回当前元素。

② key()：返回当前元素的键。

③ next()：向前移动到下一个元素。

④ rewind()：返回到第一个元素。

⑤ valid()：检查当前位置是否有效。

下面演示如何使用 Iterator。定义 Man 类实现 Iterator 接口，具体代码如下。

```
1   class Man implements Iterator
2   {
3       private $info = ['name' => '1', 'age' => 0];
4       public function current(): mixed
5       {
6           return current($this->info);
7       }
8       public function key(): mixed
9       {
10          return key($this->info);
11      }
12      public function next(): void
13      {
14          next($this->info);
15      }
16      public function rewind(): void
17      {
18          reset($this->info);
19      }
20      public function valid(): bool
21      {
22          return isset($this->info[key($this->info)]);
23      }
```

```
24  }
25  $man = new Man();
26  foreach ($man as $key => $val) {
27      echo $key . '=' . $val . '&';   // 输出结果：name=1&age=0&
28  }
```

在上述代码中，Man 类中定义了私有属性$info，并且实现了 Iterator 中的抽象方法。在使用 foreach 语句遍历对象时，实际使用的是类中实现的 Iterator 的抽象方法。第 4～23 行代码中的 ": mixed" ": void" ": bool" 用于声明返回值类型，分别表示"返回值类型不固定""无返回值""返回值为布尔型"。

10.9 Generator 生成器

Generator（生成器）提供了一种更容易的方法实现对象迭代。Generator 实现了 Iterator 接口，并且实现了 Iterator 接口中的抽象方法。当遍历的数据量比较大时，使用 Generator 可以减少内存开销：在 Generator 中使用 yield 关键字定义暂停点，用于暂停循环的执行，再次调用时才会继续执行循环。和普通迭代对象的方式相比，使用 Generator 可以显著减少内存开销。

下面通过代码对比使用普通迭代对象的方式和使用 Generator 遍历数组所占用的内存。首先演示使用普通迭代对象的方式遍历数组，具体代码如下。

```
1   function myArray()
2   {
3       for ($i = 0; $i < 10000; $i++) {
4           $arr[] = $i;
5       }
6       return $arr;
7   }
8   $arr = myArray();
9   foreach ($arr as $v) {
10      echo $v . PHP_EOL;
11  }
12  echo memory_get_usage();    // 输出结果：661248
```

在上述代码中，第 1～7 行代码定义包含 10000 个元素的数组，第 9～11 行代码使用 foreach 语句遍历输出，第 12 行代码使用 memory_get_usage()函数获取运行程序所占用的内存。从输出结果可知，占用的内存是 661248 字节（不同计算机的输出结果可能略有差异）。

然后演示使用 Generator 遍历数组，具体代码如下。

```
1   function myGenerator()
2   {
3       for ($i = 0; $i < 10000; $i++) {
4           yield $i;
5       }
6   }
7   $obj = myGenerator();
8   for($i = 0; $i < 10000; $i++) {
9       echo $obj->current() . PHP_EOL;
10      $obj->next();
11  }
12
13  echo memory_get_usage();    // 输出结果：394544
```

在上述代码中，第 1～6 行代码定义了 myGenerator()函数，在该函数中使用 yield 关键字暂停循环的执行；第 9 行代码输出当前元素的值；第 10 行代码表示移动到下一个元素。从输出结果可知，占用的内存是 394544 字节（不同计算机的输出结果可能略有差异）。

通过对比普通迭代对象的方式和 Generator 可以看出，使用 Generator 占用的内存比使用普通迭代对象的方式小得多，减少了内存开销。

10.10　命名空间

在使用计算机管理文件时，通常会在硬盘中创建很多目录，将文件放在这些目录中，应注意避免同一个目录中的文件名称出现重复。在项目开发中，经常会用到大量的类库，每个类库中又包含大量的类文件。为了避免不同类库的类文件出现命名冲突，可以将一个类库的类文件放在命名空间里，通过路径（如 a\b\c）来访问类库中的类。本节将围绕命名空间进行详细讲解。

10.10.1　命名空间的定义

使用命名空间可以解决不同类库之间的命名冲突问题。namespace 关键字可以用于定义命名空间，基本语法格式如下。

```
namespace 空间名称;
```

在上述语法格式中，空间名称遵循标识符命名规则，由数字、字母和下划线组成，且不能以数字开头。同一个命名空间可以定义在多个文件中，即允许将同一个命名空间的内容存放在不同的文件中。

在定义命名空间时，只有 declare 关键字可以出现在第一条定义命名空间的语句之前。如果第一条定义命名空间的语句之前有其他 PHP 代码，会出现 Fatal error 错误信息。其中，declare 关键字用于设置或修改指定代码块运行时的配置选项。

下面演示命名空间的定义，示例代码如下。

```
<?php
namespace App;

/* 此处编写 PHP 代码 */
```

在上述示例代码中，App 是定义的空间名称。

下面演示如何在定义命名空间前使用 declare 语句，示例代码如下。

```
<?php
declare (ticks = 1);
namespace App;

/* 此处编写 PHP 代码 */
```

一个目录下可以创建多个目录和文件，同样，命名空间可以指定多个层次。非顶层的命名空间通常被称为子命名空间，定义子命名空间的示例代码如下。

```
<?php
namespace App\Http\Controllers;

/* 此处编写 PHP 代码 */
```

在上述示例代码中，Http 是 App 的子命名空间，Controllers 是 Http 的子命名空间。

10.10.2   命名空间的访问

虽然任意合法的 PHP 代码都可以包含在命名空间中，但只有类、接口、函数和常量受命名空间影响，这些受命名空间影响的内容也被称为空间成员。

PHP 提供了 3 种访问命名空间的方式，分别是非限定名称访问、限定名称访问和完全限定名称访问，具体介绍如下。

1. 非限定名称访问

非限定名称访问是指直接访问空间成员，不指定空间名称。这种方式只能访问当前代码向上寻找到的第 1 个命名空间内的成员，当找到的命名空间中不存在指定的空间成员时，PHP 就会报错。

2. 限定名称访问

限定名称访问是指从当前命名空间开始，访问其子命名空间的成员。限定名称访问的语法格式如下。

```
空间名称\空间成员名称;
```

限定名称访问只能访问当前命名空间的子命名空间的成员，不能访问其父命名空间的成员。

3. 完全限定名称访问

完全限定名称访问是指在任意的命名空间中访问从根命名空间开始的任意命名空间的成员。完全限定名称访问的语法格式如下。

```
\空间名称\空间成员名称;
```

以上讲解了 3 种访问命名空间的方式。需要注意的是，命名空间引入的时机与文件载入的时机相关。在 PHP 中，文件载入发生在代码的执行阶段，而不是代码的编译阶段。所以，不能在载入文件前访问引入的空间成员，否则程序会报错。

下面演示如何使用 3 种访问命名空间的方式，具体步骤如下。

① 创建 namespace01.php 文件，具体代码如下。

```
1  <?php
2  namespace two\one;
3
4  const PI = 3.14;
5  echo PI;                // 非限定名称访问
```

在上述代码中，第 2 行代码定义了 two\one 命名空间，第 4 行代码定义了常量 PI，第 5 行代码使用非限定名称访问当前命名空间的常量 PI。

② 创建 namespace02.php 文件，具体代码如下。

```
1  <?php
2  namespace two;
3
4  require './namespace01.php';
5  echo one\PI;            // 限定名称访问
6  echo \two\one\PI;       // 完全限定名称访问
```

在上述代码中，第 2 行代码定义了 two 命名空间，第 5 行代码使用限定名称访问常量 PI，第 6 行代码使用完全限定名称访问常量 PI。

10.10.3   命名空间的导入

当在一个命名空间中使用其他命名空间的空间成员时，每次都在空间成员前面加上路径的操作比较烦琐，此时可以使用 use 关键字导入指定的命名空间或空间成员，语法格式如下。

```
use 命名空间或空间成员；
```

在上述语法格式中，use 采用类似完全限定名称访问的方式导入内容，并且不需要添加前导反斜线 "\\"。

当导入的空间成员为函数时，需要在 use 后面添加 function 关键字；当导入的空间成员为常量时，需要在 use 后面添加 const 关键字。导入的空间成员为函数和常量的语法格式如下。

```
use function 函数的命名空间；
use const 常量的命名空间；
```

需要注意的是，使用 use 导入顶层命名空间没有任何意义，程序会产生警告信息，例如，使用 "namespace App;" 定义了顶层命名空间 App，若使用 "use App;" 对 App 进行导入，程序会产生警告信息。

为了避免导入的空间成员和已有内容重名，可以使用 as 关键字为导入的空间成员设置别名。导入空间成员并为空间成员设置别名的语法格式如下。

```
use 空间成员 as 别名；
```

为空间成员设置别名后，在后续的代码中只能使用别名对空间成员进行操作。

下面对导入命名空间和导入空间成员分别进行讲解。

1. 导入命名空间

导入命名空间通常指在类中导入其他类的命名空间，导入后，就可以在类中直接使用其他类的命名空间。下面演示如何导入命名空间，具体步骤如下。

① 创建 StudentController.php 文件，具体代码如下。

```
1  <?php
2  namespace App\Http\Controllers;
3
4  class StudentController
5  {
6      public static function introduce()
7      {
8          return __CLASS__;
9      }
10 }
```

在上述代码中，StudentController 类被存放在了 App\Http\Controllers 命名空间中。第 8 行代码使用魔术常量 __CLASS__ 获取当前被调用的类名，该类名是包含类所在的命名空间层级的完整类名。

② 创建 Container.php 文件，具体代码如下。

```
1  <?php
2  namespace myframe;
3
4  use App\Http\Controllers;
5
6  class Container
7  {
8      public static function student()
9      {
10         return Controllers\StudentController::introduce();
11     }
12 }
```

在上述代码中，第 4 行代码导入了 App\Http\Controllers 命名空间，第 10 行代码调用了

StudentController 类的 introduce()方法。

③ 创建 namespace03.php 文件，具体代码如下。

```php
1   <?php
2   use myframe\Container;
3   require './StudentController.php';
4   require './Container.php';
5   echo Container::student();
6   // 输出结果: App\Http\Controllers\StudentController
```

在上述代码中，第 2 行代码导入了 myframe 命名空间下的 Container 类，第 5 行代码使用 Container 类调用 student()方法。上述代码的输出结果为"App\Http\Controllers\StudentController"，该输出结果说明在类中导入其他类的命名空间后，可以访问导入的类中的内容。

2．导入空间成员

下面演示如何导入空间成员，包括其他命名空间下的函数和常量，具体步骤如下。

① 创建 function.php 文件，具体代码如下。

```php
1   <?php
2   namespace myframe;
3
4   const PREFIX = 'pre_';
5   function getFullName($name)
6   {
7       return PREFIX . $name;
8   }
```

在上述代码中，定义了 PREFIX 常量和 getFullName()函数。

② 创建 namespace04.php 文件，访问 PREFIX 常量和 getFullName()函数，具体代码如下。

```php
1   <?php
2   use const myframe\PREFIX;
3   use function myframe\getFullName;
4   require 'function.php';
5   echo PREFIX, getFullName('test'); // 输出结果: pre_pre_test
```

从上述输出结果可以看出，常量和函数都导入成功了。

10.11   异常处理

在项目中合理地运用异常处理机制，可以提高程序的健壮性，当发生错误时也可以更方便地调试程序。PHP 支持使用面向对象的方式处理异常，本节将针对 PHP 的异常处理进行详细讲解。

10.11.1   异常的抛出和捕获

PHP 提供了 Exception 类表示程序中的异常，通过实例化该类可以创建异常对象，创建的异常对象可以使用 throw 关键字抛出，具体语法格式如下。

```php
$e = new Exception('异常信息');
throw $e;
```

上述语法格式可以简写成"throw new Exception('异常信息');"。创建异常对象后，使用异常对象的 getMessage()方法可以获取异常信息。

使用 try…catch 语句可以捕获程序中抛出的异常并对异常进行处理，try…catch 语句的语法格式如下。

```
try {
    可能会抛出异常的代码
} catch (Exception $e) {
    进行异常处理的代码
}
```

在上述语法格式中，try 块中包含可能会抛出异常的代码，当 try 块中的代码抛出异常时，程序会跳转到对应的 catch 块，在 catch 块接收 Exception 类的对象$e。

需要说明的是，catch 块后面可以添加 finally 块，无论程序是否抛出异常，finally 块中的代码都会执行。如果不需要 finally 块，可以将其省略。

在使用 try…catch 语句时，应注意以下事项。

① 每个 try 块应至少有一个对应的 catch 块或 finally 块。catch 块可以有多个，用于针对不同的异常类型进行处理，程序捕获到异常后执行对应的 catch 块。

② 抛出异常时，PHP 会尝试查找第一个匹配的 catch 块来执行，如果直到脚本结束时都没有找到匹配的 catch 块且无 finally 块，将会出现 Fatal error 错误。

为了让读者更好地理解异常的抛出和捕获，下面通过代码进行演示，具体步骤如下。

① 创建 exception01.php 文件，具体代码如下。

```
1  <?php
2  function division($num1, $num2)
3  {
4      if (!$num2) {
5          throw new Exception('除数不能为 0');    // 抛出异常
6          echo '抛出异常后，后面的代码不执行。';    // 测试此行代码是否会执行
7      }
8      return $num1 / $num2;
9  }
```

上述代码定义了 division()函数，函数的参数$num1 是被除数，$num2 是除数。第 4～8 行代码判断除数是否为 0，如果除数为 0 则抛出异常；其中，第 5 行代码实例化了异常对象并使用 throw 关键字抛出异常。

② 在 try 块中调用 division()函数。在调用 division()函数时，将第 2 个参数设置为 0，在 catch 块输出异常信息，在 finally 块中换行输出"异常处理完成"，具体代码如下。

```
1  try {
2      echo division(1, 0);    // 调用函数
3      echo '当上一行代码抛出异常时，后面的代码不会执行';
4  } catch (Exception $e) {    // Exception 表示异常类，$e 表示异常对象
5      echo $e->getMessage();  // 获取异常信息
6  } finally {
7      echo '<br>异常处理完成';
8  }
9  echo '<br>异常处理完成后，后面的代码会继续执行';
```

在上述代码中，在调用 division()函数时，除数为 0，该函数会抛出异常。在 division()函数中创建异常对象时，传入了异常信息"除数不能为 0"，在 catch 块中就可以通过$e->getMessage()获取异常信息。

通过浏览器访问 exception01.php，其运行结果如图 10-2 所示。

图10-2　exception01.php的运行结果

从图 10-2 所示的运行结果可以看出，使用 throw 抛出异常后，该语句后面的代码将不会执行，try 块中 division()函数后面的代码也不会执行。当 catch 块中的代码执行完成后，finally 块中的代码就会执行。当异常处理完成后，后面的代码会继续执行。

10.11.2　多异常捕获处理

一个 try 块除了可以对应一个 catch 块外，还可以对应多个 catch 块。在 catch 块中使用 throw 关键字抛出异常时，可以使用不同的异常对象返回不同的描述信息。

下面演示多异常捕获处理，创建 exception02.php 文件，具体代码如下。

```
1   <?php
2   class MyException extends Exception {}
3   $email = 'tom@example.com';
4   try {
5       if (!filter_var($email, FILTER_VALIDATE_EMAIL)) {
6           throw new Exception('邮箱地址不合法');
7       } elseif (substr($email, strrpos($email, '@') + 1) === 'example.com'){
8           throw new MyException('不能使用 example.com 作为邮箱地址');
9       }
10  } catch (MyException $e) {
11      echo $e->getMessage();           // 输出结果：不能使用 example.com 作为邮箱地址
12  } catch (Exception $e) {
13      echo $e->getMessage();           // 输出结果：邮箱地址不合法
14  }
```

在上述代码中，第 5 行代码判断$email 是不是一个合法的邮箱地址，当它不是一个合法的邮箱地址时执行第 6 行代码抛出 Exception 异常，然后执行第 13 行代码输出异常信息；第 7 行代码判断$email 的域名部分是否为 "example.com"，如果是，执行第 8 行代码抛出 MyException 异常，然后执行第 11 行代码输出异常信息。

本章小结

本章首先讲解了面向对象和类与对象的使用，接着讲解了类常量和静态成员、继承、抽象类和抽象方法、接口，然后讲解了 Trait 代码复用、Iterator 和 Generator，最后讲解了命名空间和异常处理。本章还通过案例演示如何使用面向对象的思想来封装数据库操作类。通过学习本章的内容，读者应能够理解面向对象的思想，掌握面向对象的基本语法，使用面向对象的思想编程。

课后练习

一、填空题

1. 面向对象中，使用_____关键字定义类。

2. 在 PHP 中可以使用_____关键字来创建一个对象。

3. 在 PHP 中可以通过_____关键字定义抽象类。

4. PHP 提供了 3 个访问控制修饰符，其中，私有修饰符是_____。

5. 继承是面向对象的三大特性之一，实现子类与父类之间的继承的关键字为_____。

二、判断题

1. 在 PHP 中，析构方法的名称是 __destruct()，并且不能有任何参数。（　　）
2. 类常量使用 define() 函数定义。（　　）
3. 符号 "::" 被称为静态访问符，访问静态成员都需要通过这个运算符来完成。（　　）
4. 被定义为 private 的成员，对于类外的所有成员是可见的，没有访问限制。（　　）
5. 类常量不能用 public 修饰。（　　）

三、选择题

1. 下列选项中，用于定义接口的关键字是（　　）。
   A. final　　　　　　B. interface　　　　C. abstract　　　　D. const
2. 下列选项中，一个子类要调用父类的方法使用的关键字是（　　）。
   A. self　　　　　　B. this　　　　　　C. parent　　　　　D. 父类名
3. 下列选项中，关于重写的说法正确的是（　　）。
   A. 子类重写父类的方法时，只要在子类中定义一个与父类的方法名相同的方法即可
   B. 子类调用父类被重写的方法时，需要使用 parent 关键字
   C. 子类重写父类的方法时，子类的方法的访问权限不能大于父类的方法的访问权限
   D. 子类重写父类的方法时，子类的方法的访问权限可以大于父类的方法的访问权限
4. 下列选项中，可以实现继承的关键字是（　　）。
   A. global　　　　　B. final　　　　　　C. interface　　　　D. extends
5. 下列选项中，用于修饰静态成员的关键字是（　　）。
   A. static　　　　　B. this　　　　　　C. parent　　　　　D. extends

四、简答题

1. 简述面向对象中接口和抽象类的区别。
2. 构造方法和析构方法是在什么情况下调用的，它们的作用是什么？

五、程序题

1. 创建抽象类 Goods，该类提供基础属性 $name、$price 和构造方法，请定义一个抽象方法和一个使用 final 关键字修饰的方法。
2. 阅读下面的程序，分析该程序能否运行成功。如果能，则写出运行结果；如果不能，则说明不能的原因。

```php
class Test
{
    private $test = 'hello world';
    public static function method()
    {
        return $this->test;
    }
}
echo Test::method();
```

第 11 章

PHP项目开发技术

拓展阅读

在第 10 章中学习了面向对象的思想，本章将学习 PHP 项目开发技术，主要包括使用 PDO 扩展操作数据库，了解 MVC 设计模式并创建基于 MVC 设计模式的框架，使用 Smarty 模板引擎完成视图与业务逻辑代码的分离，在基于 MVC 设计模式的框架中完成文章管理系统的开发。

11.1　PDO 扩展

PDO 扩展是 PHP 数据库的一个常用扩展，它提供了面向对象语法，使得在 PHP 程序中操作数据库变得更加方便、快捷。本节将对 PDO 扩展的使用进行详细讲解。

11.1.1　开启 PDO 扩展

PDO 扩展为 PHP 操作数据库定义了一个轻量级的接口，从而让 PHP 可以用一套相同的接口操作不同的数据库。目前支持的数据库包括 Firebird、FreeTDS、MySQL、SQL Server、Oracle、PostgreSQL、SQLite、Sybase 等。

PDO 扩展支持的每个数据库都对应不同的扩展文件。如果要让 PDO 扩展支持 MySQL 数据库，需要在 php.ini 配置文件中找到 ";extension=pdo_mysql"，删除前面的分号 ";" 开启扩展。修改配置文件后重新启动 Apache，在 test.php 中使用 phpinfo()函数查看 PDO 扩展是否开启成功，如图 11-1 所示。

从图 11-1 可以看出，"PDO support" 一栏中显示了 "enabled"，表示 PDO 扩展开启成功。

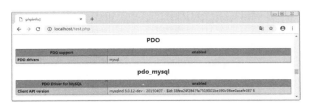

图11-1　查看PDO扩展是否开启成功

11.1.2　使用 PDO 扩展

PDO 扩展提供了 PDO 类，使用该类能够连接和操作数据库。使用 PDO 类操作数据库前，需要实例化 PDO 类，传递连接数据库的参数，基本语法格式如下。

```
PDO::__construct (
    string $dsn,                    // 数据源名称
    string $username,               // 用户名（可选参数）
    string $password,               // 密码（可选参数）
    array $driver_options           // 包含键值的驱动连接选项（可选参数）
)
```

在上述语法格式中，"PDO::"表示 PDO 类。$dsn 由 PDO 驱动程序名称、冒号和 PDO 驱动程序特有的连接语法组成，例如，连接 MySQL 数据库时，PDO 驱动程序名称为 mysql，它特有的连接语法包括主机名、端口号、数据库名称、字符集等；连接 Oracle 数据库时，PDO 驱动程序名称为 oci，它特有的连接语法只包括数据库名称和字符集。

实例化 PDO 类后会得到 PDO 对象，通过 PDO 对象可以完成数据操作。下面演示 PDO 类的常用方法，具体如表 11-1 所示。

表 11-1　PDO 类的常用方法

方法	说明
PDO::query()	执行查询类语句，并返回 PDOStatement 类对象
PDO::exec()	执行操作类语句，返回受影响行数
PDO::errorCode()	获取最后执行的 SQL 语句的错误代码
PDO::errorInfo()	获取最后执行的 SQL 语句的错误信息
PDO::lastInsertId()	获取最后插入行的 ID 值

使用 PDO 类对象的 query()方法执行查询类语句后返回的是 PDOStatement 类对象，该对象主要用于解析结果集。PDOStatement 类处理结果集的常用方法如表 11-2 所示。

表 11-2　PDOStatement 类处理结果集的常用方法

方法	说明
PDOStatement::fetch()	获取结果集中的下一行数据
PDOStatement::fetchAll()	获取结果集中所有的行数据
PDOStatement::fetchColumn()	获取结果集中的单独一列数据

下面演示如何使用 PDO 类查询数据并对查询的结果集进行处理，具体代码如下。

```
1   <?php
2   // 连接数据库
3   $dsn = 'mysql:host=localhost;port=3306;dbname=mydb;charset=utf8';
4   $pdo = new PDO($dsn, 'root', '123456');
5   if (!$pdo) {
```

```
6        exit('数据库连接失败!');
7    }
8    // 执行 SQL 语句
9    $sql = 'SELECT * FROM student';
10   $stmt = $pdo->query($sql);
11   // 判断 SQL 语句是否执行成功
12   if (false === $stmt) {
13       echo 'SQL 语句执行错误: <br>';
14       echo '错误代码: ' . $pdo->errorCode() . '<br>';
15       echo '错误原因: ' . $pdo->errorInfo()[2];
16       exit;
17   }
18   // 查询所有结果
19   $data = $stmt->fetchAll(PDO::FETCH_ASSOC);
```

在上述代码中，第 3、4 行代码连接数据库；第 9、10 行代码执行查询数据的 SQL 语句；第 12~17 行代码判断 SQL 语句是否执行成功，如果未成功，则输出错误信息；第 19 行代码获取查询的结果。

使用 print_r()函数输出$data 的信息，输出结果如下。

```
Array (
    [0] => Array ( [id] => 1 [name] => Tom [age] => 18 )
    [1] => Array ( [id] => 2 [name] => Jack [age] => 20 )
    [2] => Array ( [id] => 3 [name] => Alex [age] => 16 )
    [3] => Array ( [id] => 4 [name] => Andy [age] => 19 )
)
```

上述代码演示了 PDO 类的使用，PDO 类还提供了很多方法以满足不同的查询需求，读者可以参考 PHP 官方手册进行学习。

11.2　MVC 设计模式

在项目开发中，开发者为了节省编写底层代码的时间、提高开发效率，一般都会选择使用框架来进行开发。目前，市面上比较流行的开源框架大多都运用了 MVC 设计模式。本节将对 PHP 代码发展历程和 MVC 设计模式进行讲解。

11.2.1　PHP 代码的发展历程

随着软件工程思想的日渐成熟和硬件水平的不断提高，PHP 代码发展历程大致可以概括为 3 个阶段，具体如下。

① 混编模式阶段：混编模式是将 PHP 代码嵌入 HTML 页面中，在 PHP 发展初期，多使用此模式。相比于其他两种模式，此模式下服务器的解析效率最高，但是代码复用性最低，可读性和可维护性差。

② 模板技术阶段：模板技术能够将 PHP 代码与 HTML 代码进行分离，PHP 代码实现业务逻辑和数据处理，HTML 代码负责渲染数据。对于小型项目来说，使用此模式可能会降低开发效率和服务器的解析效率；但对于大型项目来说，使用此模式提高了代码的复用性和可读性，有助于前后端开发者进行代码维护。

③ MVC 设计模式阶段：MVC 设计模式基于模板技术，进一步将 PHP 代码的业务逻辑处

理部分和数据操作部分分离，对这两部分进行独立维护。使用此模式的前期开发效率较低，需要编写大量的底层代码为后续的业务提供便利，代码解析效率是这 3 种模式中最低的，但此模式能够实现将各个模块独立管理，提高了代码可读性，便于后期维护。

在以上 3 个阶段中，混编模式在 PHP 早期主要用于完成小型项目，如实现个人博客等，对硬件的要求不高；当 PHP 逐渐被大规模应用、开始用于开发较大的项目时，为了便于维护，出现了模板技术；MVC 设计模式是将面向对象的思想逐渐作为开发编程的主流模式，通过运用面向对象的思想为大型项目提供更好的代码结构，从而提高代码的复用性和可维护性。

尽管以上 3 个阶段都能实现业务功能，但考虑项目后期的维护和可扩展性，采用某种编码方式是很有必要的。因此，近年来，MVC 设计模式逐渐成为主流选择。

11.2.2　MVC 设计模式概述

MVC 是 Xerox PARC（施乐帕罗奥多研究中心）在 20 世纪 80 年代为编程语言 Smalltalk-80 发明的一种软件设计模式，到目前为止，MVC 已经成为一种广泛流行的软件设计模式。MVC 采用了人类分工协作的思维方法，将程序中的功能实现、数据处理和界面显示分离，从而让开发者在开发复杂的应用程序时可以专注于其中的某个方面，进而提高开发效率和项目质量。

MVC 这个名称来自模型（Model）、视图（View）和控制器（Controller）的英文单词首字母。MVC 将软件系统分成 3 个核心部件——模型、视图、控制器，不同的部件用于处理不同的任务，具体介绍如下。

① 模型：负责数据操作，主要用来操作数据库。通常情况下，一个模型对应一张数据表。

② 视图：负责渲染视图，主要用于展示页面。

③ 控制器：负责所有的业务处理。通常情况下，一个控制器对应一类业务，例如，用户控制器主要实现用户注册、登录等功能；订单控制器主要实现订单的生成等功能。

当用户提交表单时，首先由控制器负责读取用户提交的数据，然后控制器向模型发送数据，最后使用视图将处理结果显示给用户。MVC 的工作流程如图 11-2 所示。

从图 11-2 可以看出，浏览器向控制器发送了 HTTP 请求，控制器就会调用模型来获取数据，再调用视图进行数据渲染，最终将 HTML 数据返回给客户端。

在 MVC 中，模型是用来操作数据库的，但是每个模型在对数据库进行操作前，都需要获取数据库的连接，实现对数据的增加、删除、修改、查询等操作。在 PHP 中，可以对这些重复的代码进行封装，并把这部分代码称之为 DAO（Data Access Object，数据访问对象），其工作流程如图 11-3 所示。

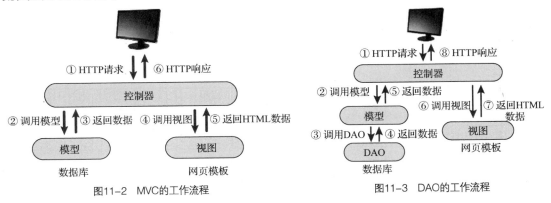

图11-2　MVC的工作流程　　　　　　　　图11-3　DAO的工作流程

与 MVC 的工作流程相比，PHP 采用图 11-3 所示的方式对模型进行优化，增加了模型调用
DAO 的步骤。

11.3 Smarty 模板引擎

MVC 设计模式要求将视图与业务逻辑代码分离。为了实现分离的效果，可以借助 Smarty
模板引擎。Smarty 模板引擎提供了一套语法，用于嵌入 HTML 代码中输出数据。和 PHP 原生
语法相比，Smarty 模板引擎的语法更加简单易懂，即使没有 PHP 基础的开发者也可以快速上手。
本节将对 Smarty 模板引擎进行讲解。

11.3.1 安装 Smarty 模板引擎

Smarty 是使用 PHP 语言开发的模板引擎，具有响应速度快、语句自由、支持插件等特点。
Smarty 实现了 PHP 代码与 HTML 代码的分离，使 PHP 开发者专注于数据的处理及功能模块的
实现，网页设计人员专注于网页的设计与排版工作。

在 Smarty 官方网站可以下载 Smarty 安装包，这里选择下载 smarty-4.3.2.zip。在 C:\web\
apache2.4\htdocs 目录下创建 smarty 目录，该目录作为 Smarty 的安装目录。解压 smarty-4.3.2.zip
安装包，将解压后得到的 libs 目录保存在 smarty 目录中。

libs 目录中的文件是 Smarty 的核心文件，该目录中的文件和目录介绍如表 11-3 所示。

表 11-3　libs 目录中的文件和目录介绍

名称	说明
Autoloader.php	Smarty 中实现自动载入文件功能的类
bootstrap.php	实现自动加载 Smarty
debug.tpl	Smarty 中的提示信息模板文件
functions.php	辅助函数文件
Smarty.class.php	Smarty 核心类文件，提供相关方法用于实现 Smarty 模板引擎的功能
plugins	自定义插件目录，存放各类自定义插件的目录
sysplugins	存放系统文件目录

11.3.2 使用 Smarty 模板引擎

Smarty 安装完成，就可以使用了。在使用 Smarty 之前，应该了解 Smarty 的常用方法和指
令，具体如表 11-4 和表 11-5 所示。

表 11-4　Smarty 的常用方法

方法	说明
assign()	向模板页面分配变量
display()	展示模板
fetch()	将模板转化为字符串
block()	定义一个区域块

表 11-5 Smarty 的常用指令

指令	说明
if	条件判断
foreach	循环展示数据
include	引用其他模板

表 11-5 中列举的指令可以在模板中使用，从而在模板中实现特定的功能。

向模板页面分配变量后，在模板页面中输出变量、数组元素和对象的属性的语法格式如下。

```
{$变量名}                 // 输出变量
{$数组名[键名]}           // 输出数组元素
{$对象名.属性名}          // 输出对象的属性
```

在模板中使用 if 指令的语法格式如下。

```
{if 条件表达式1}
    代码段1
{else if 条件表达式2}
    代码段2
{else}
    代码段3
{/if}
```

在上述语法格式中，"else if"中的空格可以省略，即"else if"可以写成"elseif"。

在模板中使用 foreach 指令的语法格式如下。

```
{foreach $数组名 as $key => $value}
    循环体
{/foreach}
```

在上述语法格式中，$key 是数组元素的键，$value 是数组元素的值。$key 和$value 可以随意指定，如$k 和$v。当不需要使用数组的键时，可以省略"$key =>"。

需要注意的是，Smarty 的语法和 PHP 的语法在某些地方是不同的，因此在使用时需要注意语法的规范性和兼容性。

下面演示如何使用 Smarty 查询 student 数据表的数据，具体步骤如下。

① 在 VS Code 编辑器中打开 C:\web\apache2.4\htdocs 目录，创建 smarty.php 文件，具体代码如下。

```php
1  <?php
2  include_once('smarty/libs/Smarty.class.php');
3  $dsn = 'mysql:host=localhost;port=3306;dbname=mydb;charset=utf8mb4';
4  $pdo = new PDO($dsn, 'root', '123456');
5  $res = $pdo->query('SELECT * FROM student');
6  $data = [];
7  while ($row = $res->fetch(PDO::FETCH_ASSOC)) {
8      $data[] = ['id' => $row['id'], 'name' => $row['name']];
9  }
10 $smarty = new Smarty();
11 $smarty->assign('data', $data);
12 $smarty->display('student.html');
```

在上述代码中，第 2 行代码用于引入 Smarty 核心类文件；第 5~9 行代码用于查询 student 数据表的数据；第 10 行代码用于实例化 Smarty 类；第 11 行代码用于向模板发送数据；第 12 行代码用于显示模板，模板的名称为 student.html。

② 创建 student.html，具体代码如下。

```
1  <body>
2   <table border="1">
3    <tr><th>id</th><th>name</th></tr>
4    {foreach $data as $v}
5     <tr><td>{$v.id}</td><td>{$v.name}</td></tr>
6    {/foreach}
7   </table>
8  </body>
```

在上述代码中，第 4～6 行代码使用 foreach 语句输出学生信息。

通过浏览器访问 smarty.php 文件，如果看到图 11-4 所示的输出结果，说明 Smarty 模板引擎已经生效。

使用 Smarty 模板引擎实现了视图与业务逻辑代码分离，提高了开发效率和代码的可维护性。在生活中，我们也要善于利用现有的工具和资源不断提升自己，推动社会的良性发展。

图11-4　通过浏览器访问smarty.php文件的输出

11.4　创建基于 MVC 设计模式的框架

在项目开发中，为了节省在底层代码编写上花费的时间、提高开发效率，开发者通常会选择使用框架来进行开发。通过对 11.2 节和 11.3 节的学习，大家已经对 MVC 设计模式和 Smarty 模板引擎有了初步了解。本节将创建一个基于 MVC 设计模式的框架，实现框架的基本功能。

11.4.1　功能分析

框架的实现遵循一套设计逻辑。要设计一个框架，首先需要确定框架的功能，然后根据框架的功能梳理出框架的设计思路，最后根据设计思路实现框架。

基于 MVC 设计模式的框架是基于 MVC 设计模式实现的单一入口的框架。本小节创建的框架的设计思路大致如下。

① 在入口文件中使用 spl_autoload_register()函数实现自动加载类文件。

② 创建公共控制器，封装 Smarty 模板引擎的相关方法，封装请求成功和请求失败的方法。

③ 创建 DAO 类，使用 PDO 扩展实现连接数据库等相关操作。

④ 创建公共模型，在公共模型中实例化 DAO 类，实现数据库的初始化等操作。

⑤ 创建控制器和模型时，分别继承公共控制器和公共模型。

基于 MVC 设计模式的框架的设计思路如图 11-5 所示。

在图 11-5 中，首先访问到的是项目的入口文件，在入口文件中会加载初始化类文件。在初始化类文件中，需要加载配置文件、实现 URL 解析、完成自动加载和请求分发。将请求分发到指定控制器后，在控制器中调用模型实现对数据库的操作。其中，每个模型都继承自公共模型，公共模型继承自 DAO，DAO 用来实现数据库的初始化等操作。

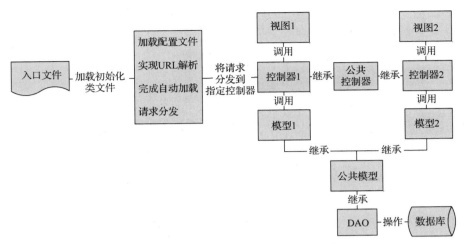

图11-5 基于MVC设计模式的框架的设计思路

在控制器将查询数据的指令传递给模型后，模型根据指令查询数据，并将查询的结果返回给控制器。控制器再调用视图，通过视图把数据输出到 HTML 代码。视图处理完成后，将处理的结果返回给控制器，控制器接收到结果，将结果返回给初始化类文件，初始化类文件再将结果返回到入口文件中，入口文件将最终处理结果交给 Web 服务器（如 Apache），Web 服务器最终将结果返回给浏览器。

从图 11-5 可以发现，入口文件、初始化类文件、公共控制器、公共模型和 DAO 等功能是框架运行的最基本的功能，实现了上述这些功能后，一个轻量级的框架就已经形成了。

11.4.2 实现步骤

在设计基于 MVC 设计模式的框架时，应该按照代码的执行顺序逐步编码，先易后难，先实现简单的功能和逻辑，在后续的使用过程中再不断对框架进行优化。下面编写基于 MVC 设计模式的框架，根据框架的结构划分为不同的步骤，具体如下所示。

① 划分目录结构。

② 创建入口文件，实现初始化功能。

③ 实现控制器的功能。

④ 实现 DAO。

⑤ 实现模型的具体功能。

读者可以参考本书配套源代码包中的开发文档，按照上述步骤，逐步完成基于 MVC 设计模式的框架的编写。

11.5 项目实战——文章管理系统

PHP 可以开发各种不同类型的项目，文章管理系统就是一个比较典型的项目。文章管理系统对文章进行分类管理，将文章有序、及时地呈现在用户面前，满足用户获取信息的需求。本节将使用 11.4 节创建的基于 MVC 设计模式的框架，完成文章管理系统的开发。

11.5.1　项目展示

文章管理系统主要完成用户管理、分类管理、文章管理等功能。后台页面如图 11-6～图 11-11 所示，前台首页如图 11-12 所示。

图11-6　后台登录页面　　　　　　　　图11-7　后台首页

图11-8　分类列表页面　　　　　　　　图11-9　文章列表页面

图11-10　用户列表页面　　　　　　　图11-11　评论列表页面

图11-12　前台首页

11.5.2　功能介绍

本项目后台的具体功能介绍如下。

① 用户管理：包括用户登录、退出和管理用户的功能。用户登录时填写用户名、密码，以及验证码，单击"登录"按钮，即可进行登录。登录成功后会进入后台首页，后台管理员可以对用户进行添加和删除等操作。

② 分类管理：对文章的分类进行管理。每一篇文章都有所属的分类，一个分类可能会有多个子分类。分类管理模块需要实现分类的查询、添加、修改和删除等功能。

③ 文章管理：包括对文章的添加、修改和删除等功能，添加文章时需要支持文件上传，文章列表页面实现分页和检索功能，根据文章标题和分类等条件筛选文章。在文章管理模块中，普通用户只能对自己的文章进行管理，管理员可以对所有用户的文章进行管理。

④ 评论管理：主要包括评论列表页面和删除评论等功能。

本项目前台的具体功能介绍如下。

① 首页展示：前台首页主要用来展示网站的内容，包括文章列表页面、分类模块和最新文章模块的展示。

② 用户登录与注册：前台用户管理模块包括用户注册、登录和退出。

③ 文章展示：文章详细页面展示文章的详细信息，文章详细页面有多个入口，分别是文章列表页面和文章列表页面右侧的最新文章模块。

④ 评论管理：允许用户对文章发表评论并展示当前文章相关的评论列表。用户发表评论需要验证其是否登录，只有登录后才可以发表评论。

由于篇幅有限，本章仅对文章管理系统的基本功能和用到的技术点进行简要介绍。为了方便读者学习，本书在配套源代码包中提供了详细的开发文档和完整项目源代码，读者可以将代码部署到本地开发环境中运行。

本章小结

本章讲解了 PDO 扩展、MVC 设计模式、Smarty 模板引擎、创建基于 MVC 设计模式的框架以及文章管理系统。学习本章的内容后，读者能够掌握基于 MVC 设计模式的框架和文章管理系统的开发，理解框架在开发中的作用，能够根据实际需要对项目中的功能进行修改和扩展。

课后练习

一、填空题

1. 如果要让 PDO 扩展支持 MySQL 数据库，需要在 php.ini 配置文件中开启的扩展是_____。
2. MVC 设计模式中的 M 是_____，V 是_____，C 是_____。
3. Smarty 模板引擎中用于条件判断的指令是_____。
4. Smarty 模板引擎中用于循环展示数据的指令是_____。
5. Smarty 模板引擎中用于向模板页面分配变量的方法是_____。

二、判断题

1. 使用 Smarty 时可以指定模板文件和编译文件的目录。（　　　）
2. 使用 PDO 无须确保开启对应的扩展，直接就可以使用。（　　　）
3. 使用 MVC 设计模式开发的项目易于维护。（　　　）
4. MVC 强制分离了模型、控制器和视图，不利于团队开发协作。（　　　）
5. 在 MVC 程序中，控制器负责调用模型和视图。（　　　）

三、选择题

1. 下列选项中，关于 MVC 的描述正确的是（　　　）。
   A. MVC 是一个 PHP 扩展　　　　　　　　B. MVC 可以帮助快速开发项目
   C. MVC 是软件的设计模式　　　　　　　　D. MVC 可以提高项目的访问速度
2. 下列选项中，关于 Smarty 模板引擎的说法错误的是（　　　）。
   A. Smarty 是使用 PHP 语言开发的模板引擎，实现 PHP 代码与 HTML 代码的分离
   B. Smarty 无须安装直接即可使用
   C. Smarty 具有响应速度快、语句自由、支持插件等特点
   D. 使用 Smarty 前，需要配置模板文件目录和编译文件目录
3. 下列选项中，关于 PDO 的描述错误的是（　　　）。
   A. 使用 PDO 扩展连接数据库，需要实例化 PDO 对象
   B. 实例化 PDO 对象时，对于某些 PDO 驱动，用户名为可选参数
   C. 实例化 PDO 对象时，对于某些 PDO 驱动，密码为可选参数
   D. 实例化 PDO 对象时，成功则返回 PDO 对象，失败则抛出 MySQL 异常
4. 下列选项中，关于 MVC 的描述正确的是（　　　）。
   A. M 表示模型，用于处理数据
   B. C 表示控制器，用于处理用户交互的程序
   C. V 表示视图，指显示在浏览器中的网页
   D. 以上答案全部正确
5. 下列选项中，使用 PDO 扩展操作 MySQL 数据库需要开启的扩展是（　　　）。
   A. extension=pdo_mysql　　　　　　　　B. extension=pdo_sqlite
   C. extension=pdo_oci　　　　　　　　　　D. extension=pdo_firebird